量子化学中的场论方法

赵成大 编著

东北师范大学出版社
长　春

图书在版编目（CIP）数据

量子化学中的场论方法/赵成大编著. —2 版. —长春：东北师范大学出版社，2015.3（2025.7重印）
ISBN 978 - 7 - 5681 - 0353 - 4

Ⅰ.①量… Ⅱ.①赵… Ⅲ.①量子场论 Ⅳ.O413.3

中国版本图书馆 CIP 数据核字（2015）第 270727 号

□责任编辑：孙维石　　□封面设计：李冰彬
□责任校对：曲　颖　　□责任印制：刘兆辉

东北师范大学出版社出版发行
长春净月经济开发区金宝街 118 号（邮政编码：130117）
网址：http：//www.nenup.com
东北师范大学出版社激光照排中心制版
河北省廊坊市永清县晔盛亚胶印有限公司
河北省廊坊市永清县燃气工业园榕花路 3 号（065600）
2015 年 3 月第 2 版　　2025 年 7 月第 3 次印刷
幅面尺寸：148mm×210mm　　印张：9.75　　字数：268 千

定价：58.00 元

本书系东北师范大学
图书出版基金项目

序　言

　　本书是为量子化学专业研究生，年青的理论化学、化学物理学工作者们提供的一部学习量子场论方法在化学多体问题中应用的初级读物。

　　我初次接触量子场论是在上世纪 60 年代的吉林大学物质结构学术研讨班上，当时唐敖庆老师邀请周孝谦与吴式枢两位教授为该班讲授多体理论与量子场论方法的专题。听时对所谈的内容细节虽然不甚懂，但是其对于物理以及化学科学的重要性给我留下颇深的印象。在研讨班的三年时间里，唐敖庆老师曾多次指出量子化学的发展应当注意吸取固体物理中多体理论（包括量子场论）方法的运用，这些教诲加强了我对这些方面的关注。

　　1982 年秋，在日本京都大学福井研究室内的书架上看到一本名为 *Propagators in Quantum Chemistry*（1973 年美国 Academic Press 出版）的书，它是该书作者 JAN LINDERBERG 与 YNGVE ÖHRN 送给福井谦一先生的。在这本书的叙文与公式的行间和页边空白处画有多处红线与注释，还有一些"?"、"!"等标记，这表明福井先生曾经细心地阅读过该书。由于这是我看到的第一部论述场论方法在化学领域中应用的专著，对我有着极大的吸引力，以致我暂时放下手中的研究工作埋头阅读起来。那时我已 55 岁，是个半老头子了。立意学习量子场论攻克场论方法在化学中应用这一新的领域是很不容易的。在福井先生的引导与鼓励下，我决定调整在京都大学的科研步骤，每周挤出 1/3 时间投入场论方法的学习与思考，为了补上量子场论基础知识，系统地阅读了高桥康著《物性研究者のための场の量子论》第Ⅰ、第Ⅱ卷（1974 年培风馆出版）和 Linderberg öhrn 书中引用的一些原始文献。就这样既从事着化学反应理论的量化研究与计算工作又在做着量子场论课的小学生，紧迫与忙乱是可想而知的。时光荏苒，在京都大学福井研究室的岁月就这样匆匆地度过了。回国后，教学、科研、行政与社会工作十分繁重而杂乱，但是我仍然坚持每周用不少于一天的时间继续场论方法的研修。为了使间隔不影响学习效果，我采取了阅读书刊时边读、边做笔记、边归纳整理，尽量做到学一些就弄懂的办法。有时遇到理论基础不足需要花些时间补足时，就又去补学，做专题札记等，补够基础后又续步前进。就这样地，好像一个醉汉蹒跚地行走在一条曲折不平的登山路上。回顾这 20 多年漫长的求知之旅，阅读了十几本专著与十数篇原始论文，写下了 90 多万字的读书笔记、专题札记与心得体会，其中一些已载入拙著《化学反应量子理论》与《固体量子化学》二书之中。我的自学之路虽然是漫长、曲折而又艰辛的，但是苦中之甘与获得新知后的欣慰是已乐在其中矣。

像一个登山者那样，当登到峰顶时再回头来看，定能发现一些无须花费的劳力与时间，可能已有一（或数）条捷径留在脚下。这对于攀登者本人来说已成为过去，但是它对于后来人该是多么可贵的经验吧？！

当然，现代理论化学的许多高峰还在前面，在等待去发现与攀越呢，希望大家永不驻步，继续探索。先哲孔子说得好："学而不思则罔，思而不学则殆。"为我们指出在攀登科技高峰中应有的精神，就是说：学习要问，要思考，要弄清为什么，方能理解与掌握，真正有了"学问"。但是切不可满足于此，要扩展深入再学新知，否则会停滞而学问枯竭。

半个世纪前，在我们的资料室里要看到国外最新科技刊物要晚半年到一年时间，国际学术会议很少能够参加，在那样科技信息闭塞的情况下，做一点科研工作真如盲人摸象。今天情况大不相同了，信息技术与传媒手段高度发展，快速地了解全球科技动向并不难，但是信息的获得并不等于对它的认知与理解，更不等于对它的掌握，至于突破与创新更是谈何容易了。在我们科教兴国的伟大时代里，希望有更多的青年理论化学工作者们，要继承，更要有所创新，攀登与占领科学技术高峰，为祖国作出应有的贡献。但须知道，希望创造出新的成果，必需先弄清与掌握现有的科技成果，具备必要的基础方能成长为有创造能力的人才。继往开来、推陈出新就是这个道理吧。

为了帮助读过本书的读者开阔眼界，在书后附有两则附录，列举几项在凝聚态物理化学与介观物系中的基本概念与场论方法运用的例子，希望能引起泛分子化学时代中的青年理论化学工作者们关注凝聚态与介观物系的发展并参与其中。

我在耄耋之年，在望山兴叹、力不从心之余，愿将多年积累的一些体验写成这本小书，以供初学者入门之参考，为后继的登山者们提供铺垫，倘能起到些许作用则吾愿足矣。

在成书的过程中得到王荣顺教授、苏忠民教授、傅强教授的热诚支持，仇永清副教授与秦春生博士、赵亮博士等的协助，在此深表谢意。

赵成大

目 录

第一章 多体问题 1
- §1-1 问题的性质 1
- §1-2 全同粒子系 2
- §1-3 多电子波函数 5
  1. 多粒子系 Hamilton(汉密尔顿)量及 Schrödinger 方程式 5
  2. Pauli 不相容原理与多电子波函数 7
  3. 电子基态与激发态波函数 10
  4. 精确波函数与组态作用 12
- §1-4 多电子系矩阵元的计算 14
  1. 矩阵元 $\langle K|\hat{O}|L\rangle$ 的计算 14
  2. 矩阵元计算的一般规则 17
  3. 矩阵元规则的导出 21
  4. 自旋轨道向空间轨道的变换 26
  5. 自旋适合的组态(Spin-adapted Configurations) 32
- §1-5 Hartree-Fock 近似 40
  1. 泛函变分 40
  2. 单行列式函数能量的极小化 42
  3. 正则 Hartree-Fock 方程式
     (The canonicad Hartree-Fock eq.) 44
  4. Hartree-Fock 方程及其解的意义 47
- §1-6 Roothaan 方程式 52
  1. 闭壳层 Hartree-Fock：限制的自旋轨道 52
  2. 基函数的引入与 Roothaan 方程式 55

3. Roothaan 方程式的 SCF 法求解 ……………………………… 58
   4. 期望值与布居分析 ………………………………………………… 62
§1-7 非限制开壳层 Hartree-Fock 方程 ………………………… 65
   1. 开壳层 Hartree-Fock 与非限制自旋轨道 ……………… 65
   2. 基函数的导入与 Pople-Nesbet 方程式 ………………… 67
   3. 非限制的 SCF 方程式的解 …………………………………… 70

第二章 二次量子化方法——基本概念与原理 …………………… 73
§2-1 二次量子化的重要性 ……………………………………………… 73
§2-2 产生算符与湮灭算符 ……………………………………………… 76
   1. 真空态 ………………………………………………………………… 76
   2. 产生算符 ……………………………………………………………… 76
   3. 粒子数表象 …………………………………………………………… 78
   4. 湮灭算符 ……………………………………………………………… 80
   5. 产生算符与湮灭算符间的交换关系 ……………………… 81
   6. 单粒子态的正交性规则——共轭关系 ………………… 83
   7. 产生算符与湮灭算符性质的总括 ……………………… 84
§2-3 粒子数算符 …………………………………………………………… 85
§2-4 量子力学算符的二次量子化表示 ……………………………… 88
   1. 概 述 ………………………………………………………………… 88
   2. 单电子算符 …………………………………………………………… 89
   3. 双电子算符 …………………………………………………………… 93
   4. Born-Oppenheimer 近似 Hamilton 量的
      二次量子化形式 …………………………………………………… 96
   5. 二次量子化算符的 Hermite 性质 ……………………… 97

第三章 二次量子化方法的应用（Ⅰ） ……………………………… 99
§3-1 矩阵元的求值 ………………………………………………………… 99
   1. 基本矩阵元 …………………………………………………………… 99
   2. Fermi 真空概念 ………………………………………………… 103

§3-2 若干二次量子化例子 …… 107
  1. 概述 …… 107
  2. 二行列式的重迭 …… 108
  3. Hückel 能量公式 …… 109
  4. 两个电子的相互作用 …… 111
§3-3 密度矩阵 …… 113
  1. 一阶密度矩阵 …… 113
  2. 二阶密度矩阵 …… 116
  3. Hartree-Fock 能量公式 …… 118
§3-4 与"左矢"(Bra)和"右矢"(Ket)间的关系 …… 119
§3-5 使用空间轨道 …… 125
§3-6 一些模型 Hamilton 量的二次量子化表示形式 …… 131
  1. π-电子 Hamilton 量 …… 131
  2. 粒子—空穴对称性 …… 138
§3-7 全价电子体系 …… 145
  1. 全价电子 Hamilton 量 …… 145
  2. Hartree-Fock Hamilton 量 …… 147
  3. Brillouin 定理 …… 149

第四章 二次量子化方法的应用(Ⅱ) …… 155
§4-1 多体微扰理论 …… 155
§4-2 非正交轨道的二次量子化 …… 165
  1. 反交换规则 …… 165
  2. 非正交归一表象中的 Hamilton 量 …… 169
  3. 扩展的 Hückel 理论 …… 172
§4-3 二次量子化与 Hellmann-Feynman 定理 …… 174
  1. 概述 …… 174
  2. 正交基集的能量变分 …… 176
  3. 能量变分——非正交基集 …… 177
  4. SCF 梯度公式 …… 178

§4-4 分子间相互作用 …………………………………… 179
  1. 相互作用算符 ………………………………………… 180
  2. 对称性适合的微扰理论 ……………………………… 187
§4-5 准粒子变换 ……………………………………………… 190
  1. 单粒子变换 …………………………………………… 190
  2. 双粒子变换 …………………………………………… 195
  3. 定域化学键理论 ……………………………………… 197
§4-6 几个有关课题 …………………………………………… 204
  1. 自旋算符与自旋 Hamilton 量 ……………………… 204
  2. 酉群方法(Unitary Group Approach) ……………… 211

第五章 Green 函数法基础 …………………………………… 216

§5-1 绪 言 …………………………………………………… 216
§5-2 Green 函数举例 ………………………………………… 217
  1. 微分方程式及其 G.F. ………………………………… 217
  2. 动力学方程式及其 G.F. ……………………………… 218
  3. 本征值方程式及其 G.F. ……………………………… 221
§5-3 单粒子系 Green 函数 …………………………………… 224
§5-4 单粒子多体 Green 函数 ………………………………… 228
  1. 概 述 ………………………………………………… 228
  2. 自能(Self-Energy) …………………………………… 230
  3. Dyson 方程式的解 …………………………………… 232
  4. 对 H_2 与 HeH^+ 的应用 …………………………… 232
§5-5 Green 函数法与微扰理论 ……………………………… 236
  1. 概 述 ………………………………………………… 236
  2. 单激发态 $|^{N-1}\Psi_{ca}\rangle$ …………………………… 239
  3. 双激发态 $|^{N-1}\Psi_{cab}^{rs}\rangle$ ……………………… 240
  4. 双激发态 $|^{N-1}\Psi_{cab}^{cr}\rangle$ ……………………… 240

第六章 Green 函数法与量子化学 …………………………… 243

§6-1 引 言 …………………………………………………… 243

§6-2 Hückel 模型中的 Green 函数 ············ 247
　　1. AB 型双原子分子 ············ 248
　　2. 链状 n 原子分子 ············ 249
　　3. 环状 n 原子分子 ············ 251
§6-3 G.F. 的三角函数表示式 ············ 252
　　1. 链状分子的 G.F. ············ 252
　　2. 环状分子的 G.F. ············ 254
　　3. 电荷密度、键级与总能 ············ 255
§6-4 化学稳定性 ············ 257
　　1. 微扰与化学稳定性 ············ 257
　　2. 10 碳环分子 ············ 258
　　3. 14 碳环分子 ············ 259
§6-5 芳香性 ············ 260
　　1. $M=4m$ 的情形 ············ 261
　　2. $M=4m+2$ 的情形 ············ 261
　　3. $M=4m+1$ 的情形 ············ 261
　　4. $M=4m+3$ 的情形 ············ 261
§6-6 化学反应活性 ············ 262
　　1. 环合与开环反应 ············ 262
　　2. 环加成反应 ············ 263

第七章　再谈 Green 函数 ············ 265
§7-1 尾声 ············ 265
§7-2 Green 函数与 Feynman 图 ············ 272
　　1. 分子轨道法与 Feynman 图 ············ 274
　　2. Green 函数法与 Feynman 图 ············ 276
§7-3 Green 函数与路径积分 ············ 278

附录 ············ 285
　A. 波场的量子化 ············ 285
　B. 固体能带论中的 Green 函数法 ············ 291
主要参考书目 ············ 295

第一章 多体问题

§1-1 问题的性质

微观物质世界形态纷繁变化万千,不论是属于哪个范畴——物理学的、化学的或是生物学的,其存在的规律性均源于其构成组分间的相互作用。

据说500年前Newton(牛顿)定律的发现与对类如树上苹果与地球间引力作用的观测有关,天体运行的Kapler(开普勒)定律则是太阳系内行星间相互作用规律性的体现……当科学与技术的发展使人们对自然规律的探索已由宏观迈入微观领域时,由于洞察到原子核与核外电子间的相互作用的特征,从而创建了原子结构的量子理论与量子力学。20世纪50年代,又是根据对蛋白质与DNA分子等精确的晶体结构实验数据与对生命分子内基团间复杂的相互作用的分析发现了蛋白质与DNA分子的三维螺旋结构,促使生命科学进入分子生物学时代。

在力学里通常称三体以上的体系为"多体",有关多体规律性的探讨可统称"多体问题"。在化学中处理的对象常常是含很多的核与电子构成的分子或分子集体,这是典型的多体问题,对其一般规律性的探讨已是理论化学的核心内容了。

从大如天体小到原子统统划入多体问题,这并不仅仅是由于研究对象的个数多少,还在于对它们之间采用的处理方法与近似手段甚至所得结果的规律性都存在许多类似的可以相互借鉴之处。譬如,在量子力学、量子化学中常常采用的近似处理方案——微扰理论,就是很早用于天体力学的多体运动方程计算中的一种有效方法。

就对自然界规律的普遍性而言,多体问题研究探讨的乃是一个关于力学、物理学、化学与生命科学具有跨学科共性的重要课题之一。在这个意义上,可以说整部的自然科学发展史就是多学科间相互借鉴相互渗透,从而相互促进的过程史。

§1-2 全同粒子系

为在电子、分子水平上来考察物理的、化学的与生命现象相关的过程,弄清全同粒子体系的性质是重要的。所谓"全同粒子系",乃是由大量的不可识别的同样粒子组成的系统。按经典物理学,由同种元素构成的粒子尽管它们各个的质量 $m_i(i=1,2,\cdots,n)$ 相等,形状相同,但因其空间分布(坐标 $\vec{r}_i$)或速度分布($\vec{v}_i$)的不同是可以将它们区别开的。但是,当粒子的尺寸与质量处于原子单位的量级(长度在 10^{-10} m,质量在 10^{-31} kg)时,由于粒子的波动性显著使其动量与坐标不能同时确定,于是称质量、电荷与自旋等一切固有属性都相同的粒子为"全同粒子",它们的总体为"全同粒子系"。

全同粒子系不仅仅比单粒子系复杂而且具有显著的特征:

设有全同粒子系的波函数 $\Psi(q_1,q_2\cdots q_i\cdots q_j\cdots;t)$ 是含时 Schrödinger(薛定谔)方程式的一个解。

$$ih\frac{\partial}{\partial t}\Psi(\cdots q_i\cdots q_j\cdots,t)=\hat{H}\Psi(\cdots q_i\cdots q_j\cdots,t) \qquad (1-1)$$

式中 $q(q_1q_2\cdots q_i\cdots q_j\cdots)$ 为广义坐标。

今以粒子坐标交换算符 $\hat{P}_{ij}$ 作用上式两边,有

第一章 多体问题

$$ih\frac{\partial}{\partial t}\hat{P}_{ij}\Psi(\cdots q_i\cdots q_j\cdots,t)=\hat{P}_{ij}\hat{H}\psi(\cdots q_i\cdots q_j\cdots,t)$$

由于算符 $\hat{P}_{ij}$ 与 $\hat{H}$ 是可以对易的，即$[\hat{P}_{ij},\hat{H}]=0$，得到：

$$[ih\frac{\partial}{\partial t}\hat{P}_{ij}\Psi(\cdots q_i\cdots q_j\cdots,t)=\hat{H}\hat{P}_{ij}\Psi(\cdots q_i\cdots q_j\cdots,t)]$$

这表明 $\hat{P}_{ij}\Psi(\cdots q_i\cdots q_j\cdots,t)$ 满足 Schrödinger 方程，也是一个它的解。

因为全同粒子是不能区分的，交换任意两个粒子的坐标不能引起体系状态的改变，即

$$\hat{P}_{ij}\Psi(\cdots q_i\cdots q_j\cdots,t)=\lambda\Psi(\cdots q_i\cdots q_j\cdots,t) \qquad (1-2)$$

为此，以 $\hat{P}_{ij}$ 作用上式两边，得

$$\hat{P}_{ij}^2\Psi(\cdots q_i\cdots q_j\cdots,t)=\lambda^2\Psi(\cdots q_i\cdots q_j\cdots,t)$$

上式左边 $\hat{P}_{ij}^2$ 作用等于复原，所以有

$$\Psi(\cdots q_i\cdots q_j\cdots,t)=\lambda^2\Psi(\cdots q_i\cdots q_j\cdots,t)$$

可知：$\lambda^2=1,\lambda=\pm 1$。

易知交换算符 $\hat{P}_{ij}$ 的本征值：

$$\lambda=\pm 1 \qquad (1-3)$$

以上结果表明，全同粒子系的状态波函数关于粒子坐标的交换呈现两种对称性：

$$\lambda=+1,\hat{P}_{ij}\Psi^s(\cdots q_i\cdots q_j\cdots,t)=\Psi^s(\cdots q_i\cdots q_j\cdots,t) \qquad (1-4)$$

ψ^s 是交换对称的态；

$$\lambda=-1,\hat{P}_{ij}\Psi^A(\cdots q_i\cdots q_j\cdots,t)=-\Psi^A(\cdots q_i\cdots q_j\cdots,t) \qquad (1-5)$$

ψ^A 是交换反对称的态。

显然，全同粒子系的态是任意两个粒子的交换算符的共同本征态。这种对称性是在以单粒子态$\{|\varphi\rangle\}$为坐标的抽象空间中的对称性，全同粒子系的这种交换对称性称为"粒子全同性"。因此对于全同粒子系我们不能指认某个粒子处于哪一个态，只能指出哪一个态可有几个粒子。这点由以下简单例子即可得知。

考虑由两个粒子构成的全同粒子系，若每一个粒子可能处在的单粒子态 $|\varphi_1\rangle$ 与 $|\varphi_2\rangle$。易知体系的完全对称态 $|\Psi^S\rangle$ 与反对称态 $|\Psi^A\rangle$ 分别是：

$$|\Psi^S\rangle = N_S[|\varphi_1(1)\varphi_2(2)\rangle + |\varphi_1(2)\varphi_2(1)\rangle]$$

$$|\Psi^A\rangle = N_A[|\varphi_1(1)\varphi_2(2)\rangle - |\varphi_1(2)\varphi_2(1)\rangle]$$

此处已假定单粒子态是归一化的，N_S 和 N_A 分别为整个态的归一化常数。

由上可看出，对完全对称态 $|\Psi^S\rangle$，两个单粒子态 $|\varphi_1\rangle$ 与 $|\varphi_2\rangle$ 可以是相同的，即在同一个单粒子态上可以容纳任意个粒子。而完全反对称态 $|\Psi^A\rangle$ 则不同，其中两个单粒子态 $|\varphi_1\rangle$ 和 $|\varphi_2\rangle$ 绝不可以相同，否则整个体系的态 $|\Psi^A\rangle=0$ 将不存在了。所以对于完全反对称态 $|\Psi^A\rangle$，其中同一个单粒子态 $|\varphi_i\rangle$ 上最多只能容纳一个粒子。这就是 Pauli（泡利）不相容原理所要求的。上述讨论可推广于任意多个全同粒子体系。

全同粒子的不可区分性，使得它的统计分布不同于经典的 Maxwell-Boltzmann 分布。处于完全对称态上全同粒子系，其中任一个单粒子态上可以容纳任意个数的粒子，它的分布规律服从 Bose-Einstein 统计；而完全反对称态上的全同粒子系，一个单粒子态上最多只可容纳一个粒子，服从 Pauli 不相容原理。它们遵从 Fermi-Dirac 统计分布定律。实验表明，整数自旋的粒子，如 π 介子、光子、氘核、氦等，是交换对称的，交换算符的本征值总是 1，服从 Bose-Einstein 统计；而半奇数自旋的粒子，如电子、质子、中子、μ 介子、中微子等是交换反对称的，其交换算符的本征值总是 -1，服从 Pauli 不相容原理和 Fermi-Dirac 统计。因而称服从 Bose-Einstein 统计的粒子为"Bose 子"，而把服从 Pauli 不相容原理和 Fermi-Dirac 统计的粒子统称为"Fermi 子"。

上述关于全同粒子系基本性质的论述，可以概称为"粒子全同性原理"。实际上它不过是关于全同粒子交换算符 $\hat{P}_{ij}$ 的一条具体的实验规律，不能作为一条量子力学的基本原理，但确是量子统计力学的基础，它所包含的 Pauli 不相容原理在原子、分子结构理论中具有基础的重要性，故而可以基本原理看待之。

§1-3 多电子波函数

1. 多粒子系 Hamilton(汉密尔顿) 量及 Schrödinger 方程式

设有 N 个原子核(A,B,…) 与 n 个电子($i=1,2,…$) 构成的多粒子体系,在直角坐标系中关系如下:

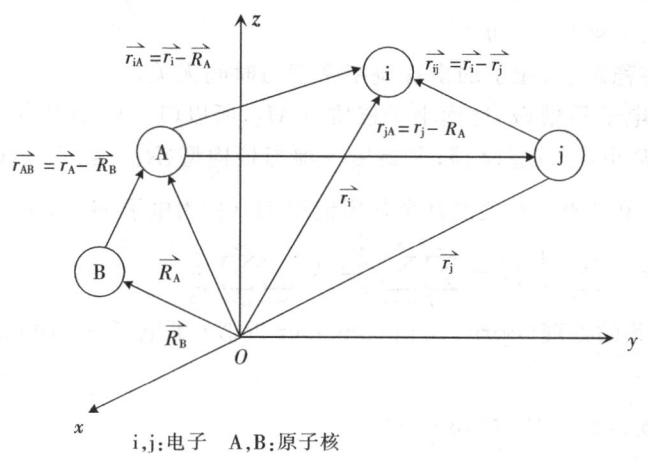

i,j:电子　A,B:原子核

图 1-1　分子坐标系

上图所示的 N 个原子核、n 个电子体系的 Hamilton 量 $\hat{H}$ 如下:

$$\hat{H} = -\sum_{A=1}^{N}\frac{1}{2M_A}\nabla_A^2 - \sum_{i=1}^{n}\frac{1}{2}\nabla_i^2 - \sum_{i=1}^{n}\sum_{A=1}^{N}\frac{Z_A}{r_{iA}} + \sum_{i=1}^{n}\sum_{j=1}^{n}\frac{1}{r_{ij}} + \sum_{A=1}^{N}\sum_{B>A}^{N}\frac{Z_A Z_B}{R_{AB}} \qquad (1-6)$$

∇_i^2 与 ∇_A^2 各为电子与原子核的 Laplace(拉普拉斯) 算符,Z_A 和 Z_B 等为原子核 A 和 B 的核电荷数。

式中第一、二项各为原子核与电子的动能,第三项是电子与原子核间的吸引能,第四、五项各为电子间、原子核间的排斥能。这里用了原子单位(a. u.)。

这样多粒子系 Schrödinger 方程式(1 - 1)便有了具体的内容。

考虑体系处于稳定态,方程(1 - 1)的解可取如下形式:

$$\Psi(\vec{r},\vec{R};t) = e^{-iEt/\hbar}\Phi(\vec{r},\vec{R}) \tag{1-7}$$

式中 $\vec{r}(\vec{r}_1,\vec{r}_2,\cdots,\vec{r}_n)$ 为电子坐标,$\vec{R}(\vec{R}_A,\vec{R}_B,\cdots)$ 为原子核坐标。将(1 - 7)代入(1 - 1)式便得出非相对论的与时间无关的定态 Schrödinger 方程式:

$$\hat{H}\Phi(\vec{r},\vec{R}) = E\Phi(\vec{r},\vec{R}) \tag{1-8}$$

且有:$|\Psi|^2 = |\Phi|^2$

即,在稳定态,粒子的出现概率密度与时间无关。

由于电子质量 m_e 远远小于核质量 M_A,所以(1 - 6)式中第二项与第一项相比甚小,可以忽略掉;又最后一项当核构型(R_{AB} 等)固定时为一常量,可将与电子坐标有关的其余各项记作 $\hat{H}_e$(称为电子 Hamilton 量),即

$$\hat{H}_e = -\sum_{i=1}^{n}\frac{1}{2}\nabla_i^2 - \sum_{i=1}^{n}\sum_{A=1}^{N}\frac{Z_A}{r_{iA}} + \sum_{i=1}^{n}\sum_{j>i}^{n}\frac{1}{r_{ij}} \tag{1-9}$$

在如此的处理(Born - Oppenheimer 近似)下电子 Schrödinger 方程式为

$$\hat{H}_e\Phi_e(\vec{r}) = E_e(\vec{R})\Phi_e(\vec{r}) \tag{1-10}$$

本征值 $E_e = E_e(\{R_A\})$,本征函数 $\Phi_e = \Phi_e(\vec{r},\{R_A\})$ 为以核坐标 $\{R_A\}$ 为参量的电子坐标($\vec{r}_i$)的函数。

对于固定核构型 $\{R_A\}$,体系的总能 E_t 为

$$E_t = E_e + \sum_{A=1}^{N}\sum_{B>A}^{N}\frac{Z_AZ_B}{R_{AB}} \tag{1-11}$$

于是,核 Hamilton 算符 $\hat{H}_N$ 应为

$$\hat{H}_N = -\sum_{A=1}^{N}\frac{1}{2M_A}\nabla_A^2 + \langle -\sum_{i=1}^{n}\frac{1}{2}\nabla_i^2 - \sum_{i=1}^{n}\sum_{A=1}^{N}\frac{Z_A}{r_{iA}} + \sum_{i=1}^{n}\sum_{j>i}^{n}\frac{1}{r_{ij}}\rangle + \sum_{A=1}^{N}\sum_{B>A}^{N}\frac{Z_AZ_B}{R_{AB}}$$

$$= -\sum_{A=1}^{N} \frac{1}{2M_A} \nabla_A^2 + E_e(\{\vec{R}_A\}) + \sum_{A=1}^{N}\sum_{B>A}^{N} \frac{Z_A Z_B}{R_{AB}}$$

即 $\hat{H}_N = -\sum_{A=1}^{N} \frac{1}{2M_A} \nabla_A^2 + E_t(\{\vec{R}_A\})$ (1-12)

于是核运动方程为

$$\hat{H}_N \Phi_N = E \Phi_N \tag{1-13}$$

由上可知:$E_t(\{\vec{R}_A\})$ 在核 Hamilton 算符中扮演势能项的角色,即它为核运动提供势能,称为"势能函数"或"势能(曲)面"。对于变更核构型时多粒子系总能 E_t 的变化如下:

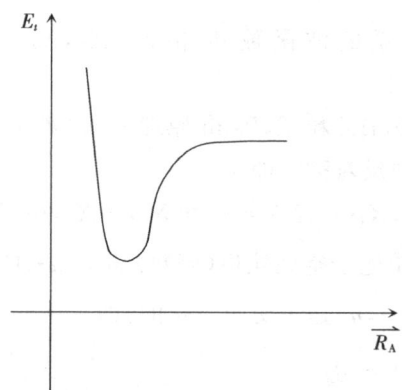

图 1-2 势能面示意图

于是,定态 Schrödinger 方程(1-8)式的解 $\Phi(\vec{r},\vec{R})$ 可以表作电子波函数 $\Phi_e(\vec{r},\{R\})$ 与核波函数 $\Phi_N(\vec{R})$ 的乘积的形式:

$$\Phi(\vec{r},\vec{R}) = \Phi_e(\vec{r},\{R\}) \Phi_N(\vec{R}) \tag{1-14}$$

当只关注电子运动而不考虑其中的核振动与转动等问题时,可由电子运动 Schrödinger 方程(1-10)式与(1-11)式处理之,同时可以略去下标"e"。但应注意电子能 E_e 与总能 E_t 的区别。

2. Pauli 不相容原理与多电子波函数

为了完全描述电子,除其空间坐标($\vec{r}$)外还须指定它的自旋(坐标)ω。两个自旋函数 $\alpha(\omega)$ 与 $\beta(\omega)$ 对应于电子自旋向上($\uparrow$)与向下($\downarrow$)两种自旋态。$\alpha(\omega)$ 与 $\beta(\omega)$ 间存在如下正交归一化关系：

$$\left. \begin{array}{l} \int d\omega \alpha^*(\omega)\alpha(\omega) = \int d\omega \beta^*(\omega)\beta(\omega) = 1 \\ \text{或} <\alpha|\alpha> = <\beta|\beta> = 1 \end{array} \right\} \quad (1-15)$$

和
$$\left. \begin{array}{l} \int d\omega \alpha^*(\omega)\beta(\omega) = \int d\omega \beta^*(\omega)\alpha(\omega) = 0 \\ \text{或} <\alpha|\beta> = <\beta|\alpha> = 0 \end{array} \right\} \quad (1-16)$$

今以 X 记四坐标 $\vec{r}$ 与 ω。

$$X = \{\vec{r}, \omega\} \quad (1-17)$$

于是 n - 电子系的波函数 Φ 将是 $\{X_1, X_2, \cdots, X_n\}$ 的函数，记作 $\Phi\{X_1, X_2, \cdots, X_n\}$。

由于电子属于 Fermi 粒子，Pauli 原理要求"多电子波动函数，当坐标 X_i 与 X_j 交换时必须反对称"，即

$$\Phi(X_1, \cdots, X_i, \cdots, X_j, \cdots, X_n) = -\Phi(X_1, \cdots X_j, \cdots, X_i, \cdots X_n)$$

今以 $\Psi_i(\vec{r})$ 记单电子空间轨道（函数）并且 n - 电子系的单粒子轨道集 $\{\psi_i(\vec{r}), i = 1, 2, \cdots, n\}$ 是正交归一化的，即

$$\int d\vec{r} \psi_i^*(\vec{r})\psi_j(\vec{r}) = \delta_{ij} \quad (1-18)$$

$\{\Psi_i(\vec{r})\}$ 配以自旋轨道 $\alpha(\omega)$ 或 $\beta(\omega)$ 后的轨道波函数

$$\chi(X) = \left\{ \begin{array}{l} \psi(\vec{r})\alpha(\omega) \\ \text{或} \\ \psi(\vec{r})\beta(\omega) \end{array} \right\} \quad (1-19)$$

称为"单电子自旋轨道函数"，简称"自旋轨道"(Spin Orbital)。

于是，k 个空间轨道集 $\{\psi_i(\vec{r}), i = 1, 2, \cdots, k\}$ 可以形成 $2k$ 个自旋轨道集 $\{\chi_i, i = 1, 2, \cdots, 2k\}$。

即有
$$\left. \begin{array}{l} \chi_{2i-1}(X) = \psi_i(\vec{r})\alpha(\omega) \\ \chi_{2i}(X) = \psi_i(\vec{r})\beta(\omega) \end{array} \right\} \quad i = 1, 2, \cdots, k \quad (1-20)$$

易知，如果空间轨道 $\{\psi_i(\vec{r}), i = 1, 2, \cdots k\}$ 是正交归一化集，则自旋

轨道$\{\chi_i, i=1,2,\cdots k\}$亦必是正交归一化集合，即有

$$\int dX\, \chi_i^*(x)\chi_j(x) \equiv \langle \chi_i | \chi_j \rangle = \delta_{ij} \qquad (1-21)$$

注意，k 个正交归一化空间轨道 $\{\psi_i^\alpha(\vec{r})\}$ 与 k 个正交归一化空间轨道 $\{\psi_i^\beta(\vec{r})\}$ 可以是不相互正交的，即

$$\int d\vec{r}\, \psi_i^{\alpha*}(\vec{r})\psi_j^\beta(\vec{r}) = S_{ij}$$

式中 S 是不为零重迭矩阵。

但是，如下组成的

$$\left.\begin{array}{l}\Psi_i^\alpha(\vec{r})\alpha(\omega) = \chi_{2i-1}(X) \\ \text{与} \\ \Psi_i^\beta(\vec{r})\beta(\omega) = \chi_{2i}(X)\end{array}\right\} \quad i=1,2,\cdots,k$$

是相互正交归一化的，如 (1-21) 式。

现在考虑一种理想的简单的情形，体系是由 n 个无相互作用（各自独立）的粒子组成的。此时，多电子系的总 Hamilton 量 $\hat{H}$ 将可表示成单电子 Hamilton 量 $\hat{h}(i)$ 之和，即

$$\hat{H} = \sum_{i=1}^n \hat{h}(i) \qquad (1-22)$$

式中 $\hat{h}(i)$ 与单电子自旋轨道 $\chi_i(X)$ 构成单电子 Schrödinger 方程：

$$\hat{h}(i)\chi_i(X_i) = \varepsilon_i \chi_i(X_i) \qquad (1-23)$$

式中 ε_i 为单电子能量，则此时为多电子系的总波函数 Ψ 将取单电子自旋轨道的乘积的形式如下：

$$\Psi^{HP}(X_1, X_2, \cdots, X_n) = \chi_i(\vec{r}_1)\chi_j(\vec{r}_2)\cdots\chi_k(\vec{r}_n) \qquad (1-24)$$

它称为"Hartree 乘积(Product)函数"，Ψ^{HP} 是 $\hat{H}$ 的本征函数。

$$\hat{H}\psi^{HP} = E\psi^{HP} \qquad (1-25)$$

本征值 E 为多电子系的总能量，是单电子能 ε_i 之和：

$$E = \varepsilon_i + \varepsilon_j + \cdots + \varepsilon_k \qquad (1-26)$$

显然，多电子系的 Hartree 积型的波函数 Ψ^{HP} 是不满足 Pauli(不相

容)原理的,因此必须给出正确的反对称化的波函数。为此可先取二电子系为例说明。今有电子 e_1 与 e_2 分别占据自旋轨道 χ_i 与 χ_j 时,则可有 $\Psi_{12}^{HP}(X_1,X_2)=\chi_i(\chi_1)\chi_j(\chi_2)$ 与 $\Psi_{21}^{HP}(X_1,X_2)=\chi_i(\chi_2)\chi_j(\chi_1)$ 两种 HP 型函数,然而它们都不满足 Pauli 原理,因而不是合理的波函数,如果采取上二 Ψ^{HP} 的如下线性组合:

$$\Psi(X_1,X_2)=2^{-1/2}[\chi_i(X_1)\chi_j(X_2)-\chi_j(X_1)\chi_i(X_2)] \quad (1-27)$$

此型波函数关于电子坐标 X_1 与 X_2 交换是反对称的,即 $\Psi(X_1,X_2)$ 归一化因子 $=-\Psi(X_2,X_1)$,因而满足了 Pauli 原理,是合理的波函数。系数 $2^{-1/2}$ 是归一化因子。

(1 - 27)式可由行列式表示出:

$$\Psi(X_1,X_2)=2^{-1/2}\begin{vmatrix}\chi_i(X_1),\chi_j(X_1)\\ \chi_i(X_2),\chi_j(X_2)\end{vmatrix} \quad (1-28)$$

推广于 n- 电子体系,有

$$\Psi(X_1,X_2\cdots,X_n)=(n!)^{-1/2}\begin{vmatrix}\chi_i(X_1),\chi_j(X_1)\cdots\chi_k(X_1)\\ \chi_i(X_2),\chi_j(X_2)\cdots\chi_k(X_2)\\ \vdots \quad \vdots \quad \vdots \quad \vdots\\ \chi_i(X_n)\chi_j(X_n)\cdots\chi_k(X_n)\end{vmatrix} \quad (1-29)$$

称为"Slater 行列式型波函数"。

或只取行列式对角元简单表作

$$\Psi(X_1,X_2\cdots X_n)=|\chi_i(X_1)\chi_j(X_2)\cdots\chi_k(X_n)\rangle \quad (1-30)$$

3. 电子基态与激发态波函数

由上述已知,多电子系波函数的正确表达式为 Slater 行列式型波函数(1 - 29)或(1 - 30)。

多电子体系的稳定基态 $|\Psi_0\rangle$ 是单 Slater 行列式函数:

$$|\Psi_0\rangle=|\chi_1\chi_2\cdots\chi_a\chi_b\cdots\chi_n\rangle \quad (1-31)$$

例如,氢分子(H_2)的基态:

$$|\Psi_0\rangle=|\chi_1\chi_2\rangle\equiv|\Psi_1\bar{\Psi}_1\rangle\equiv|1\bar{1}\rangle \quad (1-32)$$

这里令 $\begin{cases}\chi_1 = \Psi_1^\alpha \equiv \Psi_1 \\ \chi_2 = \Psi_1^\beta \equiv \bar{\Psi}_1\end{cases}$

即 $\begin{cases}\chi_3 \text{—} \chi_4 \text{—} \\ \chi_1 \text{↑} \chi_2 \text{↓}\end{cases} \Longrightarrow \begin{pmatrix}\text{—} \Psi_2 \\ \text{↑↓} \Psi_1\end{pmatrix}$

一般来说,在一其他个体系中 n 个电子分布在 $2k$ 个自旋轨道之间,$2k > N$ 时,可能的电子分布方式有 $C_{2k}^n = \dfrac{(2k)!}{n!(2k-n)!}$ 种之多。

在 $\binom{2k}{n}$ 种 Slater 行列式型波函数中,除去一种代表体系稳定基态以外,其他的则是各种代表电子激发态的波函数了。其中有单电子激发态、双电子激发态与三电子激发态等。

例如,单激发 $|\Psi_a^r\rangle$ 指电子从基态 $|\Psi_0\rangle$ 中的 χ_a 激发到空轨道 χ_r 的情形(见图 1-3)。

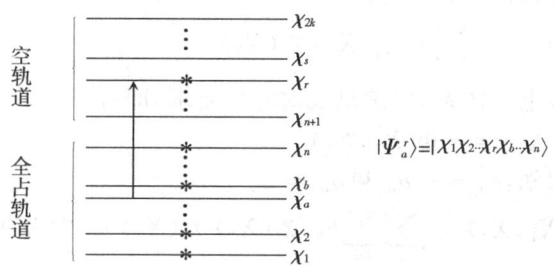

图 1-3 单电子激发示意图

如果二电子分别由 $\chi_a \to \chi_r$ 与 $\chi_b \to \chi_s$ 激发,则以 $|\Psi_{ab}^{rs}\rangle$ 记之,如图 1-4:

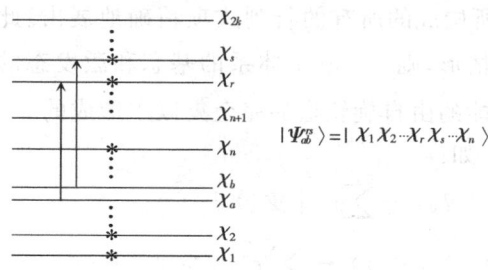

图 1-4 双电子激发示意图

4. 精确波函数与组态作用

今有自旋轨道函数的完全集 $\{\chi_i(X)\}$,则任何单变量函数 $\Phi(\chi_1)$ 都可以向 $\{\chi_i(X_1)\}$ 展开,即

$$\Phi(\chi_1) = \sum_i a_i \chi_i(X_1) \tag{1-33}$$

式中 a_i 为展开系数。

类似地,对于双变量函数 $\Phi(X_1, X_2)$ 亦可作出如下展开。若此时先取 X_2 保持不变,有:

$$\Phi(X_1, X_2) = \sum_i a_i(X_2) \chi_i(X_1) \tag{1-34}$$

此时,展开系数 $a_i(X_2)$ 为 X_2 的函数。由于 $a_i(X_2)$ 是一个单变量的函数,它仍可向 $\{\chi_i\}$ 展开之,即有

$$a_i(X_2) = \sum_j b_{ij} \chi_j(X_2) \tag{1-35}$$

将其代入 (1-34) 式,得出

$$\Phi(X_1 X_2) = \sum_{i,j} b_{ij} \chi_i(X_1) \chi_j(X_2) \tag{1-36}$$

对于多电子体系,应满足反对称化要求,即有

$$\Phi(X_1, X_2) = -\Phi(X_2, X_1) \tag{1-37}$$

由此得知: $b_{ij} = -b_{ji}$ 和 $b_{ii} = 0$。

或
$$\Phi(X_1, X_2) = \sum_i \sum_{j>i} b_{ij} [\chi_i(X_1) \chi_j(X_2) - \chi_j(X_1) \chi_i(X_2)]$$
$$= \sum_{i<j} 2^{\frac{1}{2}} b_{ij} | \chi_i \chi_j \rangle \tag{1-38}$$

这表明,任意一个二变量的反对称化函数都可以由单变量函数的完全集 $\{\chi_i(X)\}$ 所构成的所有的行列式项精确地展出。此结果已推广到多于两个变量的情形,则 n-电子体系的基态和激发态的精确波函数可以表作所有的可能的由自旋轨道的完全集 $\{\chi_i\}$ 形成的 n-电子 Slater 行列式的线性组合。如:

$$|\Psi\rangle = c_0 |\Psi_0\rangle + \sum_{ra} c_a^r |\Psi_a^r\rangle + \sum_{\substack{a<b \\ r<s}} c_{ab}^{rs} |\Psi_{ab}^{rs}\rangle + \sum_{\substack{a<b<c \\ r<s<l}} c_{abc}^{rsl} |\Psi_{abc}^{rsl}\rangle + \cdots \tag{1-39}$$

第一章 多体问题

由于每一个 $|\Psi_i\rangle$ 都由指定的自旋轨道的一种组态(Configuration)所确定,因而称上过程为"组态相互作用"(Configuration Interaction),即 CI。可以说,多电子系的精确波函数是由全部组态作用函数表出。

例如氢分子(H_2),有 $n=2$ 个电子,$2k=4$ 个自旋轨道 χ_1,χ_2,χ_3 与 χ_4,所以可以有 $C_4^2 = \dfrac{4!}{2!2!} = 6$ 种行列式型函数。

基态行列式函数:

$$|\Psi_0\rangle = |\chi_1,\chi_2\rangle \equiv |\Psi_1 \bar{\Psi}_1\rangle = |1\bar{1}\rangle \quad \begin{array}{l} u\text{———}2 \\ g\uparrow\downarrow 1 \end{array} \qquad (1\text{-}40)$$

单激发态行列式函数:

$$|\Psi_1^2\rangle = |2\bar{1}\rangle : \equiv \begin{array}{l} u\uparrow\ 2 \\ g\downarrow\ 1 \end{array} \qquad (1\text{-}41)$$

$$|\Psi_1^2\rangle = |\bar{2}\bar{1}\rangle : \equiv \begin{array}{l} u\downarrow\ 2 \\ g\downarrow\ 1 \end{array} \qquad (1\text{-}42)$$

$$|\Psi_1^2\rangle = |12\rangle : \equiv \begin{array}{l} u\uparrow\ 2 \\ g\uparrow\ 1 \end{array} \qquad (1\text{-}43)$$

$$|\Psi_1^2\rangle = |1\bar{2}\rangle : \equiv \begin{array}{l} u\downarrow\ 2 \\ g\uparrow\ 1 \end{array} \qquad (1\text{-}44)$$

双激发态行列式函数:

$$|\Psi_{11}^{22}\rangle = |2\bar{2}\rangle \equiv |\chi_3,\chi_4\rangle = |\Psi_{12}^{34}\rangle \quad \begin{array}{l} u\uparrow\downarrow 2 \\ g\text{———}1 \end{array} \qquad (1\text{-}45)$$

(注意,此处 $u \times u = g$,为 g 对称性的)

由于 H_2 的精确的基态波函数对称性为 g,所以只有 g - 对称性的行列式出现在 $|\Psi_0\rangle$ 的展开式中。即:

$$|\Phi_0\rangle = c_0|\Psi_0\rangle + c_{11}^{22}|\Psi_{11}^{22}\rangle = c_0|\Psi_0\rangle + c_{12}^{34}|\Psi_{12}^{34}\rangle \qquad (1-46)$$

上式中系数与 $\langle\Phi_0|\hat{H}|\Phi_0\rangle = E$ 精确值,可由对以 $|\Psi_0\rangle$ 与 $|\Psi_{11}^{22}\rangle$ 为基的全 CI 矩阵的对角化求出,详见下节。

§1-4 多电子系矩阵元的计算

除了氢分子离子(H_2^+)外,多电子体系的 Schrödinger 方程式都不能精确地求解,必须采用多种近似处理。其中在量子物理学与量子化学中使用最早最为有效的近似方法之一,就是 Hartree - Fock 近似。它还是多种改进与新的处理方案的基础,因而成为多电子问题的核心内容。

这一节中先讨论一下行列式型波函数所成的重迭矩阵,能量矩阵中各矩阵元取值的一般规则,然后得出能量表示式再按变分原理处理之。导出 Hartree - Fock 方程式,最后分别对闭壳层分子系与开壳层分子系导出可供实用的 Roothaan(儒汤)方程式。

1. 矩阵元 $\langle K|\hat{O}|L\rangle$ 的计算

$|K\rangle$ 与 $|L\rangle$ 为由正交归一化轨道构成的 Slater 行列式型函数,$\hat{O}$ 为单电子算符或双电子算符。目的是求出 $|K\rangle$,$|L\rangle$ 中包含的自旋轨道 χ_i 有关的积分,而最后是求出空间轨道 Ψ_i 有关的积分值。

还是先以氢分子系为例说明如下:

由(1-46)式已知,其中 $|\Psi_0\rangle = |\chi_1\chi_2\rangle = |1\bar{1}\rangle$ 为基态,$|\Psi_{12}^{34}\rangle = |\chi_3\chi_4\rangle \equiv |\Psi_{11}^{22}\rangle = |2\bar{2}\rangle$ 是双激发态的行列式波函数。为求出它的基态能量与双激发态能量须要求算对角矩阵元 $\langle\Psi_0|\hat{H}|\Psi_0\rangle$ 与 $\langle\Psi_{12}^{34}|\hat{H}|\Psi_{12}^{34}\rangle$,同样还有非对角阵元 $\langle\Psi_0|\hat{H}|\Psi_{12}^{34}\rangle$ 与 $\langle\Psi_{12}^{34}|\hat{H}|\Psi_0\rangle$ 等。

二电子系的 Hamilton 算符 $\hat{H}(1,2)$ 具体表示为

第一章　多体问题

$$\hat{H} = (-\frac{1}{2}\nabla_1^2 - \sum_A \frac{Z_A}{r_{1A}}) + (-\frac{1}{2}\nabla_2^2 - \sum \frac{Z_A}{r_{2A}}) + \frac{1}{r_{12}}$$
$$= \hat{h}(1) + \hat{h}(2) + \frac{1}{r_{12}} \tag{1-47}$$

式中 $\hat{h}(1)$ 是电子 e_1 的核实 Hamilton 算符(含在核势场中的动能与势能项)等,是单电子算符。而 $(1/r_{12})$ 与电子 e_1 和 e_2 坐标有关,为双电子算符,即

$$\hat{O}_1 = \hat{h}(1) + \hat{h}(2) \tag{1-48}$$
$$\hat{O}_2 = r_{12}^{-1} \tag{1-49}$$

先考虑矩阵元 $\langle \Psi_0 | \hat{O}_1 | \Psi_0 \rangle$,由(1-48)式,其中第一个是

$$\langle \Psi_0 | \hat{h}(1) | \Psi_0 \rangle = \int dX_1 dX_2 [2^{-1/2}(\chi_1(X_1)\chi_2(X_2) - \chi_2(X_1)\chi_1(X_2))]^* \times$$
$$\hat{h}(\vec{r}_1)[2^{-\frac{1}{2}}(\chi_1(X_1)\chi_2(X_2) - \chi_2(X_1)\chi_1(X_2))]$$
$$= \frac{1}{2}\int dX_1 dX_2 \{\chi_1^*(X_1)\chi_1(X_2)^* \hat{h}(\vec{r}_1)\chi_1(X_1)\chi_2(X_2) +$$
$$\chi_2^*(X_1)\chi_1(X_2)\hat{h}(\vec{r}_1)\chi_1(X_1)\chi_1(X_2) -$$
$$x_1^*(X_1)x_2^*\chi_2^*(X_2)\hat{h}(\vec{r}_1)\chi_2(X_1)\chi_1(X_2) -$$
$$\chi_2^*(X_1)\chi_1^*(X_2)\hat{h}(\vec{r}_1)\chi_1(X_1)\chi_2(X_2)\} \tag{1-50}$$

由于自旋轨道的正交归一性,当关于 X_2 积分时,上式前两项为 1,后两项为 0。(1-50)式变为

$$\langle \Psi_0 | \hat{h}(1) | \Psi_0 \rangle = \frac{1}{2}\int dX_1 \chi_1^*(X_1)\hat{h}(\vec{r}_1)\chi_1(X_1) +$$
$$\frac{1}{2}\int dX_1 \chi_2^*(X_1)\hat{h}(1)\chi_2(X_1)$$

同样做法,可得 $\langle \Psi_0 | \hat{h}(2) | \Psi_0 \rangle = \langle \Psi_0 | \hat{h}(1) | \Psi_0 \rangle$ (1-51)

于是 $\langle \Psi_0 | \hat{O}_1 | \Psi_0 \rangle = \int dX_1 \chi_1^*(X_1)\hat{h}(\vec{r}_1)\chi_1(X_1) +$
$$\int dX_1 \chi_2^*(X_1)\hat{h}(\vec{r}_1)\chi_2(X_1) \tag{1-52}$$

引入记号:

$$\langle i \mid \hat{h} \mid j \rangle = \langle \chi_i \mid \hat{h} \mid \chi_j \rangle$$
$$= \int dX_1 \, \chi_i^*(X_1) \, \hat{h}(\vec{r_1}) \, \chi_j(X_1) \tag{1-53}$$

于是 $\langle \Psi_0 \mid \hat{O}_1 \mid \Psi_0 \rangle = \langle 1 \mid \hat{h} \mid 1 \rangle + \langle 2 \mid \hat{h} \mid 2 \rangle \tag{1-54}$

同理可得:$\langle \Psi_{12}^{34} \mid \hat{O}_1 \mid \Psi_{12}^{34} \rangle = \langle 3 \mid \hat{h} \mid 3 \rangle + \langle 4 \mid \hat{h} \mid 4 \rangle$

和 $\langle \Psi_0 \mid \hat{O}_1 \mid \Psi_{12}^{34} \rangle = \langle \psi_{12}^{34} \mid \hat{O}_1 \mid \psi_* \rangle = 0 \tag{1-55}$

现在求矩阵元 $\langle \Psi_0 \mid \hat{O}_2 \mid \Psi_0 \rangle$ 的值。

$$\langle \Psi_0 \mid \hat{O} \mid \Psi_0 \rangle = \int dX_1 dX_2 [2^{-1/2}(\chi_1(X_1)\chi_2(X_2) - \chi_2(X_1)\chi_1(X_2))]^* \times$$
$$r_{12}^{-1}[2^{-1/2}(\chi_1(X_1)\chi_2(X_2) - \chi_2(X_1)\chi_1(X_2))] = \frac{1}{2}\int dX_1 dX_2$$
$$\left\{ \begin{array}{l} \chi_1^*(X_1)\chi_2^*(X_2)r_{12}^{-1}\chi_1(X_1)\chi_2(X_2) + \chi_2^*(X_1)\chi_1^*(X_2)r_{12}^{-1}\chi_2(X_1)\chi_1(X_2) - \chi_1^*(X_1)\chi_2^* \\ (X_2)r_{12}^{-1}\chi_2(X_1)\chi_1(X_2) - \chi_2^*(X_1)\chi_1^*(X_2)r_{12}^{-1}\chi_1(X_1)\chi_2(X_2) \end{array} \right\}$$

由于 $r_{12} = r_{21}$,故可以改变第二项积分的哑变量,它与第一项相等。同理,第三、四项亦相等。所以上式化为

$$\langle \Psi_0 \mid \hat{O}_2 \mid \Psi_0 \rangle = \int dX_1 dX_2 \, \chi_1^*(X_1) \chi_2^*(X_2) r_{12}^{-1} \chi_1(X_1) \chi_2(X_2) -$$
$$\int dX_1 dX_2 \, \chi_1^*(X_1) \chi_2^*(X_2) r_{12}^{-1}$$
$$\chi_2(X_1) \chi_1(X_2) \tag{1-56}$$

为了方便,对上二电子积分(含自旋轨道的)采用如下记号:

$$\langle ij \mid kl \rangle = \langle \chi_i \chi_j \mid \chi_k \chi_l \rangle$$
$$= \int dX_1 dX_2 \, \chi_i^*(X_1) \chi_j^*(X_2) r_{12}^{-1} \chi_k(X_1) \chi_l(X_2) \tag{1-57}$$

于是(1-56)式表作

$$\langle \Psi_0 \mid \hat{O}_2 \mid \Psi_0 \rangle = \langle 12 \mid 12 \rangle - \langle 12 \mid 21 \rangle \tag{1-58}$$

由(1-57)式与(1-58)式,则 Hartree-Fock 基态能量:

$$\langle \Psi_0 \mid \hat{H} \mid \Psi_0 \rangle = \langle \Psi_0 \mid \hat{O}_1 + \hat{O}_2 \mid \psi_0 \rangle$$
$$= \langle 1 \mid \hat{h} \mid 1 \rangle + \langle 2 \mid \hat{h} \mid 2 \rangle +$$

$$\langle 12 | 12 \rangle - \langle 12 | 21 \rangle \qquad (1-59)$$

现在对(1-57)定义的二电子积分记号的性质作些说明。此种记号是物理学家们常使用的。显然，它有如下性质：

$$\langle ij | kl \rangle = \langle ji | lk \rangle \qquad (1-60)$$

和 $\langle ij | kl \rangle = \langle kl | ij \rangle^* \qquad (1-61)$

由于二电子积分还常出现在如下组合中，对反对称化二电子积分，采用特别的记号：

$$\begin{aligned}\langle ij \| kl \rangle &= \langle ij | kl \rangle - \langle ij | lk \rangle \\ &= \int dX_1 dX_2 \, \chi_i^*(X_1) \chi_j^*(X_2) r_{12}^{-1} \\ &\quad (1-\hat{p}_{12}) \chi_k(X_1) \chi_l(X_2)\end{aligned} \qquad (1-62)$$

式中 $\hat{p}_{12}$ 是交换电子 e_1 与 e_2 坐标的算符。显然：

$$\langle ij \| kk \rangle = 0 \qquad (1-63)$$

遗憾的是，在许多 Hartree-Fock 理论的文献中还常使用着另外一种记号，它是化学家们所常用的，即令

$$[ij | kl] = \int dX_1 dX_2 \, \chi_i^*(X_1) \chi_j(X_2) r_{12}^{-1} \chi_k^*(X_1) \chi_l(X_2) \qquad (1-64)$$

当交换积分的哑变量时，有

$$[ij | kl] = [kl | ji] \qquad (1-65)$$

如果自旋轨道为实的，如在分子 Hartree-Fock 计算中常遇到的情形，有

$$[ij | kl] = [ji | kl] = [ij | lk] = [ji | lk] \qquad (1-66)$$

对于单电子积分，两种记号是一致的，即

$$[i | \hat{h} | j] = \langle i | \hat{h} | j \rangle = \int dX_1 \, \chi_i^*(X_1) \hat{h}(\vec{r}_1) \chi_j(X_1) \qquad (1-67)$$

2. 矩阵元计算的一般规则

对于 n-电子系其矩阵元值计算就远比前述双电子系情形复杂得很多了。对此已经得出一般性的规则可供利用，本节只列出结果，它们的详细导出过程可以参看下节。

在量子化学中有两类算符。

其一是单电子算符：

$$\hat{O}_1 = \sum_{i=1}^{n} \hat{h}(i) \tag{1-68}$$

式中 $\hat{h}(i)$ 只与电子 i 的动力学变量（如电子 i 的位置与动量等）有关。例如：动能，电子与核间吸引能与偶极矩算符等属于此类。

第二种类型算符是双电子算符之和：

$$\hat{O}_2 = \sum_{i=1}^{n} \sum_{j>i}^{n} U(i,j) \equiv \sum_{i<j} U(i,j) \tag{1-69}$$

$U(i,j)$ 是与电子 i 与电子 j 的位置（或动量）有关的算符。(1-69)式的求和是遍及所有的独一对进行的。

例如，电子 i 与 j 间的 Coulomb 相互作用：

$$U(i,j) = r_{ij}^{-1} \tag{1-70}$$

就是双电子算符。

矩阵元 $\langle K|\hat{O}|L\rangle$ 的值与 $\hat{O}$ 是单电子算符 $\hat{O}_1$ 之和还是双电子算符 $\hat{O}_2$ 之和有关，还与行列式波函数 $|K\rangle$ 与 $|L\rangle$ 之差的程度有关。

对此可分如下三种情形讨论：

情形 1，两行列式函数 $|K\rangle = |\cdots \chi_m \chi_n\rangle$ 全同，$\langle K|\hat{O}|K\rangle$ 的值。

情形 2，$\langle K|\hat{O}|L\rangle$，$|K\rangle$ 与 $|L\rangle$ 只有一个自旋轨道（如 $\chi_m \to \chi_p$）不同。即：

$$|L\rangle = |\cdots \chi_p \chi_n\rangle$$

情形 3，$|K\rangle$ 与 $|L\rangle$ 有两个自旋轨道（如 $\chi_m \to \chi_p$ 和 $\chi_n \to \chi_q$）。即：

$$|L\rangle = |\cdots \chi_p \chi_q \cdots\rangle$$

易知，$|K\rangle$ 与 $|L\rangle$ 如有三个以上的自旋轨道不同时，所有的 $\langle K|\hat{O}|L\rangle = 0$。

为了使用这些规则，今将上述三种情形的结果列于表 1-1 与表 1-2 中。

表 1-1　　单电子算符的行列式矩阵元

$$\hat{O}_1 = \sum_{i=1}^{n} \hat{h}(i)$$

情形 1：$|K\rangle = |\cdots mn \cdots\rangle$：$\langle K|\hat{O}_1|K\rangle = \sum_{m}^{n}[m|\hat{h}|m] = \sum_{m}^{n}\langle m|\hat{h}|m\rangle$

情形 2：$|K\rangle = |\cdots mn \cdots\rangle$，$|L\rangle = |\cdots pn \cdots\rangle$：$\langle K|\hat{O}_1|L\rangle = [m|\hat{h}|p]$

$$= \langle m|\hat{h}|p\rangle$$

情形 3：$|K\rangle = |\cdots mn \cdots\rangle$，$|L\rangle = |\cdots pq \cdots\rangle$：$\langle K|\hat{O}_1|L\rangle = 0$

表 1-2　　双电子算符的行列式矩阵元

$$\hat{O}_2 = \sum_{i=1}^{n}\sum_{j>i}^{n} r_{ij}^{-1}$$

情形 1：$|K\rangle = |\cdots mn' \cdots\rangle$：$\langle K|\hat{O}_2|K\rangle = \frac{1}{2}\sum_{m}^{n}\sum_{n'}^{n}\{[mn|n'n'] - [mn'|n'm]\}$

$$= \frac{1}{2}\sum_{m}^{n}\sum_{n'}^{n}\langle mn' \| mn'\rangle$$

情形 2：$|K\rangle = |\cdots mn' \cdots\rangle$，$|L\rangle = |\cdots pn' \cdots\rangle$：$\langle K|\hat{O}_2|L\rangle = \sum_{n'}^{n}\{[mp|n'n'] - [mn'|n'p]\}$

$$= \sum_{n'}^{n}\langle mn' \| pn'\rangle$$

情形 3：$|K\rangle = |\cdots mn' \cdots\rangle$，$|L\rangle = |\cdots pq \cdots\rangle$：$\langle K|\hat{O}_2|L\rangle = [mp|n'q] - [mq|n'p]$

$$= \langle mn' \| pq\rangle$$

【例 1】$|\Psi_1\rangle = |abcd\rangle$，$|\Psi_2\rangle = |crds\rangle$。

可以交换行列式函数 $|\Psi_2\rangle$ 的列，使它与 $|\Psi_1\rangle$ 有最大的一致，并保持迹的符号不变。

$$|\Psi_2\rangle = |crds\rangle = -|crsd\rangle = |srcd\rangle$$

可见 $|\Psi_2\rangle$ 与 $|\Psi_1\rangle$ 只有两列不同。

由上表中情形 3，可知：

$$\langle\Psi_1|\hat{O}_1|\Psi_2\rangle = 0 \quad \langle\Psi_1|\hat{O}_2|\Psi_2\rangle = \langle ab \| sr\rangle$$

【例 2】 利用上表,可直接得出单行列式波函数 $|K\rangle$ 的能量表达式:

$$\langle K|\hat{H}|K\rangle = \langle K|\hat{O}_1+\hat{O}_2|K\rangle$$

$$= \sum_m^n \langle m|\hat{h}|m\rangle + \frac{1}{2}\sum_m^n\sum_{n'}^n \langle mn'\|mn'\rangle \quad (1-71)$$

式中 $\hat{h}(i) = -\frac{1}{2}\nabla_i^2 - \sum_A \frac{Z_A}{r_{iA}}$。

(1-71) 式中的求和是遍及 $|K\rangle$ 中的占有的自旋轨道。由于

$$\langle mn\|mn\rangle = \langle n'n'\|n'n'\rangle = 0 \quad (1-72)$$

和 $\langle mn'\|mn'\rangle = \langle n'm\|n'm\rangle$ $\quad (1-73)$

(1-71) 式还可以表作:

$$\langle K|\hat{H}|K\rangle = \sum_m^n \langle m|\hat{h}|m\rangle + \sum_m^n\sum_{n'>m}^n \langle mn'\|mn'\rangle$$

$$= \sum_m^n [m|\hat{h}|m] +$$

$$\sum_m^n\sum_{n'>m}^n [mm|n'n'] - [mn'|n'm] \quad (1-74)$$

于是,Hartree-Fock 基态能量 E_0:

$$E_0 = \langle \Psi_0|\hat{H}|\Psi_0\rangle \quad (1-75)$$

$$= \sum_a^n [a|\hat{h}|a] + \frac{1}{2}\sum_a^n\sum_b^n [aa|bb] - [ab|ba] \quad (1-76a)$$

或等价的表达式:

$$\left.\begin{array}{l} E_0 = \sum_a^n \langle a|\hat{h}|a\rangle + \frac{1}{2}\sum_a^n\sum_b^n \langle ab\|ab\rangle \\ \text{或 } E_0 = \sum_a^n \langle a|\hat{h}|a\rangle + \sum_a^n\sum_{b>a}^n \langle ab\|ab\rangle \end{array}\right\} \quad (1-76b)$$

这里将 m,n' 换成 a,b。

【例 3】 氢分子(H_2)基态 $|\Psi_0\rangle = |\chi_1,\chi_2\rangle$,由 (1-76) 知基态能:

$$E_0 = \langle 1|\hat{h}|1\rangle + \langle 2|\hat{h}|2\rangle + \langle 12\|12\rangle$$

$$= \langle 1|\hat{h}|1\rangle + \langle 2|\hat{h}|2\rangle + \langle 12|12\rangle - \langle 12|21\rangle$$

与 (1-59) 式一致。

3. 矩阵元规则的导出

取行列式波函数的代数展开形式：

$$|\chi_i, \chi_j \cdots \chi_k\rangle = (n!)^{-1/2} \sum_{n=1}^{n!} (-1)^{Pn} \hat{P}_n \{\chi_i(1)\chi_j(2)\cdots\chi_k(n)\} \quad (1-77)$$

这里简化自旋轨道符号 $\chi(X_l) \equiv \chi(l)$ 等，$\hat{P}_n$ 为电子坐标交换算符，P_n 为交换次数。易知：

$$\langle K | K \rangle = (n!)^{-1} \sum_i^{n!} \sum_j^{n!} (-1)^{Pi}(-1)^{Pj} \int dX_1 dX_2 \cdots dX_n \times$$
$$\hat{P}_i \{\chi_m^*(1)\chi_n^*(2)\cdots\} \hat{P}_j \{\chi_m(1)\chi_n(2)\cdots\}$$
$$= (n!)^{-1} \sum_i^{n!} \int dX_1 dX_2 \cdots dX_n$$
$$\hat{P}_i \{\chi_m^*(1)\chi_n^*(2)\cdots\} \hat{P}_i \{\chi_m(1)\chi_n(2)\cdots\}$$

这里用了 $(-1)^{2Pi} = 1$，上式求和中的每一项均等于1，所以得出：

$$\langle K | K \rangle = (n!)^{-1} \sum_i^{n!} 1 = 1 \quad (1-78)$$

即 $|K\rangle$ 是正交归一化的函数。于是有：

情形1　$\langle K | K \rangle = 1$　　　　情形2　$\langle K | L \rangle = 0$ $\quad (1-79)$

考虑单电子算符之和的矩阵元：

$$\langle K | \hat{O}_1 | L \rangle = \langle K | \hat{h}(1) + \hat{h}(2) + \cdots + \hat{h}(n) | L \rangle \quad (1-80)$$

$$\because \sum_i^n \hat{h}_i = n\hat{h}(1)$$

$$\therefore \langle K | \hat{O}_1 | L \rangle = n\langle K | \hat{h}(1) | L \rangle$$
$$= n(n!)^{-1} \sum_i^{n!} \sum_j^{n!} (-1)^{Pi}(-1)^{Pj} \int dX_1 dX_2 \cdots dX_n \times \hat{P}_i$$
$$\{\chi_m^*(1)\chi_n^*(2)\cdots\} \hat{h}(1)$$
$$\hat{P}_j \{\chi_m(1)\chi_n(2)\cdots\} \quad (1-81)$$

由于自旋轨道的正交归一化性质，上式除仅当 $i = j$ 不为零外，其余的所有置换结果均为零。

于是有

$$\langle K \mid \hat{O}_1 \mid K \rangle = [(n-1)!]^{-1} \sum_i^{n!} \int dX_1 dX_2 \cdots dX_n \times$$
$$\hat{P}_i \{\chi_m^*(1) \chi_n^*(2) \cdots\} \hat{h}(1)$$
$$\{\chi_m(1) \chi_n(2) \cdots\} \quad (1-82)$$

在对 $n!$ 个置换的求和中，电子 e_1 将占据每一个自旋轨道，$\{\chi_m \mid m = 1, 2, \cdots, n\}$。如果电子 e_1 处于一特定的自旋轨道 χ_m 中，则可以有 $(n-1)!$ 种方式在 $(n-1)$ 个自旋轨道中排布其余的电子 $e_2, e_3, \cdots, e_n$，积分遍及电子 $e_2, e_3, \cdots, e_n$ 时将得出因子 1（因为自旋轨道是正交归一化的），由此可知：

$$\langle K \mid \hat{O}_1 \mid K \rangle = (n-1)![(n-1)!]^{-1} \sum_m^n \int dX_1 \chi_m^*(1) \hat{h}(1) \chi_m$$

即 $\langle K \mid \hat{O}_1 \mid K \rangle = \sum_m^n \langle m \mid \hat{h} \mid m \rangle$ （情形 1） $\quad (1-83)$

情形 2，即在 $|L\rangle$ 中有单个自旋轨道 χ_p 与 $|K\rangle$ 中的不同，即 $|K\rangle = |\chi_m(1) \chi_n'(2) \cdots\rangle$。$|L\rangle = |\chi_p(1) \chi_n'(2) \cdots\rangle$ 作与上面类似讨论，结果得知

$$\langle K \mid \hat{O}_1 \mid L \rangle = [(n-1)!]^{-1} \sum_i^{n!} \int dX_1 dX_2 \cdots dX_n \times \hat{P}_i \{\chi_m^*(1)$$
$$\chi_n'(2) \cdots\} \hat{h}(1) \hat{P}_i \{\chi_p(1) \chi_n'(2) \cdots\}$$

由于在第一个置换中自旋轨道 χ_m 与第二个置换的任何一个自旋轨道正交，所以它必需由电子 e_1 占据，与 $\hat{h}(1)$ 配合才可以得出非零的解，此时其余的电子 $e_2, e_3, \cdots, e_n$，在余下的 $(n-1)$ 个自旋轨道 χ_n' 中，可有 $(n-1)!$ 种分布方式。由此可得出：

$$\langle K \mid \hat{O}_1 \mid L \rangle = (n-1)![(n-1)!]^{-1} \int dX_1 \chi_m^*(1) \hat{h}(1) \chi_p(1)$$
$$= \langle m \mid \hat{h} \mid p \rangle \quad (情形 2) \quad (1-84)$$

情形 3，两个行列式函数在 $|L\rangle$ 中有两个自旋轨道 χ_p 与 χ_q，与 $|K\rangle$ 中

的 χ_m 与 $\chi_{n'}$ 不同,即:

$$|K\rangle = |\chi_m(1) \chi_{n'}(2)\cdots\rangle \quad |L\rangle = |\chi_p(1) \chi_q(2)\cdots\rangle$$

此时有

$$\langle K|\hat{O}_1|L\rangle = n(n!)^{-1}\sum_i^{n!}\sum_j^{n!}(-1)^{Pi}(-1)^{Pj}\int dX_1 dX_2 \cdots dX_n \times$$
$$\hat{P}_i\{\chi_m^*(1)\chi_n^{*\prime}(2)\cdots\}\hat{h}\hat{P}_j(1)\{\chi_p(1)\chi_p(2)\cdots\}$$

由于 χ_m 与 χ_n 在第二交换式中的任何自旋轨道正交,所以总的结果为零,即

$$\langle K|\hat{O}_1|L\rangle = 0 \quad \text{(情形 3)} \tag{1-85}$$

下面考虑双电子算符情形,它的矩阵元为

$$\langle K|\hat{O}_2|L\rangle = \langle K|r_{12}^{-1}+r_{13}^{-1}+r_{14}^{-1}+\cdots|L\rangle$$

求和遍及全部的电子对。因电子是全同的,上式中每一项都相同,有 $\binom{n}{2}$ 对,所以:

$$\langle K|\hat{O}_2|L\rangle = \frac{n(n-1)}{2}\langle K|r_{12}^{-1}|L\rangle \tag{1-86}$$

情形 1:

$$\langle K|\hat{O}_2|L\rangle = \frac{n(n-1)}{2}(n!)^{-1}\sum_i^{n!}\sum_j^{n!}(-1)^{Pi}(-1)^{Pj}$$
$$\int dX_1 dX_2 \cdots dX_n \times \hat{P}_i\{\chi_m^*(1)x_n^{*\prime}(2)\cdots\}$$
$$r_{12}^{-1}\{\chi_m(1)\chi_{n'}(2)\cdots\} \tag{1-87}$$

由于上式中算符只含电子 e_1 与 e_2,所以电子 $e_3, e_4, \cdots, e_n$ 必须在第 i 置换式中与第 j 置换式中占据相同的自旋轨道,否则为零。所以可只考虑电子 $e_3, e_4, \cdots, e_n$ 处于相同的自旋轨道的情形,此时若电子 e_1 与 e_2 在 $\hat{P}_i$ 置换式中处于 χ_k 与 χ_l,则在 $\hat{P}_j$ 置换式中电子 e_1 与 e_2 可以有两种可能分布。其一是两者相同,即 $\hat{P}_j = \hat{P}_i$,或者处于 χ_l 与 χ_k,两者不同。

这样,若 $\hat{P}_i\{\chi_m(1)\chi n'(2)\cdots\} = [\chi_k(1) \chi_l(2)\cdots]$,则

$\hat{P}_j\{\chi_m(1)\chi_n{'}(2)\cdots\} = [\chi_k(1)\chi_l(2)\cdots]$ 或者 $[\chi_k(2)\chi_l(1)\cdots]$。于是，矩阵元可表作：

$$\langle K|\hat{O}_2|K\rangle = [2(n-2)!]^{-1}\sum_i^{n!}\int dX_1 dX\ldots dX_n \hat{P}_i\{\chi_m^*(1)\chi_n^{*'}(2)\cdots\}\times$$

$$r_{12}^{-1}[\hat{P}_i\{\chi_m(1)\chi_n{'}(2)\cdots\}-$$

$$\hat{P}_{12}\hat{P}_i\{\chi_m(1)\chi_n{'}(2)\cdots\}] \qquad (1\text{-}88)$$

式中 $\hat{P}_{12}$ 前的负号，是由于置换 $\hat{P}_{12}\hat{P}_i$ 与 P_i 不同。如果交换电子 e_1 与 e_2 时 $\hat{P}_i$ 为奇的，则 $\hat{P}_{12}\hat{P}_i$ 为偶的，反之为奇。

又由于除电子 e_1 与 e_2 外，余下的 $(n-2)$ 个电子在余下的 $(n-2)$ 个自旋轨道上的分布有 $(n-2)!$ 种可能方式，所以上式对电子 e_1 与 e_2 置换 $\hat{P}_i$ 的 $n!$ 求和是对 $|K\rangle$ 中含有的 n 个自旋轨道中两个不同的 χ_m 与 χ_n 进行的。对于这两个自旋轨道的每一种选择，其余 $(n-2)$ 个电子的 $(n-2)$ 个余下的自旋轨道中的分布方式数为 $(n-2)!$ 种，因此 (1-88) 式可以化为

$$\langle K|\hat{O}_2|K\rangle = \frac{(n-2)!}{2(n-2)!}\sum_m^n\sum_{n'\neq m}^n dX_1 dX_2 \chi_m^*(1)\chi_n^*(2)r_{12}^{-1}$$

$$(1-\hat{P}_{12})\{\chi_m(1)\chi_n(2)\}$$

$$= \frac{1}{2}\sum_m^n\sum_{n'\neq m}^n dX_1 dX_2 \chi_m^*(1)\chi_n^*(2)r_{12}^{-1}[\chi_m(1)\chi_n{'}(2)-$$

$$\chi_m(2)\chi_n{'}(1)]$$

$$= \frac{1}{2}\sum_m^n\sum_{n'\neq m}^n \langle mn|mn\rangle - \langle mn|nm\rangle$$

因为 $\langle mn\|mn\rangle = \langle mn|mn\rangle - \langle mn|nm\rangle$，当 $m=n$ 时为零，所以可以取消上式中关于求和的限制，可写作：

$$\langle K|\hat{O}_2|K\rangle = \frac{1}{2}\sum_m^n\sum_n^n \langle mn\|mn\rangle \qquad (1\text{-}89)$$

情形 2：

$|K\rangle$ 中的 χ_m 由 χ_p 代替后 $|L\rangle$，则

$$\langle K | \hat{O}_2 | L \rangle = \frac{n(n-1)}{2}(n!)^{-1} \sum_{i}^{n!} \sum_{j}^{n!} (-1)^{p_i}(-1)^{p_j} \int dX_1 dX_2 \cdots dX_n \times$$
$$\hat{P}_i \{\chi_m^*(1) \chi_n^{*'} \cdots\} r_{12}^{-1} \hat{P}_j \{\chi_p(1) \chi_n'(2) \cdots\}$$

与情形 1 类似,有

$$\langle K | \hat{O}_2 | L \rangle \equiv [2(n-2)!]^{-1} \sum_{i}^{n!} \int dX_1 dX_2 \cdots dX_n \times$$
$$\hat{P}_i \{\chi_m^*(1) \chi_n^{*'}(2) \cdots\} r_{12}^{-1} (1 - \hat{P}_{12})$$
$$\hat{P}_i \{\chi_p(1) \chi_n'(2) \cdots\} \tag{1-90}$$

由于此时 χ_m 与第二个置换式任意个自旋轨道正交,故只有 χ_m 被电子 e_1 或 e_2 占据时才有非零的结果,而此时余下的 $(n-2)$ 个电子 $e_3, e_4, \cdots, e_n$ 可有 $(n-2)!$ 种分布方式,因此 (1-90) 式化为

$$\langle K | \hat{O}_2 | L \rangle = \frac{(n-2)!}{2(n-2)!} \sum_{n' \neq m}^{n} \int dX_1 dX_2 [\chi_m^*(1) \chi_{n'}^*(2) r_{12}^{-1} (1 - \hat{P}_{12}) \times$$
$$\{\chi_p(1) \chi_n'(2)\} + \chi_n^{*'}(1) \chi_m^*(2) r_{12}^{-1} (1 - P_{12})$$
$$\{\chi_n(1) \chi_p(2)\}]$$

式中有两项是由 $\chi_m(1)$ 与 $\chi_m(2)$ 引起的。利用 $r_{12}^{-1} = r_{21}^{-1}$ 和 $\hat{P}_{12} = \hat{P}_{21}$,可以改变第二项的哑变量,使其与第一项相等,即:

$$\int dX_1 dX_2 \chi_n^*(1) \chi_m^*(1) r_{12}^{-1} (1 - \hat{P}_{12}) \{\chi_n(1) \chi_p(2)\}$$
$$= \int dX_2 dX_1 \chi_n^*(2) \chi_m^*(1) r_{21}^{-1} (1 - \hat{P}_{21}) \{\chi_n'(2) \chi_p(1)\}$$
$$= \int dX_1 dX_2 \chi_m^*(1) \chi_n^*(2) r_{12}^{-1} (1 - \hat{P}_{12}) \{\chi_p(1) \chi_n'(2)\}$$

由此,则 (1-90) 式便可以化为

$$\langle K | \hat{O}_2 | L \rangle = \sum_{n' \neq m}^{n} \int dX_1 dX_2 \chi_m^*(1) \chi_{n'}^*(2) r_{12}^{-1} (1 - \hat{P}_{12}) \{\chi_p(1) \chi_m(2)\}$$
$$= \sum_{n' \neq m}^{n} \int dX_1 dX_2 \chi_m^*(1) \chi_{n'}^*(2) r_{12}^{-1} [\chi_p(1) \chi_n'(2) -$$
$$\chi_n'(1) \chi_p(2)]$$

$$= \sum_{n' \neq m}^{n} \langle mn' | pn' \rangle - \langle mn' | n'p \rangle$$

$$= \sum_{n'}^{n} \langle mn' \| pn' \rangle \tag{1-91}$$

由于 $\langle mn \| pm \rangle = 0$，所以可取消求和中的限制。

情形 3：

$|K\rangle$ 中 χ_m 和 χ_n' 与 $|L\rangle$ 中的 χ_p 和 χ_q 均不同时，如前可得出

$$\langle K | \hat{O}_2 | L \rangle = [2(n-2)!]^{-1} \sum_{i}^{n!} \int dX_1 dX_2 \cdots dX_n \times$$
$$\hat{P}_i \{\chi_m^*(1) \chi_n^*(2) \cdots\} r_{12}^{-1} (1 - \hat{P}_{12})$$
$$\hat{P}_i \{\chi_p(1) \chi_q(2) \cdots\} \tag{1-92}$$

考虑到 χ_m 与 χ_n' 与第二置换式中任何自旋轨道均正交，所以余下的 $(n-2)$ 个电子 $e_3, e_4, \cdots, e_n$ 在自旋轨道中的分布可有 $(n-2)!$ 种。于是，有

$$\langle K | \hat{O}_2 | L \rangle$$
$$= \frac{1}{2} \int dX_1 dX_2 [\chi_m^*(1) \chi_n^{*\prime}(2) r_{12}^{-1} (1 - \hat{P}_{12}) \{\chi_p(1) \chi_q(2)\} +$$
$$\chi_n^*(1) \chi_m^*(2) r_{12}^{-1} (1 - \hat{P}_{12}) \{\chi_q(1) \chi_p(2)\}]$$
$$= \int dX_1 dX_2 \chi_m^*(1) \chi_n^{*\prime}(2) r_{12}^{-1} (1 - \hat{P}_{12}) \{\chi_p(1) \chi_q(2)\}$$
$$= \int dX_1 dX_2 \chi_m^*(1) \chi_n^{*\prime}(2) r_{12}^{-1} [\chi_p(1) \chi_q(2) - \chi_q(1) \chi_p(2)]$$
$$= \int \langle mn | pq \rangle - \langle mn | qp \rangle = \langle mn \| pq \rangle \tag{1-93}$$

同理易知，行列式函数中如有三个以上自旋轨道不同时，结果为零，即 $\langle K | \hat{O}_2 | L \rangle = 0$ (1-94)

如：$|K\rangle = |\chi_m(1) \chi_n'(2) \chi_o(3)\rangle$ $|L\rangle = |\chi_p(1) \chi_q(2) \chi_r(3)\rangle$

4. 自旋轨道向空间轨道的变换

前面所有的讨论使用的是自旋轨道 χ_i，而不是空间轨道 ψ_i。这里因

为自旋轨道的使用将会使量子化学中许多理论处理得简化。但是,对于更多的计算上的目的,自旋函数 α 和 β 必须积分掉而将自旋轨道的公式化为只含有空间轨道函数而使空间积分更适合数值计算的需要。

为了能清楚此点,看一简单的例子,即 H_2 最小基的 Hartree - Fock 能量公式:

$$E_0 = \langle \chi_1 | \hat{h} | \chi_1 \rangle + \langle \chi_2 | \hat{h} | \chi_2 \rangle + \langle \chi_1 \chi_2 | \chi_1 \chi_2 \rangle - \langle \chi_1 \chi_2 | \chi_2 \chi_1 \rangle \tag{1-95}$$

或用化学家惯用的记号:

$$E_0 = [\chi_1 | \hat{h} | \chi_1] + [\chi_2 | \hat{h} | \chi_2] + [\chi_1 \chi_1 | \chi_2 \chi_2] - [\chi_1 \chi_2 | \chi_2 \chi_1] \tag{1-96}$$

将

$$\left. \begin{array}{l} \chi_1(X) \equiv \psi_1(X) = \psi_1(\vec{r})\alpha(\omega) \\ \chi_2(X) \equiv \overline{\psi}_1(X) = \psi_1(\vec{r})\beta(\omega) \end{array} \right\} \tag{1-97}$$

代入(1 - 96) 式中,得出

$$E_0 = [\psi_1 | \hat{h} | \psi_1] + [\overline{\psi}_1 | \hat{h} | \overline{\psi}_1] + [\psi_1 \psi_1 | \overline{\psi}_1 \overline{\psi}_1] - [\psi_1 \overline{\psi}_1 | \overline{\psi}_1 \psi_1] \tag{1-98}$$

其中单电子积分

$$[\overline{\psi}_1 | \hat{h} | \overline{\psi}_1] = \int d\vec{r}_1 d\omega_1 \psi_1^*(\vec{r}_1) \beta^*(\omega_1) \hat{h}(\vec{r}_1) \psi_1(\vec{r}_1) \beta(\omega_1) \tag{1-99}$$

在非相对论情形中 $\hat{h}$ 与自旋函数无关,积分对自旋变量 ω_1 与 $\langle \beta | \beta \rangle = 1$,上式化为

$$[\overline{\psi}_1 | \hat{h} | \overline{\psi}_1] = \int d\vec{r}_1 \psi_1^*(\vec{r}_1) \hat{h}(\vec{r}_1) \psi_1(\vec{r}_1)$$

$$\equiv (\psi_1 | \hat{h} | \psi_1) \tag{1-100}$$

由于 $\langle \alpha | \alpha \rangle = \langle \beta | \beta \rangle = 1$ 和 $\langle \alpha | \beta \rangle = \langle \beta | \alpha \rangle = 0$,于是得到:

$$\left. \begin{array}{l} [\psi_i | \hat{h} | \psi_j] = [\overline{\psi}_i | \hat{h} | \overline{\psi}_j] = [\psi_i | \hat{h} | \psi_j] \\ [\psi_i | \hat{h} | \overline{\psi}_j] = [\overline{\psi}_i | \hat{h} | \psi_j] = 0 \end{array} \right\} \tag{1-101}$$

已知单电子对 E_0 的贡献就是 $2(\Psi_1\mid\hat{h}\mid\Psi_1)$。当考虑到 $\langle\alpha\mid\alpha\rangle=\langle\beta\mid\beta\rangle=1$,则有

$$[\Psi_1\Psi_1\mid\overline{\Psi}_1\overline{\Psi}_1]=\int d\vec{r}_1 d\omega_1 d\vec{r}_2 d\omega_2 \Psi_1^*(\vec{r}_1)\alpha^*(\omega_1)\psi_1(\vec{r}_1)\alpha(\omega_1)r_{12}^{-1}\times$$
$$\psi_1^*(\vec{r}_2)\beta^*(\omega_2)\Psi_1(\vec{r}_2)\beta(\omega_2)$$
$$=\int d\vec{r}_1 d\vec{r}_2 \psi_1^*(\vec{r}_1)\psi_1(\vec{r})r_{12}^{-1}\psi_1^*(\vec{r}_2)\psi_1(\vec{r}_2)$$
$$\equiv(\phi_1\phi_1\mid\phi_1\phi_1) \qquad (1-102)$$

又由于 $\langle\alpha\mid\beta\rangle=\langle\beta\mid\alpha\rangle=0$,可得出

$$[\Psi_1\overline{\Psi}_1\mid\overline{\Psi}_1\Psi_1]=\int d\vec{r}_1 d\omega_1 d\vec{r}_2 d\omega_2 \Psi_1^*(\vec{r}_1)\alpha^*(\omega_1)\Psi_1(\vec{r}_1)\beta(\Psi_1)r_{12}^{-1}\times$$
$$\Psi_1^*(\vec{r}_2)\beta(\omega_2)\Psi_1(\vec{r}_2)\alpha(\omega_2)=0 \qquad (1-103)$$

一般地,有

$$[\Psi_i\Psi_j\mid\Psi_k\Psi_l]=[\Psi_i\Psi_j\mid\overline{\Psi}_k\overline{\Psi}_l]=[\overline{\Psi}_i\overline{\Psi}_j\mid\Psi_k\Psi_l]$$
$$=[\overline{\Psi}_i\overline{\Psi}_j\mid\overline{\Psi}_k\overline{\Psi}_l]=(\Psi_i\Psi_j\mid\Psi_k\Psi_l) \qquad (1-104)$$

而其他的组合均为零。

由上可知,H_2 最小基的 Hartree-Fock 能量 E_0 为

$$E_0=2(\phi_1\mid\hat{h}\mid\phi_1)+(\phi_1\phi_1\mid\phi_1\phi_1)$$
$$=2(1\mid\hat{h}\mid 1)+(11\mid 11) \qquad (1-105)$$

将上例推广于含偶数电子的 n-电子系、闭壳层限制的 Hartree-Fock 波函数。

$$\mid\Psi_0\rangle=\mid\chi_1\chi_2\chi_3\chi_4\cdots\chi_{n-1}\chi_n\rangle$$
$$=\mid\Psi_1\overline{\Psi}_1\Psi_2\overline{\Psi}_2\cdots\Psi_{n/2}\overline{\Psi}_{n/2}\rangle \qquad (1-106)$$

则 $E_0=\sum_{a}^{n}[a\mid\hat{h}\mid a]+$

$$\frac{1}{2}\sum_{a}^{n}\sum_{b}^{n}[aa\mid bb]-[ab\mid ba] \qquad (1-107)$$

这里用了 $\{\chi_a;a=1,2,\cdots,n\}$

且有 $\sum_{a}^{n} \chi_a = \sum_{a}^{n/2} \Psi_a + \sum_{a}^{n/2} \bar{\Psi}_a$ \hfill (1-108)

或 $\sum_{a}^{n} = \sum_{a}^{n/2} + \sum_{a}^{n/2}$ \hfill (1-109)

即对所有自旋函数的求和等于对自旋向上与自旋向下的总和。

对于双重求和：

$$\sum_{a}^{n}\sum_{b}^{n} \chi_a \chi_b = \sum_{a}^{n} \chi_a \sum_{b}^{n} \chi_b = \sum_{a}^{n/2}(\Psi_a + \bar{\Psi}_a)\sum_{b}^{n/2}(\Psi_b + \bar{\Psi}_b)$$

$$= \sum_{a}^{n/2}\sum_{b}^{n/2}(\Psi_a\Psi_b + \Psi_a\bar{\Psi}_b + \bar{\Psi}_a\Psi_b + \bar{\Psi}_a\bar{\Psi}_b) \quad (1-110)$$

或简记：

$$\sum_{a}^{n}\sum_{b}^{n} = \sum_{a}^{n/2}\sum_{b}^{n/2} + \sum_{a}^{n/2}\sum_{\bar{b}}^{n/2} + \sum_{\bar{a}}^{n/2}\sum_{b}^{n/2} + \sum_{\bar{a}}^{n/2}\sum_{\bar{b}}^{n/2} \quad (1-111)$$

闭壳层限制的 Hartree-Fock 基态行列波函数：

$|\Psi_1\bar{\Psi}_1\Psi_2\bar{\Psi}_2\cdots\Psi_a\bar{\Psi}_a\Psi_b\bar{\Psi}_b\cdots\Psi_{n/2}\bar{\Psi}_{n/2}\rangle$ 图示如下：

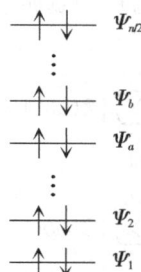

图 1-5 闭壳层限制的 Hartree-Fock 行列式波函数示意

总括上述对空间轨道的单电子积分项：

$$\sum_{a}^{n}\langle a|\hat{h}|a\rangle = \sum_{a}^{n/2}\langle a|\hat{h}|a\rangle + \sum_{a}^{n/2}\langle\bar{a}|\hat{h}|\bar{a}\rangle$$

$$= 2\sum_{a}^{n/2}\langle\Psi_a|\hat{h}|\Psi_a\rangle \quad (1-112)$$

对双电子积分项有：

$$\frac{1}{2}\sum_a^n\sum_b^n\{[aa|bb]-[ab|ba]\}$$

$$=\frac{1}{2}\left\{\begin{array}{l}(\sum_a^{n/2}\sum_b^{n/2}([aa|bb]-[ab|ba])\\+\sum_a^{n/2}\sum_b^{n/2}([aa|\overline{bb}]-[a\overline{b}|\overline{b}a])\\+\sum_a^{n/2}\sum_b^{n/2}([\overline{aa}|bb]-[\overline{a}b|b\overline{a}])\\+\sum_a^{n/2}\sum_b^{n/2}([\overline{aa}|\overline{bb}]-[\overline{ab}|\overline{ba}])\end{array}\right\}$$

$$=\sum_a^{n/2}\sum_b^{n/2}2(\Psi_a\Psi_a|\Psi_b\Psi_b)-(\Psi_a\Psi_b|\Psi_b\Psi_a) \qquad (1-113)$$

于是，闭壳层基态 Hartree - Fock 能量 E_0：

$$E_0 = 2\sum_a^{n/2}(\Psi_a|\hat{h}|\Psi_a)+$$
$$\sum_a^{n/2}\sum_b^{n/2}\{2(\psi_a\psi_a|\psi_b\psi_b)-(\psi_a\psi_b|\psi_b\psi_a)\} \qquad (1-114)$$

可简记如下：

$$E_0 = 2\sum_a(a|\hat{h}|a)+\sum_{ab}\{2(aa|bb)-(ab|ba)\} \qquad (1-115)$$

或用物理学家惯用的记号时：

$$E_0 = 2\sum_a^{n/2}\langle a|\hat{h}|a\rangle+\sum_{ab}^{n/2}\{2\langle ab|ab\rangle-\langle ab|ba\rangle\} \qquad (1-116)$$

上式中各项的物理意义如下：

① 单电子项

$$(a|\hat{h}|a)\equiv h_{aa}$$
$$=\int d\vec{r}_1\psi_a^*(\vec{r}_1)(-\frac{1}{2}\nabla_1^2-\sum_A\frac{Z_A}{r_{1A}})\psi_a(\vec{r}_1) \qquad (1-117)$$

是单电子能量，含由 $\Psi_a(\vec{r}_1)$ 描写的单电子的平均动能与电子 e_1 与核的吸引能之总和。

② 双电子积分中的前一项

$$(aa \mid bb) = \int d\vec{r}_1 d\vec{r}_2 \mid \psi_a(\vec{r}_1) \mid^2 r_{12}^{-1} \mid \Psi_b(\vec{r}_2) \mid^2 \qquad (1-118)$$

是电荷云 $\mid \Psi_a(\vec{r}_1) \mid^2$ 与 $\mid \Psi_b(\vec{r}_2) \mid^2$ 之间的经典 Coulomb 排斥能,称为"Coulomb 积分",以 J_{ab} 记之,即:

$$J_{ij} = (ii \mid jj) = \langle ij \mid ij \rangle \qquad (1-119)$$

③ 最后的双电子项

$$(ab \mid ba) = \int d\vec{r}_1 d\vec{r}_2 \Psi_a^*(\vec{r}_1) \Psi_b(\vec{r}_1) r_{12}^{-1} \Psi_b^*(\vec{r}_2) \Psi_a(\vec{r}_2) \qquad (1-120)$$

无简单的经典含意,称为"交换积分",以 K_{ab} 记之,即:

$$K_{ij} = (ij \mid ji) = \langle ij \mid ji \rangle \qquad (1-121)$$

它是来源于电子交换相关(exchange correlation)的结果,即在单行列式近似中电子平行自旋运动的相关。

由于上述结果,则闭壳层体系的 Hartree - Fock 能量(1 - 116)式可表作:

$$E_0 = 2 \sum_a h_{aa} + \sum_{ab} (2J_{ab} - K_{ab}) \qquad (1-122)$$

易证有下关系成立:

$$\left. \begin{array}{lll} J_{ii} = K_{ii} & J_{ij} = J_{ji} & J_{ij}^* = J_{ij} \\ K_{ij} = K_{ji} & K_{ij}^* = K_{ij} & \end{array} \right\} \qquad (1-123)$$

考虑二电子系的 Hartree - Fock 能量,在两种电子组态 $\mid \Psi_1 \Psi_2 \rangle$ 与 $\mid \bar{\Psi}_1 \bar{\Psi}_2 \rangle$ 时的不同:

$$\begin{aligned} E(\uparrow \downarrow) &= [\psi_1 \mid \hat{h} \mid \psi_1] + [\bar{\psi}_2 \mid \hat{h} \mid \bar{\psi}_2] + [\psi_1 \bar{\psi}_1 \mid \bar{\psi}_2 \psi_2] - [\psi_1 \bar{\psi}_2 \mid \bar{\psi}_2 \psi_1] \\ &= (1 \mid \hat{h} \mid 1) + (2 \mid \hat{h} \mid 2) + (11 \mid 22) \\ &= h_{11} + h_{22} + J_{12} \end{aligned}$$

$$\begin{aligned} E(\downarrow \downarrow) &= [\bar{\psi}_1 \mid \hat{h} \mid \bar{\psi}_1] + [\bar{\psi}_2 \mid \hat{h} \mid \bar{\psi}_2] + [\bar{\psi}_1 \bar{\psi}_1 \mid \bar{\psi}_2 \bar{\psi}_2] - [\bar{\psi}_1 \bar{\psi}_2 \mid \bar{\psi}_2 \bar{\psi}_1] \\ &= (1 \mid \hat{h} \mid 1) + (2 \mid \hat{h} \mid 2) + (11 \mid 22) - (12 \mid 21) \\ &= h_{11} + h_{22} + J_{12} - K_{12} \end{aligned}$$

由于 K_{12} 的值是正的,可知 $E(\downarrow \downarrow) < E(\uparrow \downarrow)$,这表明在单行式波函数近似下,自旋平行电子的运动是相关的。

可以证明 Hartree 积型波函数 $\Psi_{\uparrow\downarrow}^{HP} = \psi_1(\vec{r}_1)\alpha(\omega_1)\psi_2(\vec{r}_2)\beta(\omega_2)$ 与 $\Psi_{\uparrow\downarrow}^{HP} = \psi_1(\vec{r}_1)\beta(\omega_1)\psi(\vec{r})\beta(\omega_2)$ 的能量 $E_{\uparrow\downarrow} = E_{\downarrow\downarrow}$,表明在 Hartree 积波函数近似中自旋平行的电子是不相关的。

考虑到每个电子 χ_i 对单电子能量的贡献为 h_{ii} 对双电子能量项的贡献,对于电子自旋反向的则有

$$\langle ij \| ij \rangle = [\Psi_i\Psi_i | \bar{\Psi}_j\bar{\Psi}_j] - [\Psi_i\bar{\Psi}_j | \bar{\Psi}_j\Psi_i] = J_{ij}$$

而自旋同向的情形为

$$\langle ij \| ij \rangle = [\bar{\Psi}_i\bar{\Psi}_i | \bar{\Psi}_j\bar{\Psi}_j] - [\bar{\Psi}_i\bar{\Psi}_j | \bar{\Psi}_j\bar{\Psi}_i] = J_{ij} - K_{ij}$$

【例 1】对于 $| \bar{\Psi}_1\Psi_2\bar{\Psi}_2\bar{\Psi}_3 \rangle \equiv \begin{matrix} \downarrow & 3 \\ \downarrow\uparrow & 2 \\ \downarrow & 1 \end{matrix}$:

$E = h_{11} + 2h_{22} + h_{33} + J_{22} + J_{13} + 2J_{12} + 2J_{23} - K_{23} - K_{12} - K_{13}$

【例 2】

(a) $| \psi_1\psi_2 \rangle \equiv \begin{matrix}\uparrow & 2 \\ \uparrow & 1\end{matrix}..$ $E_a = h_{11} + h_{22} + J_{12} - k_{12}$

(b) $| \bar{\Psi}_1\psi_2 \rangle \equiv \begin{matrix}\uparrow & 2 \\ \downarrow & 1\end{matrix}..$ $E_b = h_{11} + h_{22} + J_{12}$

(c) $| \psi_1\bar{\Psi}_1 \rangle \equiv \begin{matrix}\overline{} & 2 \\ \uparrow\downarrow & 1\end{matrix}..$ $E_c = 2h_{11} + J_{11}$

(d) $| \Psi_2\bar{\Psi}_2 \rangle \equiv \begin{matrix}\uparrow\downarrow & 2 \\ & 1\end{matrix}..$ $E_d = 2h_{22} + J_{22}$

(e) $| \psi_1\bar{\Psi}_1\psi_2 \rangle \equiv \begin{matrix}\uparrow & 2 \\ \uparrow\downarrow & 1\end{matrix}..$ $E_e = 2h_{11} + h_{22} + J_{11} + 2J_{12} - k_{12}$

(f) $| \psi_1\psi_2\bar{\Psi}_2 \rangle \equiv \begin{matrix}\uparrow\downarrow & 2 \\ \uparrow & 1\end{matrix}..$ $E_f = h_{11} + 2h_{22} + J_{22} + 2J_{12} - k_{12}$

(g) $| \psi_1\bar{\Psi}_1\psi_2\bar{\Psi}_2 \rangle \equiv \begin{matrix}\uparrow\downarrow & 2 \\ \uparrow\downarrow & 1\end{matrix}..$ $E_g = 2h_{11} + 2h_{22} + J_{11} + J_{22} + 4J_{12} - 2k_{12}$

5. 自旋适合的组态(Spin - adapted Configurations)

现在考虑多电子体系的自旋态。先看限制的 Slater 行列式波函数,它是 α 与 β 自旋限定在相同的空间轨道的自旋轨道函数即 $\{\chi_i\} = \{\psi_i\alpha, \psi_i\beta\}$ 所构成的。由于限制的行列式波函数除特殊情形外,它不是总

电子自旋算符的本征函数,但是可取这种行列式函数的适当的线性的组合得出自旋适合的组态,它是固有的本征函数。本节最后还将讨论非限制的行列式函数,即不同自旋 α 与 β 与不同空间函数所成的自旋轨道 $\{\chi_i\} = \{\psi_i^a, \psi_i^\beta\}$ 的情形。

(1) 自旋算符

一粒子的自旋角动量乃是一向量算符 $\vec{S}$:

$$\vec{S} = S_x \vec{i} + S_y \vec{j} + S_z \vec{k} \tag{1-124}$$

式中 $\vec{i}, \vec{j}, \vec{k}$ 是沿 x, y 与 z 方向的单位向量,$\vec{S}^2$ 乃是数量算符,即

$$S^2 = \vec{S} \cdot \vec{S} = S_x^2 + S_y^2 + S_z^2 \tag{1-125}$$

自旋角动量的组成满足如下的交换关系:

$$[S_x, S_y] = iS_z \quad [S_y, S_z] = iS_x \quad [S_z, S_x] = iS_y \tag{1-126}$$

描述单个粒子自旋态的完全集可取 S^2 与其一个组分(通常是)S_z 同时的本征函数,即

$$S^2 |s, m_s\rangle = s(s+1) |s, m_s\rangle \tag{1-127}$$

$$\hat{S}_z |s, m_s\rangle = m_s |s, m_s\rangle \tag{1-128}$$

式中 s 为总自旋的量子数与 m_s 是自旋的 Z 组分的量子数。s 的可能值是 $0, \frac{1}{2}, 1, \frac{3}{2}, \cdots; m_s$ 可能值有 $2s+1$ 个,是 $-s, -s+1, -s+2, \cdots, s-1, s$。电子乃是 $s = \frac{1}{2}$ 与 $m_s = \pm \frac{1}{2}$ 的粒子。于是电子自旋态的完全集为

$$\left|\frac{1}{2}, \frac{1}{2}\right\rangle \equiv |\alpha\rangle \tag{1-129a}$$

$$\left|\frac{1}{2}, -\frac{1}{2}\right\rangle \equiv |\beta\rangle \tag{1-129b}$$

这些自旋态乃是 S^2 与 $\hat{S}_z$ 的本征函数,即:

$$S^2 |\alpha\rangle = \frac{3}{4} |\alpha\rangle, \quad S^2 |\beta\rangle = \frac{3}{4} |\beta\rangle \tag{1-130a}$$

$$\hat{S}_z |\alpha\rangle = \frac{1}{2} |\alpha\rangle, \quad \hat{S}_z |\beta\rangle = -\frac{1}{2} |\beta\rangle \tag{1-130b}$$

但是,它们不是 $\hat{S}_x$ 与 $\hat{S}_y$ 的本征函数,因为

$$\hat{S}_x|\alpha\rangle = \frac{1}{2}|\beta\rangle, \qquad \hat{S}_x|\beta\rangle = \frac{1}{2}|\alpha\rangle \qquad (1-131a)$$

$$\hat{S}_y|\alpha\rangle = \frac{i}{2}|\beta\rangle, \qquad \hat{S}_y|\beta\rangle = -\frac{i}{2}|\alpha\rangle \qquad (1-131b)$$

所以代替 $\hat{S}_x$ 与 $\hat{S}_y$，可定义"上升"与"下降"阶梯算符 $\hat{S}_+$ 与 $\hat{S}_-$：

$$\hat{S}_+ = \hat{S}_x + i\hat{S}_y \qquad (1-132a)$$

$$\hat{S}_- = \hat{S}_x - i\hat{S}_y \qquad (1-132b)$$

用这些算符可以增加或减少一个 m_s 值：

$$\hat{S}_+|\alpha\rangle = 0, \qquad \hat{S}_+|\beta\rangle = |\alpha\rangle \qquad (1-133a)$$

$$\hat{S}_-|\alpha\rangle = |\beta\rangle, \qquad \hat{S}_-|\beta\rangle = 0 \qquad (1-133b)$$

使用交换关系(1-126)式，可将 S^2 的(1-125)式化为

$$S^2 = \hat{S}_+ \hat{S}_- - \hat{S}_z + S_z^2 \qquad (1-134a)$$

$$S^2 = \hat{S}_- \hat{S}_+ + \hat{S}_z + S_z^2 \qquad (1-134b)$$

对于多电子体系，总的自旋角动量算符等于电子的每一个自旋向量的向量和：

$$\vec{s} = \sum_{i=1}^{n} \vec{s}(i) \qquad (1-135)$$

显然，有总自旋与阶梯算符的组分等于单电子算符之和，即

$$\hat{S}_I = \sum_{i=1}^{n} \hat{s}_I(i) \quad (I = x, y, z) \qquad (1-136a)$$

与 $\hat{S}_\pm = \sum_{i=1}^{n} \hat{s}_\pm(i) \qquad (1-136b)$

总自旋的平方为

$$S^2 = \vec{s} \cdot \vec{s}$$

$$= \sum_{i=1}^{n} \sum_{j=1}^{n} \vec{s}(i) \cdot \vec{s}(j)$$

$$= S_+ S_- - S_z + S_z^2 = S_- S_+ + S_z + S_z^2 \qquad (1-137)$$

是单电子算符(对角项 $i=j$)与双电子算符(交叉项 $i \neq j$)之和。

在通常的非相对论处理中，如这里讨论的 Hamilton 算符不含任何自

旋坐标，所以 S^2 与 S_z 都可与 $\hat{H}$ 对易，即

$$[\hat{H}, S^2] = 0 = [\hat{H}, \hat{S}_z] \tag{1-138}$$

因而 Hamilton 算符 $\hat{H}$ 的精确本征函数也是两个自旋算符 S^2 与 $\hat{S}_z$ 的本征函数，即：

$$S^2 | \Phi \rangle = S(s+1) | \Phi \rangle \tag{1-139a}$$

$$\hat{S}_z | \Phi \rangle = M_s | \Phi \rangle \tag{1-139b}$$

式中 S 与 M_s 是描述总自旋与 n 电子态 $|\Phi\rangle$ 的 Z 组分的自旋量子数。$S = 0, \frac{1}{2}, 1, \frac{3}{2}, \cdots$ 的态，它的多重简并度是 $(2s+1) = 1, 2, 3, 4, \cdots$，分别称为"单重的"、"二重的"、"三重的"、"四重态"等。Schrödinger 方程式的近似解不必是纯自旋态的。但是将近似波函数限定为纯单重的、双重的、三重的等常常是方便的。

任何一个单行列式是 $\hat{S}_z$ 的本征函数。一般有

$$\hat{S}_z | \chi_i \chi_j \cdots \chi_k \rangle = \frac{1}{2}(N^\alpha - N^\beta) | \chi_i \chi_j \cdots \chi_k \rangle$$

$$= M_s | \chi_i \chi_j \cdots \chi_k \rangle \tag{1-140}$$

式中 N^α 与 N^β 各为 α 自旋或 β 自旋的自旋轨道的个数。虽然单个行列式函数不必是 S^2 的本征函数，可是如下节将讨论的那样，由少数个单行列式函数的组合是可能形成自旋适合的组态——S^2 的正确的本征函数的。

(2) 限制的行列式与自旋适合组态 (Restricted Determinants and Spin-Adapted Configurations)

已知 k 个正交归一化空间轨道 $\{\psi_i, i = 1, 2, \cdots, k\}$，可由它形成 $2k$ 个自旋轨道 $\{\chi_i, i = 1, 2, \cdots, 2k\}$，即：

$$\chi_{2i-1}(X) = \psi_i(\vec{r})\alpha(\omega)$$

$$\chi_{2i}(X) = \psi_i(\vec{r})\beta(\omega) \quad (i = 1, 2, \cdots, k) \tag{1-141}$$

此种自旋轨道称为"限制的自旋轨道"，对应的为限制的行列式。在此行列式函数中一给定空间轨道 ψ_i 可以被一个电子（自旋向上或向下的）占据，也可以被自旋反向的一对电子占据。后者称为"闭壳层"（见图 1-

6),即：

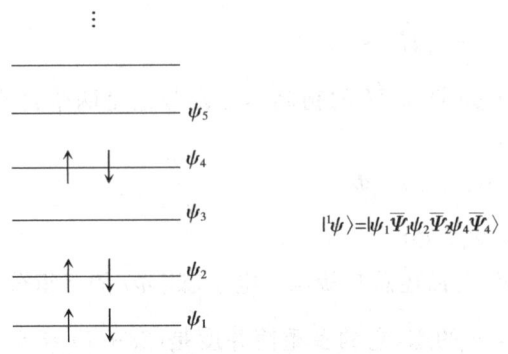

图 1-6 单重的闭壳层行列式的函数示意

在闭壳层行列式中由于所有电子都已配对了,所以闭壳层行列式纯粹是单重的,故它是算符 S^2 在本征值为零时的本征函数。

$$S^2 \mid \Psi_i \overline{\Psi}_i \Psi_j \overline{\Psi}_j \cdots \rangle = 0(0+1) \mid \Psi_i \overline{\Psi}_i \Psi_j \overline{\Psi}_j \cdots \rangle = 0 \quad (1-142)$$

例如氢分子(H_2)基态波函数：

$$\mid \Psi_0 \rangle = \mid \Psi_1 \overline{\Psi}_1 \rangle = [\Psi_1(1)\Psi_1(2)]2^{-1/2}\{\alpha(1)\beta(2)-\beta(1)\alpha(2)\}$$

它的双激发态 $\mid \Psi_{11}^{22} \rangle = \mid 22 \rangle$ 也是单重态。

下面考虑开壳层限制的行列式函数,开壳层行列式函数不是 S^2 的本征函数,除非开壳层全部电子都是自旋平行的,如下图所示：

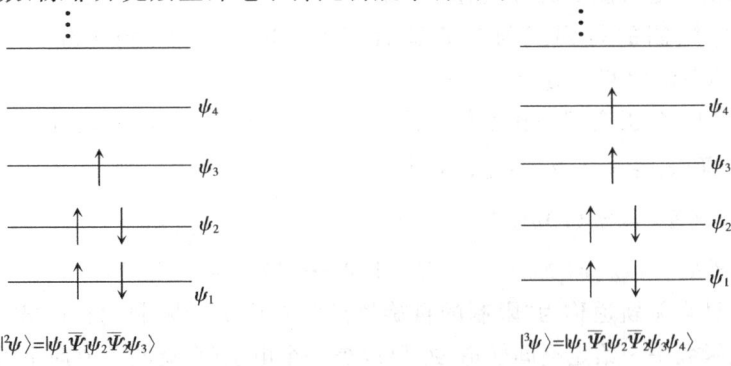

图 1-7 双重的与三重限制的单行列式函数示意

以 H_2 最小基中出现的 4 个单激发行列式函数说明如下：
开壳层行列式函数。

$$|\Psi_1^2\rangle = |2\overline{1}\rangle$$
$$= -2^{-1/2}[\Psi_1(1)\Psi_2(2) - \Psi_2(1)\Psi_1(2)]\beta(1)\beta(2) \quad (1-143a)$$
$$|\Psi_1^2\rangle = |\overline{1}2\rangle$$
$$= 2^{-\frac{1}{2}}[\Psi_1(1)\Psi_2(2) - \Psi_2(1)\Psi_1(2)]\alpha(1)\alpha(2) \quad (1-143b)$$

是 S^2 算符的本征函数，本征值为 $1(1+1)=2$ 时的。它们都是三重态。另一方面，下行列式函数

$$|\Psi_1^2\rangle = \langle 2\overline{1}\rangle \quad (1-144a)$$
$$|\Psi_1^2\rangle = |1\overline{2}\rangle \quad (1-144b)$$

则不是纯自旋态。然而，将这些行列式进行适当线性组合便可以形成自旋适合的组态——S^2 的本征函数。

如其中，单重的自旋适合组态是

$$|^1\Psi_1^2\rangle = 2^{-1/2}(|\Psi_1^2\rangle + |\Psi_1^2\rangle)$$
$$= 2^{-1/2}(|1\overline{2}\rangle + |2\overline{1}\rangle)$$
$$= 2^{-1/2}[\Psi_1(1)\Psi_2(2) + \Psi_1(2)\Psi_2(1)]$$
$$2^{-1/2}[\alpha(1)\beta(2) - \beta(1)\alpha(2)] \quad (1-145)$$

和三重自旋适合组态是

$$|^3\Psi_1^2\rangle = 2^{-1/2}(|\Psi_1^2\rangle - |\Psi_1^2\rangle)$$
$$= 2^{-1/2}(|1\overline{2}\rangle - |2\overline{1}\rangle)$$
$$= 2^{-1/2}[\Psi_1(1)\Psi_2(2) - \Psi_1(2)\Psi_2(1)]$$
$$2^{-1/2}[\alpha(1)\beta(2) + \beta(1)\alpha(2)] \quad (1-146)$$

可以预期 $|^1\Psi_1^2\rangle$ 的自旋部分与闭壳层波函数（H_2 基态的）相同，因为两者都是单重态的。

(3) 非限制的行列式函数

今以锂原子(Li)为例说明限制的与非限制的行列式波函数的不同。Li 的限制的 Hartree-Fock(RHF) 基态波函数为

$$|^2\Psi_{RHF}\rangle = |\psi_{1s}\overline{\psi}_{1s}\psi_{2s}\rangle \quad (1-147)$$

如下图,由于 1sα 与 1sβ 两个电子中只有 1sα 可以与处于 2sα 的电子交换,而 1sβ 则不能,这实际上是个限制,2sα 电子自旋"极化"了 1s 壳层,1sα 与 1sβ 电子呈现出不同的有效势与不可归结为相同空间函数所致。直观上可以预期,如果放宽这种限制,取不同的轨道,对于不同自旋见图 1-8 则有

$$|\Psi_{\text{UHF}}\rangle = |\Psi_1^a s \Psi_1^\beta s \Psi_2^a s\rangle \tag{1-148}$$

(RHF)   (UHF)

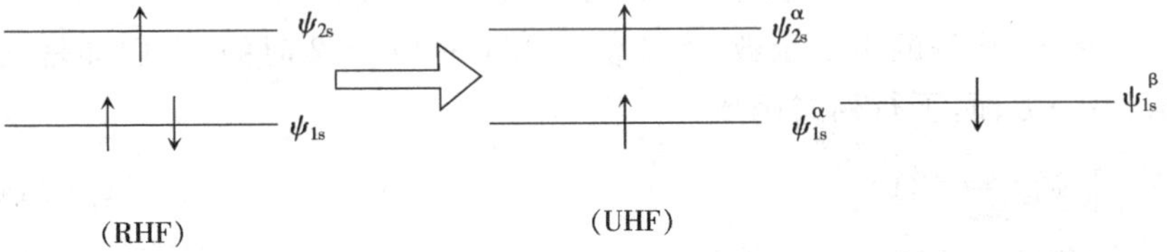

图 1-8 由一个限制的单行列式变为非限制的单行列式(对于 Li 原子)

由于它的能量较低,所以 $|\Psi_{\text{UHF}}\rangle$ 是实际上的 Li 原子的波函数。

现在看一般情形,给定 k 个正交归一化空间轨道

$$\{\psi_i^a\}, \langle \Psi_i^a | \Psi_j^a \rangle = \delta_{ij} \tag{1-149}$$

与不同的 k 个正交归一化空间轨道 $\{\psi_i^\beta\}$

$$\langle \Psi_i^\beta | \Psi_j^\beta \rangle = \delta_{ij} \tag{1-150}$$

但是,上两组并不正交,即

$$\langle \Psi_i^a | \Psi_j^\beta \rangle = S_{ij}^{a\beta} \tag{1-151}$$

式中,$S_{ij}^{a\beta}$ 是重迭积分。

于是,$2k$ 个非限制的自旋轨道如下:

$$\left.\begin{array}{l}\chi_{2i-1}(X) = \psi_i^a(\vec{r})\alpha(\omega)\\ \chi_{2i}(X) = \psi_i^\beta(\vec{r})\beta(\omega)\end{array}\right\} \quad i = 1, 2, \cdots, k \tag{1-152}$$

如前述已知,尽管 α 与 β 空间轨道并不正交,但所成的自旋轨道,$2k$ 非限制的自旋轨道形成正交归一化集合。

非限制的行列式函数不是 S^2 的本征函数,它不能像限制的行列式那样由少数个线性组合去形成自旋适合的函数,所以 Li 原子的 UHF 基态 (1-148) 不是一个纯的双重态。然而,非限制波函数通常是作为对双重态和三重态的第一近似使用的。

下图给出一个非限制波函数作为对单重态近似的表示。

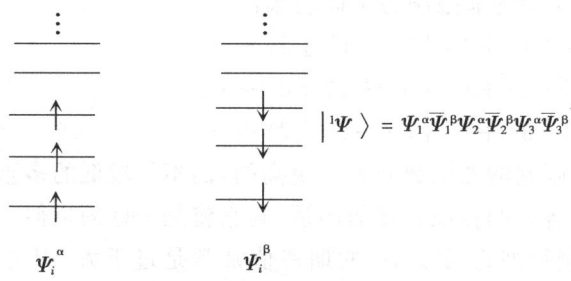

图 1-9　作为近似的单重态的非限制的行列式函数

注意,这里 $N^\alpha = N^\beta$,α 与 β 轨道是非简并的。非限制的单重态常常会崩溃为限制的单重态即成为闭壳层。

如果 $N^\alpha = N^\beta + 1$ 时,则非限制的行列式是近似的双重态(见图 1-10)。一个非限制的双重态常可作为自由基的一级近似描述,如 CH_3 具有一个未配对电子的情形。

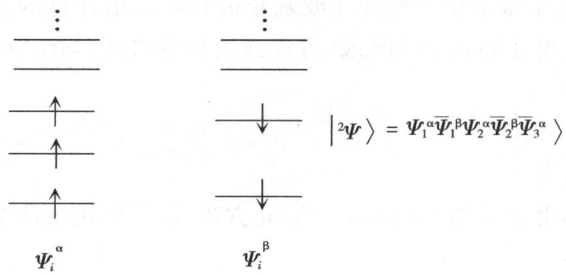

图 1-10　作为近似的双重态的非限制的行列式函数

当 N^α 比 N^β 多出 2 时,则可作为近似的三重态用(图 1-11):

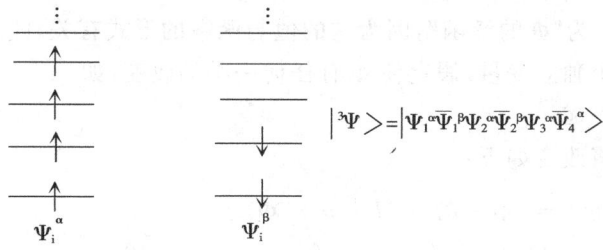

图 1-11　作为三重态的非限制的行列式函数

如果 $|1\rangle, |2\rangle, |3\rangle$ 等是精确的单重、双重、三重态等,则图 1-9、图 1-10、图 1-11 中的非限制态可以表作:

$$|^1\Psi\rangle = C_1^1|1\rangle + C_3^1|3\rangle + C_5^1|5\rangle + \cdots \qquad (1-153)$$

$$|^2\Psi\rangle = C_2^2|2\rangle + C_4^2|4\rangle + C_6^2|6\rangle + \cdots \qquad (1-154)$$

$$|^3\Psi\rangle = C_3^3|3\rangle + C_5^3|5\rangle + C_7^3|7\rangle + \cdots \qquad (1-155)$$

可见,一非限制的波函数乃是被更高的,而不是较低的多重度组分污染了的,如果上各式的首项占优势的话,则它将是个好的近似。

对于非限制行列式函数,S^2 的期待值常常是过于大,因为对 S 值有更大的污染。

§1-5 Hartree-Fock 近似

有了上节关于多电子系行列式波函数的矩阵元值计算的知识后,我们就可以进入多电子系 Schrödinger 方程式近似解法的 Hartree-Fock 方案的具体讨论了。

1. 泛函变分

为了导出多电子系的 Hartree-Fock 方程式,须使用泛函变分技术。对此先简述如下:

给定任意尝试函数 $\tilde{\Phi}$,则 Hamilton 算符的期待值 $E[\tilde{\Phi}]$ 是一个数值,为

$$E[\tilde{\Phi}] = \langle \tilde{\Phi} | \hat{H} | \tilde{\Phi} \rangle \qquad (1-156)$$

称 $E[\tilde{\Phi}]$ 为"$\tilde{\Phi}$ 的泛函",因为它的值与函数的形式有关,即函数 $\tilde{\Phi}$ 可以是任意单个独立变量。假定使 $\tilde{\Phi}$ 有任何一小的改变,如

$$\tilde{\Phi} \to \tilde{\Phi} + \delta\tilde{\Phi} \qquad (1-157)$$

则能量将改变如下:

$$E[\tilde{\Phi} + \delta\tilde{\Phi}] = \langle \tilde{\Phi} + \delta\tilde{\Phi} | \hat{H} | \tilde{\Phi} + \delta\tilde{\Phi} \rangle$$

$$= E[\tilde{\Phi}] + \{\langle \delta\tilde{\Phi} | \hat{H} | \tilde{\Phi} \rangle + \langle \tilde{\Phi} | \hat{H} | \delta\tilde{\Phi} \rangle\} + \cdots$$

$$= E[\tilde{\Phi}] + \delta E + \cdots \qquad (1-158)$$

式中 δE 称为"E 的一级改变",包含所有 $\delta \tilde{\Phi}$ 的线性的项,即一级的。可将"δ"作为微分算符处理之,即 $\delta \langle \tilde{\Phi} | \hat{H} | \tilde{\Phi} \rangle = \langle \delta \tilde{\Phi} | \hat{H} | \tilde{\Phi} \rangle + \langle \tilde{\Phi} | \hat{H} | \delta \tilde{\Phi} \rangle$。在变分法中须找出使 $E[\tilde{\Phi}]$ 为最小的 $\tilde{\Phi}$,换言之,希望找出可以使 $E[\tilde{\Phi}]$ 一级改变为零的 $\tilde{\Phi}$,即

$$\delta E = 0 \qquad (1-159)$$

此条件只保证对于 $\tilde{\Phi}$ 的任何改变是驻定的。虽然通常的驻定点是一极小。类如,对一线性变分尝试波函数的变分问题。给定

$$| \tilde{\Phi} \rangle = \sum_{i=1}^{n} C_i | \Psi_i \rangle \qquad (1-160)$$

希望使能量极小化:

$$E = \langle \tilde{\Phi} | \hat{H} | \tilde{\Phi} \rangle = \sum_{ij} C_i^* C_j \langle \psi_i | \hat{H} | \psi_j \rangle \qquad (1-161)$$

附加波函数保持正交归一性条件,即

$$\langle \tilde{\Phi} | \tilde{\Phi} \rangle - 1 = \sum_{ij} C_i^* C_j \langle \Psi_i | \Psi_j \rangle \qquad (1-162)$$

为此施行 Lagrange 待定系数方法,使其对于系数 C_i 为极小,得出如下泛函:

$$\begin{aligned} \mathcal{L} &= \langle \tilde{\Phi} | \hat{H} | \tilde{\Phi} \rangle - E(\langle \tilde{\Phi} | \tilde{\Phi} \rangle - 1) \\ &= \sum_{ij} C_i C_j \langle \psi_i | H | \psi_j \rangle - E(\sum_{ij} C_i^* C_j \langle \Psi_i | \Psi_j \rangle - 1) \end{aligned} \qquad (1-163)$$

式中 E 是 Lagrange 乘因子,所以可令 $\mathcal{L}$ 的一级变分等于零:

$$\begin{aligned} \delta \mathcal{L} = \sum_{ij} \delta C_i^* C_j \langle \psi_i | \hat{H} | \psi_j \rangle - E \sum_{ij} \delta C_i^* C"j \langle \psi_i | \psi_j \rangle + \\ \sum_{ij} C_i^* C_j \langle \psi_i | \hat{H} | \psi_j \rangle - E \sum_{ij} C_i^* C_j \langle \psi_i | \psi_j \rangle = 0 \end{aligned} \qquad (1-164)$$

由于 E 是实的($\mathcal{L}$ 是实的),收集项后改变指标,得出

$$\sum_i \delta C_i^* [\sum_j H_{ij} C_j - E S_{ij} C_j] + \text{复共轭部分} = 0 \qquad (1-165)$$

式中 $H_{ij} = \langle \Psi_i | \hat{H} | \Psi_j \rangle$,线性展开函数 $| \Psi_i \rangle$ 不必是正交归一化的,故有重迭积分:

$$\langle \Psi_i | \Psi_j \rangle = S_{ij} \qquad (1-166)$$

由于 δC_i^* 是随意的(C_i^* 与 C_j 都是独立变量),所以(1-165)式中"〔 〕"内部分必定等于零,或者

$$\sum_j H_{ij} C_j = E \sum_j S_{ij} C_j \text{ 或 } HC = ESC \tag{1-167}$$

泛函变分技术与线性变分法导致同样结果,但前者是一种更普遍的技术,这里将用它导出 Hartree-Fock 方程式。

2. 单行列式函数能量的极小化

给定单行列式函数 $|\Psi_0\rangle = |\chi_1 \chi_2 \cdots \chi_a \chi_b \cdots \chi_n\rangle$,能量 $E_0 = \langle \Psi_0 | \hat{H} | \Psi_0 \rangle$ 是自旋轨道$\{\chi_a\}$的泛函,为导出 Hartree-Fock 方程式需使 $E_0[\{\chi_a\}]$ 的自旋轨道为极小,在自旋轨道保持正交归一化条件下

$$\int dX_1 \chi_a^*(1) \chi_b(1) = [a|b] = \delta_{ab} \tag{1-168}$$

此限制条件可取如下形式:

$$[a|b] - \delta_{ab} = 0 \tag{1-169}$$

考虑自旋轨道的泛函 $\mathcal{L}[\{\chi_a\}]$:

$$\mathcal{L}[\{\chi_a\}] = E_0[\{\chi_a\}] - \sum_{a=1}^{n} \sum_{b=1}^{n} \varepsilon_{ba}([a|b] - \delta_{ab}) \tag{1-170}$$

式中 E_0 是单行列式函数 $|\Psi_0\rangle$ 的期待值:

$$E_0[\{\chi_a\}] = \sum_{a=1}^{n}[a|\hat{h}|a] + \frac{1}{2}\sum_{a=1}^{n}\sum_{b=1}^{n}([aa|bb] - [ab|ba]) \tag{1-171}$$

式中 ε_{abc} 构成 Lagrange 乘因子集,由于 $\mathcal{L}$ 为实的与 $[a|b] = [b|a]^*$,则 Lagrange 乘因子为 Hamilton 矩阵的元素必有

$$\varepsilon_{ab} = \varepsilon_{ab}^* \tag{1-172}$$

当自旋轨道作无穷小的改变,即

$$\chi_a \rightarrow \chi_a + \delta\chi_a \tag{1-173}$$

使 $\mathcal{L}$ 的一级变 $\delta\chi_a$ 为零。

$$\delta\mathcal{L} = \delta E_0 - \sum_{a=1}^{n}\sum_{b=1}^{n} \varepsilon_{ab} \delta[a|b] = 0 \tag{1-174}$$

由(1-169)式可直接得出上式,因为常数(δ_{ab})的变分为零。令有

$$\delta[a\mid b] = [\delta\chi_a \mid \chi_b] + [\chi_a \mid \delta\chi_b] \tag{1-175}$$

和 $\delta E_0 = [\delta\chi_a \mid \hat{h} \mid \chi_a] + [\chi_a \mid \hat{h} \mid \delta\chi_a] + \dfrac{1}{2}\sum\limits_{a=1}^{n}\sum\limits_{b=1}^{n}([\delta\chi_a \chi_a \mid \chi_b \chi_b]$

$+ [\chi_a \delta\chi_a \mid \chi_b \chi_b] + [\chi_a \chi_a \mid \delta\chi_b \chi_b] + [\chi_a \chi_a \mid \chi_b \delta\chi_b])$

$= -\dfrac{1}{2}\sum\limits_{a=1}^{n}\sum\limits_{b=1}^{n}([\delta\chi_a \chi_b \mid] + [\chi_a \delta\chi_b \mid \chi_b \chi_a] +$

$[\chi_a \chi_b \mid \delta\chi_b \chi_a] + [\chi_a \chi_b \mid \chi_b \delta\chi_a]) \tag{1-176}$

还有

$\sum\limits_{ba}\varepsilon_{ab}([\delta\chi_a \mid \chi_b] + [\chi_a \mid \delta\chi_b])$

$= \sum\limits_{ba}\varepsilon_{ab}[\delta\chi_a \mid \chi_b] + \sum\limits_{ab}\varepsilon_{ab}[\chi_b \mid \delta\chi_a]$

$= \sum\limits_{ba}\varepsilon_{ab}[\delta\chi_a \mid \chi_b] + \sum\limits_{ab}\varepsilon_{ab}^{*}[\delta\chi_a \mid \chi_b]^{*}$

$= \sum\limits_{ba}\varepsilon_{ab}[\delta\chi_a \mid \chi_b] + $ 复共轭部分 $\tag{1-177}$

由上则(1-174)式变为

$\delta\mathcal{L} = \sum\limits_{a=1}^{n}[\delta\chi_a \mid \hat{h} \mid \chi_a] + \sum\limits_{a=1}^{n}\sum\limits_{b=1}^{n}([\delta\chi_a \chi_a \mid \chi_b \chi_b] -$

$[\delta\chi_a \chi_b \mid \chi_b \chi_a]) - \sum\limits_{a=1}^{n}\sum\limits_{b=1}^{n}\varepsilon_{ba}[\delta\chi_a \mid \chi_b] +$

复共轭部分 $\tag{1-178}$

当使用如下定义的 Coulomb 算符与交换算符:

$$\hat{J}_b(1)\chi_a(1) = [\int dX_2\, \chi_b^{*}\, r_{12}^{-1}\, \chi_b(2)]\chi_a(1) \tag{1-179}$$

与 $\hat{K}_b(1)\chi_a(1) = [\int dX_2\, \chi_b^{*}(2) r_{12}^{-1} \chi_a(2)]\chi_b(1) \tag{1-180}$

则(1-178)式可取如下形式:

$\delta\mathcal{L} = \sum\limits_{a=1}^{n}\int dX_1 \delta\chi_a^{*}(1)[\hat{h}(1)\chi_a(1) + \sum\limits_{b=1}^{n}(\hat{J}_b(1) -$

$K_b(1))\chi_a(1) - \sum\limits_{b=1}^{n}\varepsilon_{ba}\chi_b(1)] +$ 复共轭部分 $= 0 \tag{1-181}$

因为 $\delta\chi_a^*(1)$ 是任意的,所以"[ ]"中的项对全部的 a 必定为零,于是得出

$$[\hat{h}(1) + \sum_{b=1}^{n}\hat{J}_b(1) - \hat{K}_b(1)]\chi_a(1)$$

$$= \sum_{b=1}^{n}\varepsilon_{ba}\chi_b(1) \qquad (a = 1,2,\cdots,n) \qquad (1-182)$$

式中方括号内的量定义为 Fock 算符 $\hat{f}(1)$,即

$$\hat{f}(1) = \hat{h}(1) + \sum_{b=1}^{n}(\hat{J}_b(1) - \hat{K}_b(1)) \qquad (1-183)$$

由此,则(1-182)式化为

$$\hat{f}|\chi_a\rangle = \sum_{b=1}^{n}\varepsilon_{ba}|\chi_b\rangle \qquad (1-184)$$

由于任何单行列式波函数 $|\Psi_0\rangle$ 由自旋轨道集 $\{\chi_a\}$ 形成时保留着某种程度的灵活性,自旋轨道间混合并不改变期待值 $E_0 = \langle\psi_0|\hat{H}|\psi_0\rangle$,因而上面得到的并不是正则形式的 Hartree - Fock 方程式。

3. 正则 Hartree - Fock 方程式(The canonicad Hartree - Fock eq.)

为得到 Hartree - Fock 方程的正则形式,考虑新的自旋轨道集 $\{\chi_a'\}$,它可由老的集 $\{\chi_b\}$ 经一 U 变换得出,即

$$\chi_a^1 = \sum_b \chi_b U_{ba} \qquad (1-185)$$

U 变换满足下条件:

$$U^+ = U^{-1} \qquad (1-186)$$

它具有维持正交归一化的性质。于是,如由一组正交归一化的自旋轨道 $\{\chi_a\}$ 开始则得出的一组新的自旋轨道 $\{\chi_a\}'$ 仍然是正交归一化的,今定义如下方阵 A:

$$A = \begin{bmatrix} \chi_1(1) & \chi_2(1) & \cdots & \chi_a(1) & \cdots & \chi_n(1) \\ \chi_1(2) & \chi_2(2) & \cdots & \chi_a(2) & \cdots & \chi_n(2) \\ \vdots & \vdots & & \vdots & & \\ \chi_1(n) & \chi_2(n) & \cdots & \chi_a(n) & \cdots & \chi_n(n) \end{bmatrix} \qquad (1-187)$$

则波函数 $|\Psi_0\rangle$ 恰好就是上面矩阵的归一化行列式，即

$$|\Psi_0\rangle = (n!)^{-1/2} det(A) \qquad (1-188)$$

由 (1-185) 关系，则可得出：

$$A' = AU = \begin{pmatrix} \chi_1(1) & \chi_2(1) & \cdots & \chi_n(1) \\ \chi_1(2) & \chi_2(2) & \cdots & \chi_n(1) \\ \vdots & \vdots & \vdots & \vdots \\ \chi_1(n) & \chi_2(n) & \cdots & \chi_n(n) \end{pmatrix} \begin{pmatrix} U_{11} & U_{12} & \cdots & U_{1n} \\ U_{21} & U_{22} & \cdots & U_{2n} \\ \vdots & \vdots & \vdots & \vdots \\ U_{n1} & U_{n2} & \cdots & U_{nn} \end{pmatrix}$$

$$= \begin{pmatrix} \chi'_1(1) & \chi'_2(1) & \cdots & \chi'_n(1) \\ \chi'_1(2) & \chi'_2(2) & \cdots & \chi'_n(2) \\ \vdots & \vdots & \vdots & \vdots \\ \chi'_1(n) & \chi'_2(n) & \cdots & \chi'_n(n) \end{pmatrix} \qquad (1-189)$$

由于 $det(AB) = det(A)det(B)$ (1-190)

所以，有 $det(A') = det(U)det(A)$ (1-191)

或，等价地，有 $|\Psi'_0\rangle = det(U)|\Psi_0\rangle$ (1-192)

又由 $U^+U = 1$ (1-193)

有 $det(U^+U) = det(U^+)det(U) = (det(U))^* det(U)$

$$= |det(U)|^2 = det(1) = 1 \qquad (1-194)$$

于是 $det(U) = e^{i\varphi}$ (1-195)

所以，得知 (1-192) 式中的 $|\Psi'_0\rangle$ 与 $|\Psi_0\rangle$ 只差一个相因子。

如果 U 是一个实矩阵，则此相因子为 ± 1。因为体系的任何可观测的性质都与 $|\Psi_0|^2$ 有关，所以对所有意图的目的由 $\{\chi_a\}$ 形成的老波函数与由 $\{\chi'_a\}$ 形成的新波函数它们都是等价的。因而，对于一单行列式波函数，任何期待值在自旋轨道的任意 U 变换下都是不变的。由此可知给出总能量是驻定的但不是唯一的，并且不能给特定的自旋轨道集以特定的物理意义。例如，定域化自旋轨道并不比离域化自旋轨道更是"物理"的。

下面看 U 变换对 Hartree - Fock 算符 $\hat{f}$ 中 coulomb 项与交换项的作用：

$$\sum_a \hat{f}'_a(1) = \sum_a \int dX_2 \chi'^*_a(2) r_{12}^{-1} \chi'_a(2)$$

$$= \sum_{bc} \left[\sum_a U_{ba}^* U_{ca}\right] \int dX_2\, \chi_b^*(2) r_{12}^{-1} \chi_c(2) \qquad (1\text{-}196)$$

由于 $\sum_a U_{ba}^* U_{ca} = (UU^+)cb = \delta_{cb}$ $\qquad(1\text{-}197)$

所以得出

$$\sum_a \hat{J}_a(1) = \sum_b \int dX_2\, \chi_b^*(2) r_{12}^{-1} \chi_b(2) = \sum_b \hat{J}_b(1) \qquad (1\text{-}198)$$

对于交换项 $\hat{K}$，它的总和在 U 变换下也是不变的，即

$$\sum_a \hat{K}'_a(1) = \sum_b \hat{K}_b(1) \qquad (1\text{-}199)$$

由此得出，Fock 算符本身在自旋轨道的 U 变换下也是不变的，即

$$\hat{f}'(1) = \hat{f}(1) \qquad (1\text{-}200)$$

下面须了解 Lagrange 乘因子 ε_{ba} 在 U 变换下的情况，以 $\langle\chi_c|$ 从左侧作用于 (1-184) 式两边，得到

$$\langle\chi_c|\hat{f}|\chi_a\rangle = \sum_{b=1}^n \varepsilon_{ba}\langle\chi_c|\chi_b\rangle = \varepsilon_{ca} \qquad (1\text{-}201)$$

因此，有

$$\begin{aligned}\varepsilon'_{ab} &= \int dX_1\, \chi_a^*(1)\hat{f}(1)\chi_b(1)\\ &= \sum_{cd} U_{ca}^* U_{db} \int dX_1\, \chi_c^*(1)\hat{f}(1)\chi_d(1)\\ &= \sum_{cd} U_{ca}^* \varepsilon_{cd} U_{db}\end{aligned} \qquad (1\text{-}202)$$

或取矩阵形式：

$$\varepsilon' = U^+ \varepsilon U \qquad (1\text{-}203)$$

已知 ε 是 Hermite 矩阵，故总可以找到一 U 矩阵将它对角化之。这里不涉及如何找出这样的矩阵，只指出它是存在的，且是唯一的。

所以可知，一定存在自旋轨道集 $\{\chi'_a\}$，它可使 Lagrange 乘因子矩阵 ε 对角化，即

$$\hat{f}|\chi'_a\rangle = \varepsilon'_a|\chi'_a\rangle \qquad (1\text{-}204)$$

得出上面本征方程式的解的唯一的自旋轨道集 $\{\chi'_a\}$ 称为"正则自旋轨

道"(Canonical Spin Orbitals)。除掉"′",可得 Hartree - Fock 方程式表作:

$$\hat{f}\mid\chi_j\rangle=\varepsilon_j\mid\chi_j\rangle\quad(j=1,2,\cdots,\infty)\tag{1-205}$$

称此为正则形成的 Hartree - Fock 方程式。它的解 —— 正则自旋轨道,一般来讲是离域化的,并且形成分子(该多电子系)的点群的不可约表示的一个基,即:它具有表征分子对称性特征的对称性质,或者等价的 Fock 算符的对称性。

一旦得到正则自旋轨道便有可能借助正则集的 U 变换得出无穷多个等价的轨道集。

4. Hartree - Fock 方程及其解的意义

为了求解 Hartree - Fock 方程,须引入基函数集与求解矩阵方程组。在讨论这些之前我们先考察一下本征值方程及其解与基函数集无关的一些性质。

(1) 轨道能与 Koopmans 定理

今以 $\langle\chi_i\mid$ 左作用于(1 - 205) 式两边,得出

$$\langle\chi_i\mid\hat{f}\mid\chi_j\rangle=\varepsilon_j\langle\chi_i\mid\chi_j\rangle=\varepsilon_j\partial_{ij}$$

即 $\quad\langle\chi_i\mid\hat{f}\mid\chi_i\rangle=\varepsilon_i$ （1 - 206)

式中 ε_i 乃是正则轨道 χ_i 的轨道能量。由(1 - 183) 式,轨道能可表示如下:

$$\begin{aligned}\varepsilon_i&=\langle\chi_i\mid\hat{f}\mid\chi_i\rangle=\langle\chi_i\mid\hat{h}+\sum_b(\hat{J}_b-\hat{K}_b)\mid\chi_i\rangle\\&=\langle\chi_i\mid\hat{h}\mid\chi_i\rangle+\sum_b(\langle\chi_i\mid\hat{J}_b\mid\chi_i\rangle-\langle\chi_i\mid\hat{K}_b\mid\chi_i\rangle)\\&=\langle i\mid\hat{h}\mid i\rangle+\sum_b(\langle ib\mid ib\rangle-\langle ib\mid bi\rangle)\\&=\langle i\mid\hat{h}\mid i\rangle+\sum_b\langle ib\parallel ib\rangle\end{aligned}\tag{1-207}$$

式中 Coulomb 积分与交换积分为

$$\langle\chi_i\mid\hat{J}_b\mid\chi_j\rangle=\langle ib\mid jb\rangle$$

$$\langle\chi_i\mid\hat{K}_b\mid\chi_j\rangle=\langle ib\mid bj\rangle\tag{1-208}$$

若以 $a,b,\cdots$ 标记占有电子的自旋轨道，而 $r,s,\cdots$ 标记空的（未占有电子）轨道，则占有轨道的轨道能

$$\varepsilon_a = \langle a | \hat{h} | a \rangle + \sum_{b=1}^{n} \langle ab \| ab \rangle \tag{1-209a}$$

与空轨道的轨道能为

$$\varepsilon_r = \langle r | \hat{h} | r \rangle + \sum_{b=1}^{n} \langle rb \| rb \rangle \tag{1-210a}$$

或表作：

$$\varepsilon_a = \langle a | \hat{h} | a \rangle + \sum_{b \neq a} [\langle ab | ab \rangle - \langle ab | ba \rangle] \tag{1-209b}$$

与 $\varepsilon_r = \langle r | \hat{h} | r \rangle + \sum_{b} \langle rb | rb \rangle - \langle rb | br \rangle$ (1-210b)

今说明一下上面二式的含意。轨道能 ε_a 代表一电子在自旋轨道 $|\chi_a\rangle$ 的能量。由(1-209b)式知此能量是得自它的动量和与核的吸引能（$\langle a | \hat{h} | a \rangle$）加上其外 $(n-1)$ 个电子中的每个 $|\chi_b\rangle$ 间的 Coulomb($\langle ab | ab \rangle$)与交换的($-\langle ab | ba \rangle$)作用，这里 $b \neq a$。如前述已知仅当电子 $|\chi_a\rangle$ 与 $|\chi_b\rangle$ 的自旋是平行的情形积分$\langle ab | ba \rangle \neq 0$。这里的一般的自旋轨道分式中并未指定电子的自旋，所以$\langle ab | ba \rangle$的一般项仍是对所有电子—电子间的相互作用的，尽管这种积分中的某一些为零。

(1-210b)式与上不同，它是空自旋轨道能量 δ_r。它包含电子动能与电子 $|\chi_r\rangle$ 与核的吸引能，即$\langle r | \hat{h} | r \rangle$。但是所包含的 Coulomb 的$\langle rb | rb \rangle$与交换的($-\langle rb | br \rangle$)作用则是它与 Hartree-Fock 基态 $|\Psi_0\rangle$ 中全部 n 个电子间的相互作用，即$|r\rangle$与自旋轨道$\{\chi_b, b=1,2,\cdots,n\}$中所有的 n 个电子间的相互作用。如果此电子加入到 $|\Psi_0\rangle$，则有$(n+1)$个电子态，所以 ε_r 代表这一超额电子的能量。

如果将处于基态 $|\Psi_0\rangle$ 的 n 个电子的轨道能 ε_a 加合起来时得出

$$\sum_{a}^{n} \varepsilon_a = \sum_{a}^{n} \langle a | \hat{h} | a \rangle + \sum_{a}^{n} \sum_{b}^{n} \langle ab \| ab \rangle \tag{1-211}$$

已知，$E_0 = \langle \Psi_0 | \hat{H} | \Psi_0 \rangle$ 具体表示为

$$E_0 = \sum_a^n \langle a | \hat{h} | a \rangle + \frac{1}{2} \sum_a^n \sum_b^n \langle ab \| ab \rangle \qquad (1-212)$$

显然 $E_0 \neq \sum_a^n \varepsilon_a$ $\qquad (1-213)$

即基态 $|\psi_0\rangle$ 的总能量 E_0 并不等于轨道能量 ε_a 的和。原因是在轨道能的求和中对于电子—电子间的相互作用的计算多了一倍，因而在 E_0 式的第二项前须引入因子 $(1/2)$。

这一差别将会给出一些颇有物理意义的结果。

设含 n 个电子的基态波函数 $|\Psi_0\rangle \equiv |{}^n\Psi_0\rangle |{}^n\Psi_0\rangle = |\chi_1 \chi_2 \cdots \chi_c \cdots \chi_n\rangle$。

今若从其中轨道 χ_c 取离 1 个电子时，则所产生的 $(n-1)$ 个电子的单电离态波函数 $|{}^{n-1}\Psi_c\rangle = |\chi_1 \chi_2 \cdots \chi_{c-1} \chi_{c+1} \cdots \chi_n\rangle$。

于是 $|{}^n\Psi_c\rangle$ 的电离势 IP 应为

$$IP = {}^{n-1}E_c - {}^nE_0 \qquad (1-214)$$

式中 ${}^nE_0 = \langle {}^n\Psi_0 | H | {}^n\Psi_0 \rangle \qquad (1-215)$

与 ${}^{n-1}E_c = \langle {}^{n-1}\Psi_c | H | {}^{n-1}\Psi_c \rangle \qquad (1-216)$

由于 ${}^{n-1}E_c = \sum_{a \neq c} \langle a | \hat{h} | a \rangle + \frac{1}{2} \sum_{a \neq c} \sum_{b \neq c} \langle ab \| ab \rangle \qquad (1-217)$

所以，由 $(1-212)$ 式与上式可得

$$\begin{aligned} IP &= {}^{n-1}E_c - {}^nE_0 \\ &= -\langle c | \hat{h} | c \rangle - \frac{1}{2} \sum_{a(b=c)} \langle ab \| ab \rangle - \frac{1}{2} \sum_{b(a=c)} \langle ab \| ab \rangle \\ &= -\langle c | \hat{h} | c \rangle - \frac{1}{2} \sum_a \langle ac \| ac \rangle - \frac{1}{2} \sum_b \langle cd \| cd \rangle \\ &= -\left\{ \langle c | \hat{h} | c \rangle + \sum_b \langle cb \| cb \rangle \right\} \end{aligned} \qquad (1-218)$$

显然，由 $(1-209)$ 得到：

$$IP = {}^{n-1}E_c - {}^nE_0 = -\varepsilon_c \qquad (1-219)$$

因为一般轨道能为负值，所以电离势 IP 取正值。

现在考虑，向空轨道 $|X_r\rangle$ 加入 1 个电子的情形。此过程称为"$|{}^n\Psi_0\rangle$

的电子亲力 EA"。

$$EA = {}^n E_0 - {}^{n+1} E^r \qquad (1-220)$$

式中 ${}^{n+1}E^r$ 乃是单行列式波函数 $|{}^{n+1}\Psi^r\rangle$ 的能量，即：

$$ {}^{n+1}E^r = \langle {}^{n+1}\Psi^r | \hat{H} | {}^{n+1}\Psi^r \rangle \qquad (1-221)$$

易知：

$$ {}^n E_0 - {}^{n+1}E^r = -\{\langle r | \hat{h} | r \rangle + \sum_b \langle rb || rb \rangle\} = -\varepsilon_r \qquad (1-222)$$

即：电子亲力 EA 等于向空轨道 $|X_r\rangle$ 加入 1 个电子的能量恰好等于空的自旋轨道的轨道能（具有负号），如果 ε_r 是负的，则表明 $|{}^{n+1}\Psi^r\rangle$ 比 $|{}^n\Psi_0\rangle$ 更为稳定，电子亲力 EA 为正值。

上述关于电离能 IP 与电子亲力 EA 与轨道能的关系的结果早在 20 世纪 30 年代已被 Koopmans 所发现，称为"Koopmans 定理"。与实验对比，按此求得的 IP 值较为符合实测值，而 EA 值差得较大，不常使用。

(2) Brillouin 定理

如前已述，多电子系的精确波函数 $|\Phi_0\rangle$ 可以取基态单行列式波函数 $|\Psi_0\rangle$ 与单激发态 $|\Psi_a^r\rangle$ 及多激发态的线性组合给出，即

$$|\Phi_0\rangle = C_0 |\Psi_0\rangle + \sum_{ra} C_a^r |\psi_a^r\rangle + \cdots$$

现在要问：作为一级近似激发组态对于 Hartree-Fock 能量的贡献有多少？

Brillouin 定理指出，单电子激发态对应的各 Slater 行列式的组合，对于计算多电子系能量起不到改进作用，即

$$\langle \Psi_0 | \hat{H} | \Psi_a^r \rangle = 0 \qquad (1-223)$$

此定理的证明是简单的：

令 $|\Psi_0\rangle = |\chi_a \chi_b \cdots \chi_n\rangle$

$|\Psi_a^r\rangle = |\chi_r \chi_b \cdots \chi_n\rangle$

因为 $\langle \Psi_0 | \hat{H} | \Psi_a^r \rangle = \langle a | \hat{h} | r \rangle + \sum_b \langle ab || rb \rangle = \langle \chi_a | \hat{f} | \chi_r \rangle$

$$= \langle \chi_a | \chi_r \rangle \varepsilon_r = \delta_{ar} \varepsilon_r = 0 \quad (a \neq r)$$

但是，二电子激发态 $|\Psi_{ab}^{rs}\rangle$ 与 $|\Psi_0\rangle$ 混合通过矩阵元 $\langle \Psi_{ab}^{rs} | \hat{H} | \Psi_0 \rangle$

与 $\langle \Psi_a^r | \hat{H} | \Psi_{ab}^{rs} \rangle$ 是可以对能量值有所改善的。

(3) Hartree - Fock Hamilton 量

至今为止，Hartree - Fock 近似在其 Hamilton 算符是精确的，只是波函数是近似的情形下作出的讨论。现在要转向考察其 Hamilton 量了，这点在微扰理论中是至关重要的。

对于一精确的电子 Schrödinger 方程式

$$\hat{H} | \Phi_0 \rangle = \varepsilon_0 | \Phi_0 \rangle \tag{1-224}$$

当然可以由变分原理找出它的近似波函数 $|\Psi_0\rangle$ 去逼近 $|\Phi_0\rangle$ 的。现在问题是：对于它的近似的 n - 电子系 Hamilton 算符与本征值方程式，$|\Psi_0\rangle$ 还能否为精确的本征函数吗？答案是肯定的。

设有 Hartree - Fock Hamilton 算符：

$$\hat{H}_0 = \sum_{i=1}^n \hat{f}(i) \tag{1-225}$$

式中 $\hat{f}(i)$ 是电子 e_i 的算符。

由于 $\hat{H}_0$ 与交换算符对易，则可证明 $|\Psi_0\rangle$ 是算符 $\hat{H}_0$ 当本征值为 $\sum_a \varepsilon_a$ 时的本征函数，而不是 Hartree - Fock 能量 E_0 的本征函数。在微扰理论中，能量的微扰展开式为

$$\varepsilon_0 = E_0^{(0)} + E_0^{(1)} + E_0^{(2)} + \cdots \tag{1-226}$$

其中未微扰的零级能量 $E_0^{(0)}$ 恰好等于轨道能 ε_a 的总和，即

$$E_0^{(0)} = \sum_a \varepsilon_a \tag{1-227}$$

为下本征方程的本征值：

$$\hat{H}_0 | \Psi_0 \rangle = E_0^{(0)} | \psi_0 \rangle \tag{1-228}$$

式中 $\hat{H} = \hat{H}_0 + \hat{H}'$

$$\hat{H}' = \hat{H} - \hat{H}_0 = \sum_{i=1}^n \hat{h}(i) + \sum_{i=1}^n \sum_{j>i}^n r_{ij}^{-1} - \sum_{i=1}^n f(i)$$

$$= \sum_{i=1}^n \sum_{j>i}^n r_{ij}^{-1} - \sum_{i=1}^n \hat{H}^{HP}(i) \tag{1-229}$$

刚好等于精确的电子间相互作用与 Hartree - Fock 的 Coulomb 能与

交换势之差。

于是 Hartree - Fock 能量 E_0 为

$$E_0 = \langle \psi_0 | \hat{H} | \psi_0 \rangle = \langle \psi_0 | \hat{H}_0 | \psi_0 \rangle + \langle \psi_0 | \hat{H}' | \psi_0 \rangle$$
$$= \sum_a \varepsilon_a + \langle \psi_0 | \hat{H}' | \psi_0 \rangle = E_0^{(0)} + E_0^{(1)} \qquad (1-230)$$

式中 $\langle \Psi_0 | \hat{H}' | \Psi_0 \rangle$ 可定义为一级微扰能。按微扰理论还可求出二级微扰能与高级微扰能。

§1 - 6 Roothaan 方程式

至此我们已经形式地导出了由一般的自旋轨道集 $\{\chi_i\}$ 得出的 Hartree - Fock 方程式并讨论了它的解的性质与意义。它是量子多体问题的重要基础与一切发展的开端。现在当考虑到 Hartree - Fock 波函数的实际计算时，就必须注意到自旋轨道具体的形式。对此，主要有两种类型应分别地详细讨论之。其一是限制的自旋轨道，即约束自旋 α 与 β 的函数与同一空间轨道函数结合形成限制的自旋轨道，而非限制的自旋轨道则是 α 与 β 自旋分别与不同的空间轨道结合而成。下面分别讨论限制的自旋轨道与非限制的 Hartree - Fock 波函数的计算问题。

1. 闭壳层 Hartree - Fock：限制的自旋轨道

一个限制的自旋轨道集具如下形式：

$$\chi_i(X) = \begin{cases} \psi_j(\vec{r})\alpha(\omega) \\ \psi_j(\vec{r})\beta(\omega) \end{cases} \qquad (1-231)$$

和闭壳层限制的基态波函数是：

$$|\Psi_0\rangle = |\chi_1 \chi_2 \cdots \chi_{n-1} \chi_n\rangle = |\Psi_1 \bar{\Psi}_1 \cdots \Psi_a \bar{\Psi}_a \cdots \Psi_{n/2} \bar{\Psi}_{n/2}\rangle \qquad (1-232)$$

当将一般的自旋轨道的 Hartree - Fock 方程变换为空间轨道的本征

值方程式时，每一个空间分子轨道都是电子双占据的，即 $\{\psi_a; a = 1, 2, \cdots, n/2\}$，方程表作：

$$\hat{f}(X_1)\chi_i(X_1) = \varepsilon_i \chi_i(X_1)$$

$$\hat{f}(X_1)\psi_j(\vec{r}_1)\alpha(\omega_1) = \varepsilon_i \psi_j(\vec{r}_1)\alpha(\omega_1) \quad (1-233)$$

对于 β 函数有同样的方程。

以 $\alpha^*(\omega_1)$ 左乘上方程两侧，并对自旋积分之，得

$$\left[\int d\omega_1 \alpha^* \hat{f}(X_1)\alpha(\omega_1)\right]\Psi_j(\vec{r}_1) = \varepsilon_j \Psi_j(\vec{r}_1) \quad (1-234)$$

由于 $\hat{f}(X_1) = \hat{h}(\vec{r}_1) +$

$$\sum_c^n \int dX_2 \, \chi_c^*(X_2) r_{12}^{-1}(1 - \hat{P}_{12}) \chi_c(X_2) \quad (1-235)$$

所以，有

$$\left[\int d\omega_1 \alpha^*(\omega_1) \hat{f}(X_1)\alpha(\omega_1)\right]\Psi_j(\vec{r}_1)$$

$$= \left[\int d\omega_1 \alpha^*(\omega_1) \hat{h}(\vec{r}_1)\alpha(\omega_1)\right]\Psi_j(\vec{r}_1) + \left[\sum_c \int d\omega_1 d\chi_2 \alpha^*(\omega_1)\right.$$

$$\left.\chi_c^*(X_2) r_{12}^{-1}(1 - \hat{P}_{12}) \chi_c(X_2) \alpha(\omega_1)\right]\Psi_j(\vec{r}_1)$$

$$= \varepsilon_j \psi_j(\vec{r}_1) \quad (1-236)$$

令闭壳层 Fock 算符是

$$\hat{f}(\vec{r}_1) = \int d\omega_1 \alpha^*(\omega_1) \hat{f}(X_1)\alpha(\omega_1) \quad (1-237)$$

则 $\hat{f}(\vec{r}_1)\Psi_j(\vec{r}_1)$

$$= \hat{h}(\vec{r}_1)\Psi_j(\vec{r}_1) + \sum_c \int d\omega_1 dX_2 \alpha^*(\omega_1) \chi_c^*(X_2) r_{12}^{-1} \chi_c(X_2)\alpha(\omega_1)\Psi_j^{(\vec{j})} -$$

$$\sum_c \int d\omega_1 dX_2 \alpha^*(\omega_1) \chi_c^*(X_2) r_{12}^{-1} \chi_c(X_1)\alpha(\omega_2)\psi_j(\vec{r}_2)$$

$$= \varepsilon_j \psi_j(\vec{r}_1) \quad (1-238)$$

由于求和遍及 α 与 β 函数，即

$$\sum_c^n \to \sum_c^{n/2} + \sum_c^{n/2} \quad (1-239)$$

于是，得出

$$\hat{f}(\vec{r}_1)\Psi_j(\vec{r}_1) = \hat{h}(\vec{r}_1)\Psi_j(\vec{r}_1) +$$

$$\sum_c^{n/2}\int d\omega_1 d\omega_2 d\vec{r}_2 \alpha^*(\omega_1)\psi_c^*(\vec{r}_2)\alpha^*(\omega_2)r_{12}^{-1}\Psi_c(\vec{r}_2)\alpha(\omega_2)\alpha(\omega_1)\Psi_j(\vec{r}_1) +$$

$$\sum_c^{n/2}\int d\omega_2 d\omega_2 d\vec{r}_2 \alpha^*(\omega_1)\psi_c^*(\vec{r}_2)\beta^*(\omega_2)r_{12}^{-1}\psi_c(\vec{r}_2)\beta(\omega_2)\alpha(\omega_1)\Psi_j(\vec{r}_1) -$$

$$\sum_c^{n/2}\int d\omega_1 d\omega_2 d\vec{r}_2 \alpha^*(\omega_1)\psi_c^*(\vec{r}_1)\alpha^*(\omega_2)r_{12}^{-1}\Psi_c(\vec{r}_1)\alpha(\omega_2)\alpha(\omega_1)\Psi_j(\vec{r}_2) -$$

$$\sum_c^{n/2}\int d\omega_1 d\omega_2 d\vec{r}_2 \alpha^*(\omega_1)\psi_c^*(\vec{r}_2)\beta^*(\omega_2)r_{12}^{-1}\psi_c(\vec{r}_2)\beta(\omega_2)\alpha(\omega_2)\Psi_j(\vec{r}_2)$$

$$= \varepsilon_j \Psi_j(\vec{r}_1) \qquad (1-240)$$

当对 $d\omega_1$ 与 $d\omega_2$ 积分时，上式最后一项为零（由于自旋 α 与 β 正交）与两个 Coulomb 积分相等，所以上式化为

$$\hat{f}(\vec{r}_1)\Psi_j(\vec{r}_1) = \hat{h}(\vec{r}_1)\Psi_j(\vec{r}_1) + [2\sum_c^{n/2}\int d\vec{r}_2 \psi_c^*(\vec{r}_2)r_{12}^{-1}\Psi_c(\vec{r}_2)]\Psi_j(\vec{r}_1) -$$

$$[\sum_c^{n/2}\int d\vec{r}_2 \psi_c^*(\vec{r}_2)r_{12}^{-1}\Psi_j(\vec{r}_2)]\Psi_c(\vec{r}_1)$$

$$= \varepsilon_j \Psi_j(\vec{r}_1) \qquad (1-241)$$

由此，闭壳层 Fock 算符具有如下形式：

$$\hat{f}(\vec{r}_1) = \hat{h}(\vec{r}_1) + \sum_a^{n/2}\int d\vec{r}_2 \psi_a^*(\vec{r}_2)(2-\hat{P}_{12})r_{12}^{-1}\Psi_a(\vec{r}_2) \qquad (1-242)$$

或等价地，为

$$\hat{f}(1) = \hat{h}(1) + \sum_a^{n/2}(2\hat{J}_a(1) - \hat{K}_a(1)) \qquad (1-243)$$

式中，闭壳层的 Coulomb 与交换算符各为

$$\hat{J}_a(1) = \int d\vec{r}_2 \Psi_a^*(2)r_{12}^{-1}\Psi_a(2) \qquad (1-244)$$

$$\hat{K}_a(1)\Psi_i(1) = [\int d\vec{r}_2 \Psi_a^*(2)r_{12}^{-1}\Psi_i(2)]\Psi_a(1) \qquad (1-245)$$

于是，得到闭壳层空间 Hartree-Fock 方程式：

$$\hat{f}(1)\Psi_j(1) = \varepsilon_j \Psi_j(1) \qquad (1-246)$$

由此，闭壳层空间 Hartree - Fock 能量为

$$E_0 = \langle \psi_0 | \hat{H} | \psi_0 \rangle$$
$$= 2\sum_a (a | \hat{h} | a) + \sum_a \sum_b [2(aa | bb) - (ab | ba)]$$
$$= 2\sum_a h_{aa} + \sum_a \sum_b (2J_{ab} - K_{ab}) \tag{1-247}$$

与闭壳层体系的轨道能 ε_i 为

$$\varepsilon_i = \langle \psi_i | \hat{H} | \psi_i \rangle + \sum_b^{n/2} [2(ii | bb) - (ib | bi)]$$
$$= h_{ii} + \sum_b^{n/2} (2J_{ib} - K_{ib}) \tag{1-248}$$

【例】对于氢分子基态：

$$E_0 = 2h_{11} + J_{11}$$
$$\varepsilon_1 = h_{11} + J_{11}$$

ε_2 ——— ψ_2
ε_1 —↑↓— ψ_1

2. 基函数的引入与 Roothaan 方程式

由于自旋函数已被排除，所以分子轨道的计算问题就等价于求解一空间积分—微分方程式：

$$f(\vec{r}_1)\Psi_i(\vec{r}_1) = \varepsilon_i \Psi_i(\vec{r}_1) \tag{1-249}$$

求解此类方程式或许可以用数值解法，在原子计算中常常使用。然而对于分子很少作数值解，因为目前尚无实用的程序。20 世纪 50 年代 Roothaan 对此作出重大贡献，他引入一组已知的空间基函数，使以上方程式化为一组代数方程并且可以用标准的矩阵运算技巧去求解它。下面对 Roothaan 的方法作一简要介绍。

设有一组 k 个已知的基函数 $\{\varphi_\mu(\vec{r}) \quad \mu = 1, 2, \cdots, k\}$，用它们的线性结合去展开未知的分子轨道 Ψ_i，即

$$\Psi_i = \sum_{\mu=1}^k C_{\mu i} \varphi_\mu (i = 1, 2, \cdots, k) \tag{1-250}$$

如果基函数集 $\{\varphi_\mu\}$ 是完备的，以上展开式是精确的且任何完备的基

函数集都可以使用,遗憾的是常常由于实际计算上的原因只能取有限的 k 个基函数的集。所以重要的问题是,要尽可能地选取合适的基函数使得对于精确分子轨道 $\{\Psi_i\}$ 是一个合理的精确的展开。特别是对于 $|\Psi_0\rangle$ 中占据的分子轨道 $\{\Psi_a\}$ 并由此来确定基态能量 E_0。有关基函数选择问题后面再谈。这里先假定 $\{\varphi_\mu\}$ 是已知函数集,由(1-250)式计算 Hartree-Fock 分子轨道的问题归结为一组最优化的展开系数 $C_{\mu i}$ 的计算。将(1-250)代入(1-249)式,得出

$$\hat{f}(1)\sum_\gamma C_{\gamma i}\varphi_\gamma(1) = \varepsilon_i \sum_\gamma C_{\gamma i}\varphi_\gamma(1) \tag{1-251}$$

以 $\varphi_\mu^*(1)$ 左乘上式两边,积分之得

$$\begin{aligned}\sum_\gamma C_{\gamma i}\int d\vec{r}_1 \varphi_\mu^*(1)\hat{f}(1)\varphi_\gamma(1)\\ = \varepsilon_i \sum_\gamma C_{\gamma i}\int d\vec{r}_1 \varphi_\mu^*(1)\varphi_\gamma(1)\end{aligned} \tag{1-252}$$

这里定义两个矩阵:

(1) 重迭矩阵 S

$$S_{\mu\gamma} = \int d\vec{r}_1 \varphi_\mu^*(1)\varphi_\gamma(1) \tag{1-253}$$

是一 $K\times K$ 维的 Hermite(尽管它常常是实的和对称的)矩阵。基函数 $\{\varphi_\mu\}$ 虽然假定是归一化的与线性无关的,但是一般地它并不是相互正交的,因此重迭的大小为 $0\leqslant|S_{\mu\gamma}|\leqslant 1$,即 S 矩阵的对角元为 1 而非对角元小于 1。非对角元的符号与两个基函数相对符号有关,还与它们相对取向和在空间的距离有关。

如果两个非对角元近于 1(大小)即接近于完全重迭,则此两个基函数近于线性相关的。因为重迭矩阵是 Hermite 的,它可以经过一 U 矩阵将其对角化。重迭矩阵的本征值必是正的数值,所以重迭矩阵可称为一正定的矩阵。基函数集的线性相关性是与重迭矩阵近于零相联系的。此种重迭矩阵有时称为"度量矩阵"(metricmatrix)。

(2) Fock 矩阵 F

矩阵元为 $F_{\mu\gamma} = \int d\vec{r}_1 \varphi_\mu^*(1)\hat{f}(1)\varphi_\gamma(1) \tag{1-254}$

是一 $K\times K$ 维的 Hermite(虽然常常是实的和对称的)矩阵 Fock 算

符 $\hat{f}(1)$ 是单电子算符并且一组单电子函数集定义此算符的一个矩阵表示。这里的 Fock 矩阵 F 乃是在基函数集 $\{\varphi_\mu\}$ 下的 Fock 算符的矩阵表示。

由 F 与 S 的定义，可得 $(1-252)$ 式表作矩阵形式：

$$\sum_\gamma F_{\mu\gamma} C_{\gamma i} = \varepsilon_i \sum_\gamma S_{\mu\gamma} C_{\gamma i} \quad (i = 1, 2, \cdots, k) \tag{1-255}$$

Hartree - Fock - Roothaan 方程式或称为 "Roothaan 方程式"，它可表示成更简形式：

$$FC = SC\varepsilon \tag{1-256}$$

式中 C 是 $K \times K$ 维展开系数方矩阵 $C_{\gamma i}$ 的：

$$C = \begin{pmatrix} C_{11} & C_{12} & \cdots & C_{1K} \\ C_{21} & C_{22} & \cdots & C_{2K} \\ \vdots & \vdots & & \vdots \\ C_{K1} & C_{K2} & \cdots & C_{KK} \end{pmatrix} \tag{1-257}$$

ε 是轨道能 ε_i 的对角矩阵：

$$\varepsilon_1 = \begin{pmatrix} \varepsilon_1 & & & O \\ & \varepsilon_2 & & \\ & & \ddots & \\ O & & & \varepsilon_2 \end{pmatrix} \tag{1-258}$$

由 $(1-250)$ 式可知，矩阵 $C(1-257)$ 的第一列描述分子轨道 Ψ_1 的系数、第二列记 Ψ_2 的系数等。

现在看 Fock 矩阵的具体表示，Fock 矩阵乃是 Fock 算符的矩阵表示：

$$\hat{f}(1) = \hat{h}(1) + \sum_a^{n/2} (2\hat{J}_a(1) - \hat{K}_a(1)) \tag{1-259}$$

在基函数集 $\{\varphi_\mu\}$ 下，有

$$\begin{aligned} F_{\mu\gamma} &= \int d\vec{r}_1 \varphi_\mu^*(1) \hat{f}(1) \varphi_\gamma(1) \\ &= \int d\vec{r}_1 \varphi_\mu^*(1) \hat{h}(1) \varphi_\gamma(1) + \\ & \quad \sum_a^{n/2} \int d\vec{r}_1 \varphi_\mu^*(1) [(2\hat{J}_a(1) - \hat{K}_a(1))] \varphi_\mu(1) \\ &= H_{\mu\gamma}^{core} + \sum_a^{n/2} (2(\mu\gamma \mid aa) - (\mu a \mid a\gamma)) \end{aligned} \tag{1-260}$$

式中核 Hamilton 矩阵 $H_{\mu\gamma}^{core} = \int d\vec{r}_1 \varphi_\mu^*(1) \hat{h}(1) \varphi_\gamma(1) \tag{1-261}$

其中单电子算符 $\hat{h}(1)$ 乃是一电子的动能与核间吸引能之和,即

$$\hat{h}(1) = -\frac{1}{2}\nabla_1^2 - \sum_A \frac{Z_A}{|\vec{r}_1 - R_A|} \quad (1-262)$$

所以核 Hamilton 矩阵的矩阵元 $H_{\mu\gamma}^{core}$ 的计算包含动能积分。

$$T_{\mu\gamma} = \int d\vec{r}_1 \varphi_\mu^*(1) [-\frac{1}{2}\nabla_1^2] \varphi_\gamma(1) \quad (1-263)$$

与核吸引积分:

$$V_{\mu\gamma}^{核} = \int d\vec{r}_1 \varphi_\mu^*(1) [-\sum_A \frac{Z_A}{|\vec{r}_1 - R_A|}] \varphi_\gamma(1) \quad (1-264)$$

于是 $H_{\mu\gamma}^{核} = T_{\mu\gamma} + V_{\mu\gamma}^{核}$ （1-265）

现在将(1-250)式代入(1-260)式得出

$$\begin{aligned}
F_{\mu\gamma} &= H_{\mu\gamma}^{核} + \sum_a^{n/2}\sum_{\lambda\delta} C_{\lambda a} C_{\delta a}^* [2(\mu\gamma|\lambda\delta) - (\mu\lambda|\delta\gamma)] \\
&= H_{\mu\gamma}^{核} + \sum_{\lambda\delta} P_{\lambda\delta}[(\mu\gamma|\lambda\delta) - \frac{1}{2}(\mu\lambda|\delta\gamma)] \\
&= H_{\mu\gamma}^{核} + G_{\mu\gamma} \quad (1-266)
\end{aligned}$$

式中 $G_{\mu\gamma}$ 表示 Fock 矩阵中的双电子部分,$G_{\mu\gamma}$ 中的 $P_{\lambda\delta}$ 乃是如下定义的电荷密度键级矩阵(Charge-density bond-order matrix):

$$P_{\lambda\delta} = 2\sum_a^{n/2} C_{\mu a} C_{\gamma a}^* \quad (1-267)$$

(1-266)式便是 Fock 矩阵的最后表示式。它包含单电子部分 $H^{核}$ 与双电子部分 G,前者对给定基函数集便被固定了,而后者则与密度矩阵 P 和如下双电子积分

$$(\mu\gamma|\lambda\delta) = \int d\vec{r}_1 d\vec{r}_2 \varphi_\mu^*(1) \varphi_\gamma(1) r_{12}^{-1} \varphi_\lambda^*(2) \varphi_\delta(2) \quad (1-268)$$

有关。由于其数目很大,这些双电子积分的求算与处理(操作)乃是 Hartree-Fock 计算中的主要困难。

3. Roothaan 方程式的 SCF 法求解

由于 Fock 矩阵 F 与密度矩阵 P 有关,即

$$F = F(P) \quad (1-269)$$

或等价地与展开系数矩阵 C 有关,即

$$F = F(C) \tag{1-270}$$

又 Roothaan 方程式是非线性的,即

$$F(C)C = SC\varepsilon \tag{1-271}$$

所以求解它必须按叠代的方式进行之。在讨论具体的叠代过程之前,考虑叠代的每一步骤中如果矩阵 $S = 1$(单位矩阵),即若基函数集是正交归一化集时,则 Roothaan 方程化为惯用的矩阵本征值问题。

$$FC = C\varepsilon \tag{1-272}$$

对此可由 F 矩阵对角化求出本征值 ε 与本征向量 C,整个求解过程就简捷得多了。

一般地,基函数集不是正交归一化集时,我们可按如下办法将其转变为正交归一化集。

基集的正交归一化方法:

设有一非正交归一化函数集 $\{\varphi_\mu\}$,即

$$\int d\vec{r}\, \varphi_\mu^*(\vec{r})\varphi_\gamma(\vec{r}) = S_{\mu\gamma} \tag{1-273}$$

常常可找出使其正交归一化的变换矩阵 X(不是 U 矩阵)将其转变为另一函数集 $\{\varphi'_\mu\}$,即

$$\{\varphi'_\mu\} = \sum_\gamma X_{\gamma\mu}\varphi_\gamma \quad (\mu = 1,2,\cdots,k) \tag{1-274}$$

形成正交归一化函数集 $\{\varphi'_\mu\}$,即

$$\int d\vec{r}\, \varphi'^*_\mu(\vec{r})\varphi'_\gamma(\vec{r}) = \delta_{\mu\gamma} \tag{1-275}$$

为得知矩阵 X 的性质,将(1-274)代入上式,得

$$\begin{aligned}
\int d\vec{r}\, \varphi'^*_\mu(\vec{r})\varphi'_\gamma(\vec{r}) &= \int d\vec{r}\, [\sum_\lambda X^*_{\lambda\mu}\varphi^*_\lambda(\vec{r})][\sum_\sigma X_{\sigma\gamma}\varphi_\sigma(\vec{r})] \\
&= \sum_\lambda \sum_\sigma X^*_{\lambda\mu}\int d\vec{r}\, \varphi^*_\lambda(\vec{r})\varphi'_\sigma(\vec{r})X_{\sigma\gamma} \\
&= \sum_\lambda \sum_\sigma X^*_{\lambda\mu}S_{\lambda\sigma}X_{\sigma\gamma} = \delta_{\mu\gamma}
\end{aligned} \tag{1-276}$$

写成矩阵形式:

$$X^+ SX = 1 \tag{1-277}$$

式中 X 应是非奇异的,即 X^{-1} 存在。

由于 S 是 Hermite 矩阵,它可经西矩阵 U 对角化之,即

$$U^+ SU = s \tag{1-278}$$

式中的 s 是一 S 的本征值的对角矩阵。

一般地,有两种办法将基函数集 $\{\varphi_\mu\}$ 正交归一化。

其一称为对称的正交归一化法,取 S 的逆平方根求 X:

$$X \equiv S^{-1/2} = U s^{-1/2} U^+ \tag{1-279}$$

若 S 是 Hermite 的,则 $S^{-1/2}$ 也是 Hermite 的,将(1-279)代入(1-277)式,得出

$$S^{-1/2} S S^{-1/2} = S^{-1/2} S^{1/2} = S^0 = 1 \tag{1-280}$$

表明 $X = S^{-1/2}$ 是一正交归一化矩阵。由于 S 的本征值全是实的,所以求它的平方根是不难的,然而如果函数集中是线性相关的或近于线性相关的,则某些征值将近于零,并且(1-279)式将被一近于零的量来除之。于是对称性正交归一化方法将导致对于近线性相关基函数集的数值精确性问题。

第二种获得正交归一化基函数集的方法是正则的正交归一化法(Canonical Orthogonalization),它用如下变换矩阵

$$X = U s^{-1/2} \tag{1-281}$$

即矩阵 U 的列被相应的本征值的平方根除之:

$$X_{ij} = U_{ij}/s_j^{1/2} \tag{1-282}$$

将此式代入(1-277)式,得出

$$\begin{aligned}X^+ SX &= (Us^{-1/2})^+ SUs^{-1/2} \\ &= s^{-1/2} U^+ SU s^{-1/2} = s^{-1/2} s s^{-1/2} = 1\end{aligned} \tag{1-283}$$

这表明 $X = Us^{-1/2}$ 仍然是一正交归一化变换矩阵。由(1-282)式可知,如果基函数集是线性相关的正交归一化程序仍然是很难作出的,即若有一些本征值 S_i 近于零的话,然而我们可以防止作正则正交归一化变换时这种问题的出现。在矩阵本征值问题(1-278)式中,在对角矩阵 S 中可按任意办法将本征值排序,假如同对 U 的列排序。如取正的本征值 S_i,按如下形式取序:$S_1 > S_2 > S_2 > \cdots$

由于在 m 之后其值甚小,故可取截短的变换矩阵 $\tilde{X}$ 如下:

$$\tilde{X}\begin{cases} U_{1,1}/s_1^{1/2} & U_{1,2}/s_2^{1/2} & \cdots & U_{1,k-m}/s_{k-m}^{1/2} \\ U_{2,1}/s_1^{1/2} & U_{2,2}/s_2^{1/2} & \cdots & U_{2,k-m}/s_{k-m}^{1/2} \\ \vdots & \vdots & \vdots & \vdots & \vdots \\ U_{k,1}/s_1^{1/2} & U_{k,2}/s_2^{-1/2} & \cdots & U_{k,k-m}/s_{k-m}^{-1/2} \end{cases} \quad (1-284)$$

略去 X 的最后 m 列给出 $K \times (k-m)$ 矩阵 $\tilde{X}$ 用此截矩的变换矩阵只能得出 $(k-m)$ 个变换的正交归一化函数：

$$\varphi'_\mu = \sum_{\gamma=1}^k \tilde{X}_{\gamma\mu} \quad (\mu = 1, 2, \cdots, k-m) \quad (1-285)$$

实际遇到的本征值的线性相关问题中 $S_i \leqslant 10^{-4}$，所以此法是可行的。

这样，一旦遇到非正交归一化基函数集时便可先将其正交归一化之。在 Roothaan 方程中去掉重迭矩阵 S 便可对 Fock 矩阵实行对角化来求解了。

考虑一新的系数矩阵 C' 与旧的 C 之间有如下关系：

$$C' = X^{-1}C, \quad C = XC' \quad (1-286)$$

将它代入 Roothaan 方程式，得到

$$FXC' = SXC'\varepsilon \quad (1-287)$$

以 X^+ 左乘上式两边，得出

$$(X^+ FX)C' = (X'SX)C'\varepsilon \quad (1-288)$$

定义新的矩阵 F'：

$$F' = X'FX \quad (1-289)$$

于是，得到

$$F'X' = C'\varepsilon \quad (1-290)$$

此乃变换的 Roothaan 方程式，它可由 F' 对角化求出 C'。得出 C' 后便可以由 (1-286) 式求出 C，所以对于给定的 F 便可以按 (1-289) 式，(1-290) 式与 (1-286) 式由解出 Roothaan 方程 $FC = SC\varepsilon$ 得到 C 与 ε，过程中带 "′" 的 F' 与 C' 恰好是在正交归一化基函数集下的 Fock 矩阵与展开系数。

$$\left. \begin{array}{l} \Psi_i = \sum_{\mu=1}^k C'_{\mu i}\varphi'_\mu, (i = 1, 2, \cdots, k) \\ \text{即} \\ \quad F'_{\mu\gamma} = \int d\vec{r}_1 \varphi'^*_\mu(1) \hat{f}(1) \varphi'_\gamma(1) \end{array} \right\} \quad (1-291)$$

下面概括地说明,实际计算求解 Roothaan 方程得出限制的闭壳层分子的电子波函数 $|\Psi_0\rangle$ 所采用的迭代自洽场(SCF)方法的基本要点如下:

(1) 指定分子的一组核坐标 $\{\vec{R}_A\}$、原子序数 $\{Z_A\}$ 与电子数 n 与所用的基函数集 $\{\varphi_\mu\}$。

(2) 计算全部所需的分子积分 $S_{\mu\gamma}$,$H^{核}_{\mu\gamma}$,$(\mu\gamma\mid\lambda\sigma)$。

(3) 将重迭矩阵 S 对角化,由(1-279)式或(1-281)式求出变换矩阵 X。

(4) 对密度矩阵 P 作出一个猜测。

(5) 由 P 按(1-260)式计算矩阵 G 与双电子积分 $(\mu\gamma\mid\lambda\sigma)$。

(6) G 与 $H^{核}$ 相加得出 Fock 矩阵 $F = H^{核} + G$。

(7) 计算变换的 Fock 矩阵 $F' = X'FX$。

(8) 将 F' 对角化之,得出 C' 与 ε。

(9) 计算 $C = XC'$。

(10) 由(1-267)式求出 C,由此得出新的密度矩阵 P。

(11) 如此自(5)→(10)反复进行之,直到新得出的 P 与旧的一致为止,自洽了。

(12) 可用至此得出的 C,P,F 等去计算分子的其他量。

4. 期望值与布居分析

现在说明 SCF 手段解出 Roothaan 方程后的一些应用。

一旦得了密度矩阵、Fock 矩阵等的自洽收敛值后,便可得出波函数 $|\Psi_0\rangle$ 和对计算结果作出分析。

总电子能是期望值 $E_0 = \langle\psi_0\mid\hat{H}\mid\psi_0\rangle$。已知 $E_0 = 2\sum\limits_{a}^{n/2}h_{aa} + \sum\limits_{a}^{n/2}\sum\limits_{b}^{n/2}(2J_{ab} - K_{ab})$,由 Fock 算符的定义,可得轨道能:

$$\varepsilon_a = f_{aa} = h_{aa} + \sum_{b}^{n/2}(2J_{ab} - K_{ab}) \qquad (1-292)$$

于是有

$$E_0 = \sum_a^{n/2}(h_{aa}+f_{aa}) = \sum_a^{n/2}(h_{aa}+\varepsilon_a) \tag{1-293}$$

这是一个便于使用的结果,如果对于分子轨道将基函数展开代入,便可得出

$$E_0 = \frac{1}{2}\sum_\mu \sum_\gamma P_{\mu\gamma}(H_{\mu\gamma}^{核}+F_{\mu\gamma}) \tag{1-294}$$

它是真实电子总能量的上限。如果加上核排斥能得到分子总能量 E_{tot}:

$$E_{tot} = E_0 + \sum_A \sum_{B>A}\frac{Z_A Z_B}{R_{AB}} \tag{1-295}$$

这个量在分子结构的确定中很重要。例如,分子平衡几何构型的就是以 E_{tot} 为极小条件定出的。偶极矩经典定义:

$$\vec{\mu} = \sum_i q_i \vec{r}_i \tag{1-296}$$

式中 q_i 为分子中电荷分布 i,而 $\vec{r}_i$ 为位置向量。对应的量子力学计算式为

$$\vec{\mu} = \langle \Psi_0 | -\sum_{i=1}^n \vec{r}_i | \Psi_0 \rangle + \sum_A Z_A \vec{R}_A \tag{1-297}$$

式中第一项为电子(电荷为 -1)的贡献,第二项为核(电核 Z_A)的贡献。其中电偶极矩算符 $-\sum_{i=1}^n \vec{r}_i$ 乃是单电子算符之和,等于 $-\sum_\mu \sum_\gamma P_{\mu\gamma}$ $(\gamma|\vec{r}|\mu)$。所以

$$\vec{\mu} = -\sum_\mu \sum_\gamma P_{\mu\gamma}(\gamma|\vec{r}|\mu) + \sum_A Z_A \vec{R}_A \tag{1-298}$$

它的 x 组分为

$$\mu_x = -\sum_\mu \sum_\gamma P_{\mu\gamma}(\gamma|x|\mu) + \sum_A Z_A X_A \tag{1-299}$$

式中偶极积分:

$$(\gamma|x|\mu) = \int d\vec{r}_1 \varphi'^*_\gamma(\vec{r}_1) x_1 \varphi_\mu(\vec{r}_1) \tag{1-300}$$

y 和 z 组分有同样形式。

若每一分子轨道 $\Psi_a(\vec{r})$ 容纳两个电子,则占据的轨道中容纳的电子

总数 n：

$$n = 2\sum_{a}^{n/2} \int d\vec{r} \mid \Psi_a(\vec{r}) \mid^2 \qquad (1-301)$$

将 $\mid \Psi_a(\vec{r}) \rangle$ 按 $\{\varphi_\mu\}$ 的展开式代入上式，得出

$$n = \sum_{\mu}\sum_{\gamma} P_{\mu\gamma} S_{\mu\gamma} = \sum_{\mu}(PS)_{\mu\mu} = t_r PS \qquad (1-302)$$

式中 $(PS)_{\mu\mu}$ 为代表 φ_μ 有关的电子数的表示，称为"Mulliken 布居分析"。假如基函数是以原子核为中心，则与分子中原子上的基函数对应的电子数应对中心落在该原子上的全 P 求和。于是，原子的净电荷 q_A 由下式给出：

$$q_A = Z_A - \sum_{\mu \in A}(PS)_{\mu\mu} \qquad (1-303)$$

式中 Z_A 为原子核 A 的电荷数，求和限于中心落于原子 A 上的基函数。

(1-302) 式并不是唯一确定的，因为 $t_r AB = t_r BA$。

$$n = \sum_{\mu}(S^\alpha P S^{1-\alpha})_{\mu\mu} \qquad (1-304)$$

对所有 α 成立。当取 $\alpha = 1/2$ 时：

$$n = \sum_{\mu}(S^{1/2} P S^{1/2})_{\mu\mu} = \sum_{\mu} P'_{\mu\mu} \qquad (1-305)$$

可知式中 P' 乃是对称的正交归一化基函数集的密度矩阵。一般地，使用 P' 的对角元的布居分析称为"Löwdin 布居分析"。原子 A 上净电荷为

$$q_A = Z_A - \sum_{\mu \in A}(S^{1/2} P S^{1/2})_{\mu\mu} \qquad (1-306)$$

没有一种布居分析方案是唯一的。故在使用时可以对不同分子使用同种类型的基函数集去比较。

对于闭壳层多电子体系，上述 Roothaan 方程是多种应用的基础，这里不作说明了，有需要时可读专书。

§1-7 非限制开壳层 Hartree-Fock 方程

显然,不是所有的分子也不是闭壳层分子所有的态都可用闭壳层轨道中的电子对来描写,因为要考虑将前述闭壳层的公式去适合一分子具有一个或多个开壳层(未配对的)电子的情形,即要考虑如下类型的非限制的波函数:

$$|\Psi_{UHF}\rangle = |\Psi_1^\alpha \bar{\Psi}_1^\beta \cdots\rangle \tag{1-307}$$

并将求出适于非限制计算的 SCF 方程式。

在处理开壳层问题时有两种做法:即限制的开壳层的非限制的开壳层 Hartree-Fock 程序。前者是,除了明显的须要占据开壳层轨道的电子以外所有电子都排布在闭壳层轨道上。它的优点是其波函数可得自旋算符 S^2 的本征函数。缺点是由于强迫配对地占据轨道会使变分能量升高,并且空间轨道方程式限定了在限制的开壳层 Hartree-Fock 理论中,闭的和开的壳层轨道它至少是不如非限制开壳层 Hartree-Fock 理论的空间轨道方程式不够直接。由于简明与普遍性,我们在处理开壳层问题作非限制的计算时主要是采用后者,简述于下:

1. 开壳层 Hartree-Fock 与非限制自旋轨道

非限制自旋轨道集具如下形式:

$$\chi_i(X) = \begin{cases} \psi_j^\alpha(\vec{r})\alpha(\omega) \\ \psi_j^\beta(\vec{r})\beta(\omega) \end{cases} \tag{1-308}$$

将其代入一般的 Hartree-Fock 本征值方程式 $\hat{f}(1)\chi_i(1) = \varepsilon_i \chi_i(1)$ 中得出如下方程式:

$$\hat{f}(1)^\alpha \psi_j^\alpha(\vec{r}_1)\alpha(\omega_1) = \varepsilon_i^\alpha \psi_j^\alpha(\vec{r}_1)\alpha(\omega_1) \tag{1-309}$$

对于 $\psi_j^\alpha(\vec{r}_1)\alpha(\omega)$ 有类似的方程式存在:

$$\hat{f}(1)\psi_j^\beta(\vec{r})\beta(\omega_1) = \varepsilon_j^\beta \psi_j^\beta(\vec{r}_1)\beta(\omega_1) \qquad (1-310)$$

由于 ψ_j^α 与 ψ_j^β 是不同的空间轨道,$\varepsilon_j^\alpha \varepsilon_j^\beta$ 并不相同。以 $\alpha^*(\omega_1)$ 或 $\beta^*(\omega_1)$ 左乘以上二式,并积分之,得出:

$$\hat{f}(1)^\alpha \psi_j^\alpha(1) = \varepsilon_j^\alpha \psi_j^\alpha 1) \qquad (1-311)$$

$$\hat{f}(1)^\beta \psi_j^\beta(1) = \varepsilon_j^\beta \psi_j^\beta(1) \qquad (1-312)$$

式中空间 Fock 算符 $\hat{f}^\alpha$ 与 $\hat{f}^\beta$ 定义如下:

$$\hat{f}^\alpha(\vec{r}_1) = \int d\omega_1 \alpha^*(\omega_1) \hat{f}(\vec{r}_1,\omega_1)\alpha(\omega_1) \qquad (1-313)$$

$$\hat{f}^\beta(\vec{r}_1) = \int d\omega_1 \beta^*(\omega_1) \hat{f}(\vec{r}_1,\omega_1)\beta(\omega_1) \qquad (1-314)$$

算符 $\hat{f}^\alpha(1)$ 是一 α 自旋电子的动能、核吸引能与有效势能。α 自旋电子的有效和作用包含它与其他所有 α 自旋电子间的 Coulomb 和交换的相互作用加上与 β 自旋电子间的 Coulomb 相互作用,即

$$\hat{f}^\alpha(1) = \hat{h}(1) + \sum_a^{n^\alpha}[\hat{J}_a^\alpha(1) - \hat{K}_a^\alpha(1)] + \sum_a^{n^\beta}\hat{J}_a^\beta(1) \qquad (1-315)$$

由于电子的动能与核吸引能与自旋无关,所以 $\hat{h}(1)$ 与相应限制的情形的算符相同,又因 $n^\beta = n - n^\alpha$ 中的每一个 β 电子占据在轨道 Ψ_a^β 上,所以在上式对 n^α 轨道 Ψ_a^α 的和,形式上包含了 α 电子与其本身的相互作用,故有

$$[\hat{J}_a^\alpha(1) - \hat{K}_a^\alpha(1)]\Psi_a^\alpha(1) = 0 \qquad (1-316)$$

而消失了。β 自旋电子相应的 Fock 算符为

$$\hat{f}^\beta(1) = \hat{h}(1) + \sum_a^{n^\beta}[\hat{J}_a^\beta(1) - \hat{K}_a^\beta(1)] + \sum_a^{n^\alpha}\hat{J}_a^\alpha(1) \qquad (1-317)$$

式中非限制的 Coulomb 与交换算符与限制的情形类似。

由定义 (1-315)～(1-317) 可看出关于 Fock 算符 $\hat{f}^\alpha$ 与 $\hat{f}^\beta$ 的两方程式是耦合的是不能单独求解的,即 $\hat{f}^\alpha$ 通过 $\hat{J}^\beta$ 与 β 自旋占据的轨道 Ψ_a^β 有关,$\hat{f}^\beta$ 是通过 $\hat{J}^\alpha$ 与 α 自旋占据轨道 Ψ_a^α 有关的,所以上两方程式要

由同时迭代手段求解之。

容易写出非限制电子的总能表示式：

$$E_0 = \sum_a^{n^\alpha} \hat{h}_{aa}^\alpha - \sum_a^{n^\beta} \hat{h}_{aa}^\beta + \frac{1}{2}\sum_a^{n^\alpha}\sum_b^{n^\alpha}(J_{ab}^{\alpha\alpha}+K_{ab}^{\alpha\alpha}) +$$
$$\frac{1}{2}\sum_a^{n^\beta}\sum_b^{n^\beta}(J_{ab}^{\beta\beta}-K_{ab}^{\beta\beta}) + \sum_a^{n^\alpha}\sum_b^{n^\beta}J_{ab}^{\alpha\beta} \quad (1-318)$$

式中 $h_{ii}^\alpha = (\Psi_i^\alpha \mid \hat{h} \mid \Psi_i^\alpha)$ 或 $h_{ii}^\beta = (\Psi_j^\beta \mid \hat{h} \mid \Psi_i^\beta)$ （1 - 319）

$$J_{ij}^{\alpha\beta} = J_{ji}^{\beta\alpha} = (\Psi_i^\alpha \mid \hat{J}_j^\beta \mid \Psi_i^\alpha) = (\Psi_j^\beta \mid \hat{J}_i^\alpha \mid \Psi_j^\beta)$$
$$= (\Psi_i^\alpha \Psi_i^\alpha \mid \Psi_j^\beta \Psi_j^\beta) \quad (1-320)$$

相同自旋电子间的：

$$J_{ij}^{\alpha\alpha} = (\Psi_i^\alpha \mid \hat{J}_j^\alpha \mid \Psi_i^\alpha) = (\Psi_j^\alpha \mid \hat{J}_i^\alpha \mid \Psi_j^\alpha)$$
$$= (\Psi_i^\alpha \Psi_i^\alpha \mid \Psi_j^\alpha \Psi_j^\alpha) \quad (1-321)$$

与 $J_{ij}^{\beta\beta} = (\Psi_i^\beta \mid \hat{J}_j^\beta \mid \Psi_i^\beta) = (\Psi_j^\beta \mid \hat{J}_i^\beta \Psi_j^\beta)$
$$= (\Psi_i^\beta \Psi_i^\beta \mid \Psi_j^\beta \Psi_j^\beta) \quad (1-322)$$

对于交换作用，有

$$K_{ij}^{\alpha\alpha} = (\Psi_i^\alpha \mid \hat{K}_j^\alpha \mid \Psi_i^\alpha) = (\Psi_j^\alpha \mid \hat{K}_i^\alpha \Psi_j^\alpha)$$
$$= (\Psi_i^\alpha \Psi_j^\alpha \mid \Psi_j^\alpha \Psi_i^\alpha) \quad (1-323)$$

$$K_{ij}^{\beta\beta} = (\Psi_i^\alpha \mid \hat{K}_j^\alpha \mid \Psi_i^\alpha) = (\Psi_j^\alpha \mid \hat{K}_i^\alpha \Psi_j^\alpha)$$
$$= (\Psi_i^\alpha \Psi_j^\alpha \mid \Psi_j^\alpha \Psi_i^\alpha) \quad (1-324)$$

非限制的轨道能 ε_i^α 与 ε_i^β 如下：

$$\varepsilon_i^\alpha = (\Psi_i^\alpha \mid \hat{f}^\alpha \mid \Psi_i^\alpha) = h_{ii}^\alpha + \sum_a^{n^\alpha}(J_{ia}^{\alpha\alpha}-K_{ia}^{\alpha\alpha}) + \sum_a^{n^\beta}J_{ia}^{\alpha\beta} \quad (1-325)$$

与 $\varepsilon_i^\beta = (\Psi_i^\beta \mid \hat{f}^\beta \mid \Psi_i^\beta) = h_{ii}^\beta + \sum_a^{n^\alpha}(J_{ia}^{\beta\beta}-K_{ia}^{\beta\beta}) + \sum_a^{n^\beta}J_{ia}^{\beta\alpha} \quad (1-326)$

2. 基函数的导入与 Pople - Nesbet 方程式

为了求解非限制 Hartree - Fock 方程式(1 - 311)与(1 - 312)式，须要引入基函数集 $\{\phi_\mu, \mu=1,2,\cdots,k\}$，并由此将非限制分子轨道展开

之，即：

$$\Psi_i^\alpha \equiv \sum_{\mu=1}^{k} C_{\mu i}^\alpha \phi_\mu \quad (i=1,2,\cdots,k) \tag{1-327}$$

$$\Psi_i^\beta = \sum_{\mu=1}^{k} C_{\mu i}^\beta \phi_\mu \quad (i=1,2,\cdots,k) \tag{1-328}$$

将它们分别代入(1-311)与(1-312)式，给出

$$\sum_\gamma C_{\gamma j}^\alpha \hat{f}^\alpha(1)\phi_\gamma(1) = \varepsilon_j^\alpha \sum_\gamma C_{\gamma j}^\alpha \phi_v(1) \tag{1-329}$$

以 $\phi_\mu^*(1)$ 左乘上式两边，按电子的空间坐标积分之得出：

$$\sum_\gamma F_{\mu\gamma}^\alpha C_{\gamma j}^\alpha = \varepsilon_j^\alpha \sum_\gamma S_{\mu v} C_{\gamma j}^\alpha \quad (j=1,2,\cdots,k) \tag{1-330}$$

式中 S 是重迭矩阵和 F^α 是 $\hat{f}^\alpha(1)$ 算符在基集 $\{\phi_\mu\}$ 上的矩阵表示

$$F_{\mu\nu}^\alpha = \int d\vec{r}_1 \phi_\mu(1) \hat{f}^\alpha(1) \phi_r(1) -\rangle \tag{1-331}$$

对于 β 轨道可得出类似的结果。矩阵形式如下：

$$F^\alpha C^\alpha = SC^\alpha \varepsilon^\alpha \tag{1-332}$$

$$F^\beta C^\beta = SC^\beta \varepsilon^\beta \tag{1-333}$$

此二方程乃是限制的 Roothaan 方程向非限制情形的扩展，首先被 Pople 与 Nesbet 所提出。式中矩阵 ε^α 和 ε^β 乃是轨道能的对角化矩阵。$K\times K$ 方阵 C^α 和 C^β 对于 Ψ_i^α 与 Ψ_i^β 的展开系数的列。它的求解类似解 Roothaan 方程的办法。由于 F^α 和 F^β 与 C^α 和 C^β 两者都有关系，这种两个矩阵本征值问题要同时求解之。

今若 α-自旋的 n^α 个电子对总电荷密度 $\rho^T(\vec{r})$ 的贡献为

$$\rho^\alpha(\vec{r})\rho^\alpha(\vec{r}) = (\sum_\alpha^{n^\alpha} |\Psi_\sigma^\alpha(\vec{r})|^2 \tag{1-334}$$

同样 β-自旋的 n^β 个电子为

$$\rho^\beta = \sum_\alpha^{n^\beta} |\Psi_\alpha^\beta(\vec{r})|^2 \tag{1-335}$$

则总荷密度 $\rho^T(\vec{r})$ 为 ρ^α 与 ρ^β 之和，即

第一章 多体问题

$$\rho^{\mathrm{T}}(\vec{r}) = \rho^{\alpha}(\vec{r}) + \rho^{\beta}(\vec{r}) \tag{1-336}$$

且有 $n = \int d\vec{r}\, \rho^{\mathrm{T}}(\vec{r}) = n^{\alpha} + n^{\beta}$ (1-337)

因非限制情形自旋 α 与 β 占据不同的空间轨道 Ψ^{α} 与 Ψ^{β},所以 $\rho^{\alpha} \neq \rho^{\beta}$,因而可定义<u>自旋密度</u>(spin density)$\rho^{s}(\vec{r})$ 如下:

$$\rho^{s}(\vec{r}) = \rho^{\alpha}(\vec{r}) - \rho^{\beta}(\vec{r}) \tag{1-338}$$

显然,在某空间区域发现 α-自旋的概率高于 β-自旋时自旋密度。$\rho^{S}(\vec{r})$ 为正的,反之为负。因而自旋密度乃是对开壳层体系中描述自旋分布的方便办法。

将分子轨道的基函数展开式代入(1-335)与(1-336)式中,得出

$$\rho^{\alpha}(\vec{r}) = \sum_{a}^{n^{\alpha}} |\Psi_{a}^{\alpha}(\vec{r})|^{2} = \sum_{\mu}\sum_{\gamma} P_{\mu\gamma}^{\alpha} \phi_{\mu}(\vec{r}) \phi_{\gamma}^{*}(\vec{r}) \tag{1-339}$$

$$\rho^{\beta}(\vec{r}) = \sum_{a}^{n^{\beta}} |\Psi_{a}^{\beta}(\vec{r})|^{2} = \sum_{\mu}\sum_{\gamma} P_{\mu\gamma}^{\beta} \phi_{\mu}(\vec{r}) \phi_{\gamma}^{*}(\vec{r}) \tag{1-340}$$

式中矩阵 P^{α} 与 P^{β} 的阵元各为

$$P_{\mu\gamma}^{\alpha} = \sum_{a}^{n^{\alpha}} C_{\mu a}^{\alpha} (C_{\mu a}^{\alpha})^{*} \tag{1-341}$$

与 $P_{\mu\gamma}^{\beta} = \sum_{a}^{n^{\beta}} C_{\mu a}^{\beta} (C_{ra}^{\beta})^{*}$ (1-342)

于是(1-337)与(1-338)式可以表作矩阵形式:

$$P^{\mathrm{T}} = P^{\alpha} + P^{\beta} \tag{1-343}$$

$$P^{\mathrm{S}} = P^{\alpha} - P^{\beta} \tag{1-344}$$

容易得出 Fock 矩阵的阵元表示式(略去导出过程):

$$F_{\mu\gamma}^{\alpha} = \int d\vec{r}_{1} \phi_{\mu}^{*}(1) \hat{f}^{\alpha}(1) \phi_{\gamma}(1)$$

$$= H_{\mu\gamma}^{\text{核}} + \sum_{\lambda}\sum_{\sigma}(P_{\lambda\sigma}^{\mathrm{T}}(\mu\gamma\mid\sigma\lambda) - P_{\lambda\sigma}^{\alpha}(\mu\lambda\mid\sigma\gamma)) \tag{1-345}$$

$$F_{\mu\gamma}^{\beta} = \int d\vec{r}_{1} \phi_{\mu}^{*}(1) \hat{f}^{\beta}(1) \phi_{\gamma}(1)$$

$$= H_{\mu\gamma}^{\text{核}} + \sum_{\lambda}\sum_{\sigma}(P_{\lambda\sigma}^{\mathrm{T}}(\mu\gamma\mid\sigma\lambda) - P_{\lambda\sigma}^{\beta}(\mu\lambda\mid\sigma\lambda)) \tag{1-346}$$

将上结果与限制的闭壳层情形对比,可知有如下关系成立:

$$P_{\mu\gamma}^{\alpha} = P_{\mu\gamma}^{\beta} = \frac{1}{2}P_{\mu\gamma}^{T} \tag{1-347}$$

并且可知关于 F^{α} 与 F^{β} 两个方程组是耦合的,即 F^{α} 通过 P^{T} 与 P^{β} 有关,同 F^{β} 通过 P^{T} 又与 P^{α} 有关。

3. 非限制的 SCF 方程式的解

关于求解非限制 SCF 方程的手段基本上与前述求解 Roothaan 方程时的类似。对于密度矩阵 P^{α} 与 P^{β} 要作出初始的猜测并由此对于 P^{T} 作出猜测。一个明显的选择是令这些矩阵为零和使用 $H^{核}$ 作为 F^{α} 与 F^{β} 的初始猜测。如果进行了这一程序,则第一次重复产生了对于 α 与 β 自旋的相同的轨道,即得出一个限制的解。然而,如果 $n^{\alpha} \neq n^{\beta}$,则所有下一步重复将有 $P^{\alpha} \neq P^{\beta}$ 和产生一个非限制的解。

迭代的每一步给出近似的 P^{α} 与 P^{β},由此形成 F^{α} 与 F^{β},对于 C^{α} 与 C^{β} 可由求解广义的矩阵本征值问题

$$F^{\alpha}C^{\alpha} = SC^{\alpha}\varepsilon^{\alpha} \tag{1-348}$$

与 $F^{\beta}C^{\beta} = SC^{\beta}\varepsilon^{\beta} \tag{1-349}$

给出 C^{α} 与 C^{β},从而对 P^{α} 与 P^{β} 得出新的近似。由于以上二方程式是耦合的,所以不能在没有同时得关于 β 方程的自洽解时获得 α 方程的自洽解的。尽管在任何一步迭代过程中两个方程都是可以独立求解的。耦合是在组成 Fock 矩阵时形成的,求解此矩阵本征值问题时包含已知对——正交归一基函数集的变换矩阵 X,形成 $F^{\alpha\prime} = X^{+}F^{\alpha}X$,使 $F^{\alpha\prime}$ 对角化之得出 $C^{\alpha\prime}$,并且得出 $C^{\alpha} = XC^{\alpha\prime}$,等等,这一切与前述限制的情况类似。

容易得知电子能量 E_0 的表达式如下:

$$E_0 = \frac{1}{2}\sum_{\mu}\sum_{\gamma}[P_{\mu\gamma}^{T}H_{\mu\gamma}^{核} + P_{\gamma\mu}^{\alpha}F_{\mu\gamma}^{\alpha} + P_{\gamma\mu}^{\beta}F_{\mu\gamma}^{\beta}] \tag{1-350}$$

在具体描述非限制计算的实例之前,先说明关于 Pople - Nesbet 方程式的解在 $n^{\alpha} = n^{\beta}$ 特殊情形下的结果。对此情形分子用闭壳层波函数描写本是正常的。此时对于 Pople - Nesbet 方程式存在两种独立解的可能性。第一个解是限制的解,如果 $P^{\alpha} = P^{\beta} = \frac{1}{2}P$,则有 $F^{\alpha} = F^{\beta} = F$,并且

Pople-Nesbet 方程式归结为 Roothaan 方程式,即:当 $n^\alpha = n^\beta$ 时, Roothaan 方程式的限制解就是非限制的 Pople-Nesbet 方程的解。如果采用 $P^\alpha = P^\beta$ 为初始猜测,则此各限制性解是常常存在并且是必然的结果。然而,对于 $n^\alpha = n^\beta$ 在限制性解处还可以附加有第二个低能的非限制性解是存在的。限制的解保证 α 电子的密度等于 β 电子的密度,但是在某种条件下缓冲了这一保证,结果在较低能量的非限制解使得 $P^\alpha \neq P^\beta$,即:当 $n^\alpha = n^\beta$ 时在某条件下存在一个第二个解近于 Pople-Nesbet 方程式的非限制解,此第二个解是在初次猜测取 $P^\alpha \neq P^\beta$ 时所必要的。这是由于初始猜测的不同强烈地影响确定迭代导致的解。

今举一例子,以助了解上述结论。

【例】平面甲基(CH_3),具 D_{3h} 对称性,三个 C—H 键间角为 120°,CH 的核间距为 2.039 a.u.

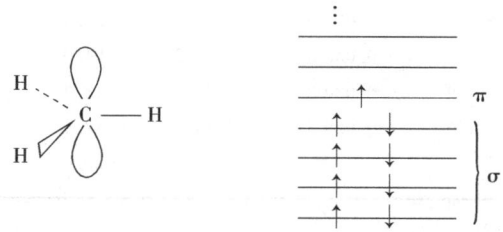

图 1-12   平面甲基分子的限制 Hartree-Fock 描述

有一个电子处于开壳层 π-轨道上,其余电子均配对地处在 σ-轨道。其自旋密度为

$$\rho^s(\vec{r}) = |\Psi_\pi(\vec{r})|^2 \qquad (1-351)$$

式中 $\Psi_\pi(\vec{r})$ 为未配对电子的 π 分子轨道,这种描写与实验是一致的,如在 ESR 实验中甲基的氢与碳核的耦合常数各为

$$a^H(\text{Gauss}) = 1\,592 \rho^s(R_H)$$

$$a^C(\text{Gauss}) = 400.3 \rho^s(R_C)$$

实验表明 $\rho^s(R_H)$ 为负值,$\rho^s(R_C)$ 为正值。遗憾的是,限制的 Hartree-Fock 的结果 a^H 与 a^C 均为零。如果考虑到分子振动键有弯曲具有 C_{3v} 的构

型。虽然此时限制的描述可以给出非零的结果，但是仍不能说明在氢核处有负密度。

对此若采用非限制 Hartree-Fock 描述，如上图 α-电子与 β-电子分别处于 Ψ^α 与 Ψ^β 轨道。Pople-Nesbet 方程式的非限制计算将得出的结果列于表 1-3 中，清楚地表明了自旋密度在碳处为正而在氢处为负，与实测一致。表 1-3，甲基的非限制 SCF 自旋密度与超细耦合常值 $\langle S^2 \rangle =$ 0.75 为纯双重态。

表 1-3

基 集	ρ^s(a.u)		耦合常数		$\langle S^2 \rangle$
	C	H	a^C	a^H	
STO-3G	+0.248 0	-0.034 0	+99.3	-54.2	0.765 2
4-31G	+0.234 3	-0.033 9	+93.8	-54.0	0.762 2
6-31G*	+0.698 9	-0.030 3	+79.6	-48.3	0.761 8
6-31H**	+0.196 0	-0.029 6	+78.5	-47.1	0.761 4
实 测			+38.3	-23.0	0.75

第二章　二次量子化方法
—— 基本概念与原理

§2-1　二次量子化的重要性

如在第一章中所述,量子化学的基本课题是在建立所论体系的运动方程(多数情况是非相对论的稳定态的 Schrödinger 方程式)之后采取近似处理方案求解之,从而获得该体系的有关信息。

对于全同粒子系,在坐标表象下由于对称性要求(受 Pauli 原理限制)多粒子系的状态函数应取 Slater 行列型波函数。

对于 Fermi 粒子,如 N-电子体系的状态函数:
$$\Psi^F(q_1,q_2,\cdots,q_N) \equiv \Psi^F(q)$$
$$\Psi^F(q) = |\phi_1^{(1)}\phi_2^{(2)}\cdots\phi_N^{(N)}\rangle$$
$$= \frac{1}{\sqrt{N!}}\begin{vmatrix} \phi_1^{(1)} & \phi_2^{(1)} & \cdots & \phi_N^{(1)} \\ \phi_1^{(2)} & \phi_2^{(2)} & \cdots & \phi_N^{(2)} \\ \vdots & \vdots & \vdots & \vdots \\ \phi_1^{(N)} & \phi_2^{(N)} & \cdots & \phi_N^{(N)} \end{vmatrix} \qquad (2-1)$$

或 $\Psi^F(q) = (N!)^{-1/2}\sum_{\hat{P}}(-1)^P \hat{P}_{ij}[\phi_1^{(1)}\phi_2^{(2)}\cdots\phi_N^{(N)}]$ 　　(2-2)

式中 $\hat{P}_{ij}$ 为对粒子坐标的交换算符。由上可知 $\Psi^F(q)$ 对于粒子坐标

的任一交换 $\hat{P}_{ij}$ 是反对称的,将自动满足 Pauli 不相容原理,即处于一个单粒子态上最多只能容纳一个电子。

对于 Bose 粒子系,与上面不同。它的波函数 $\Psi^B(q)$ 对于粒子坐标的任意交换 $\hat{P}_{ij}$ 是对称的,其归一化波函数为

$$\Psi^B(q) = \sqrt{\frac{\pi n_i}{N!}} \sum_{\hat{P}} \hat{P} [\underbrace{\phi_1^{(1)} \cdots\cdots}_{n_1} \underbrace{\cdots \phi_N^{(N)}}_{n_N}] \tag{2-3}$$

对于处在一个单粒子态上 Bose 粒子数是没有限制的。设在单粒子态 $\phi_1(1), \phi_2(2), \cdots, \phi_N(N)$ 上分别有 $n_1, n_2 \cdots, n_N$ 个粒子时(注意,$\sum_i n_i = N$,n_i 中有的可以是零)。由置换的总项数为 $\left(\dfrac{N!}{\pi n_i}\right)$,所以有(2-3)式中的归一化因子存在。

采用坐标表象描述全同粒子体系的量子态是颇为烦琐的事,对量化计算出现的多种分子积分,不用说进行具体的计算(如第一章中介绍过的行列式波函数的单粒子算符与双粒子算符的积分等)十分繁难,就是写出它的具体表达公式也很麻烦,而且容易出的小错误将影响大量的冗长的计算结果的正确性,尤其在进行理论推演、论证时缺乏简略性,等等,常常是理论化学学生与工作者的烦恼之一。从量子论的原理上看,它并不是分子量子力学基本方程式的固有性质,而完全是表达方式与处理方案所致。即如第一章中述及的坐标表象,它并不是唯一的令人满意的表象,其根源在于:对于全同粒子作了毫无意义的编号。例如:在 q 表象中的某一项波函数 $|\phi_1^{(q_1)}, \phi_2^{(q_2)}, \cdots, \phi_N^{(q_N)}\rangle$,它便将它们置换,等等,以便于满足交换对称性的要求。实际上,在本章即将展开的粒子数表象中只需要把处于每个单粒子态上的粒子数交待清楚,则全同粒子系的量子态就被完全确定了,并不需要先去指定哪一个粒子处在某个单粒子态。例如,后面将详加讨论的,对 Fermi 粒子,Pauli 原理要求,在单粒子态上只能有 1 个或没有粒子,当 $n_i = 1$ 或 0,对于 $n_1 = 1, n_2 = 1, n_3 = 0, n_4 = 1, \cdots$ 的态,可表作 $|1\ 101\cdots\rangle$ 或 $|111\cdots\rangle$ 即可。

对于 Bose 粒子系,由于每个单粒子态上可占有任意个粒子,若$(n_1,$

$n_2, n_3, \cdots, n_N$），可记作

$|n_1 n_2 \cdots n_N\rangle$

而全部的量子化学问题从表述到计算等,都在数表象下,探讨产生算符与湮灭算符间的关系中得到解决,它把多体理论中的反对称化问题转变为产生算符与湮灭算符的极简单的代数关系。这种简捷而精练的办法就是二次量子化方法的量子论中的另一种近似方案。上述乃此法的重要性之一。

其次,体系的 Hamilton 量与其他任何物理观测量的二次量子化表示与电子数 N 无关。相反地在第一量子化（通常的量子化学）中 Hamilton 算符与电子数是有关的。所以,在二次量子化方案中对于含有不同电子数的体系可用同一个 Hamilton 算符表述。这对处理粒子数有变化的体系与过程尤为有用。

第三,二次量子化方法的另一个不可忽略的重要性是应付单电子函数是其特征,但是它的理论又不限于单电子方法。单电子轨道的占有率乃是二次量子化方法所处理的基本的量。这点在每位试图弄清分子、电子结构的化学家们心中是一个清晰的图像。

最后,在实际的所有量子化学计算中常常使用有限基函数的近似中,二次量子化方法是许多方案中最有优点的之一。因为已假定有单电子基函数集存在,二次量子化提供了写出与处理有限基函数集描述的分子的模型 Hamilton 算符的可能性。严格地讲,二次量子化 Hamilton 算符乃是精确 Hamilton 算符在由有限基矢张成的空间的投影。总之,二次量子化方法已成为当今分析与处理量子物理与量子化学问题的有力工具。

"二次量子化"一词来源于量子场论,使用场算符作为波函数。如果说,粒子的量子化（如通常量子力学、量子化学中所作的）为第一量子化,那么波的量子化就被称为"第二量子化"了。

§2-2 产生算符与湮灭算符

本节讨论简单波函数的二次量子化表示。先从介绍二次量子化理论中某些一般概念的性质开始。

1. 真空态

真空状态是空无一物的简单而抽象的表示——空态,记作

$$|0\rangle \tag{2-4}$$

相应的左矢为

$$\langle 0| \tag{2-5}$$

它们具有如下数学性质:

(1) 真空态归一化为一,即

$$\langle 0|0\rangle = 1 \tag{2-6}$$

(2) 真空态与任何其他态相互正交,即

$$\langle 0|i\rangle = 0 \tag{2-7}$$

真空态不能用以描写任何物理体系,它几乎就是数学的零。

2. 产生算符

设有单电子自旋轨道集 $\{\phi_i\}_{i=1}^n$,原则上它可以是完全的,但是这点在二次量子化中并不是必要的。

在自旋轨道 ϕ_k 中占有一个电子时,可记作

$$|K\rangle = \hat{a}_k^+ |0\rangle \tag{2-8}$$

算符 a_k^+ 使真空态产生一个电子处于状态 ϕ_k。于是有如下对应:

$$\phi_k(1) \longleftrightarrow \hat{a}_k^+ |0\rangle \tag{2-9}$$

这不是一个方程式,但它仅是电子 1 的波函数与它的二次量子化对

手间的对应关系。算符 $\hat{a}_i^+$ 称为"产生算符"(Creating Operator)。

今有标号为"1"与"2"的两个电子分别占据轨道 ϕ_i 与 ϕ_k 上时,我们的"第一次量子化"波函数是 Slater 型行列式:

$$\Phi(1,2) = \frac{1}{\sqrt{2}} \begin{vmatrix} \phi_i(1)\phi_k(1) \\ \phi_i(2)\phi_k(2) \end{vmatrix} \tag{2-10}$$

对此,在二次量子化中记作:

$$|ik\rangle = \hat{a}_i^+ \hat{a}_k^+ |0\rangle \tag{2-11}$$

根据 Pauli 原理,有

$$\Phi(2,1) = -\Phi(1,2) \tag{2-12}$$

由于 $\Phi(1,2) \longleftrightarrow \hat{a}_i^+ \hat{a}_k^+ |0\rangle$ \hfill (2-13)

需要如下二次量子化关系:

$$\hat{a}_k^+ \hat{a}_i^+ |0\rangle = -\hat{a}_i^+ \hat{a}_k^+ |0\rangle$$

即存在如下关系:

$$\hat{a}_k^+ \hat{a}_i^+ = -\hat{a}_i^+ \hat{a}_k^+$$

或 $\hat{a}_k^+ \hat{a}_i^+ + \hat{a}_i^+ \hat{a}_k^+ = 0$ \hfill (2-14)

亦即产生算符是反交换的(Creation Operators Anticommute)。(注,在数学上,两个算符 $\hat{a}$ 与 $\hat{b}$ 如果是交换的,定义为 $\hat{a}\hat{b} - \hat{b}\hat{a} = 0$,而 $\hat{a}\hat{b} + \hat{b}\hat{a} = 0$ 则为反交换的)(2-14)式乃是 Pauli 原理的二次量子化表示。

反交换关系一般可简单地记作:

$$\hat{a}_i^+ \hat{a}_k^+ + \hat{a}_k^+ \hat{a}_i^+ \equiv [\hat{a}_i^+, \hat{a}_k^+] \tag{2-15}$$

称为"反交换子"。

以上关系适于任何半整数自旋的 Fermi 粒子。而对于整数自旋的 Bose 粒子,Pauli 原理要求它们的波函数对于粒子坐标交换是对称的,所以 Bose 粒子的交换关系如下:

$$\hat{a}_k^+ \hat{a}_i^+ - \hat{a}_i^+ \hat{a}_k^+ = 0 \tag{2-16}$$

$\hat{a}_i^+$ 与 $\hat{a}_k^+$ 是可交换的。

今将 Fermi 粒子与 Bose 粒子的关于产生算符的可交换与反交换关系统一简记如下：

$$\hat{a}_k^+ \hat{a}_i^+ \pm \hat{a}_i^+ \hat{a}_k^+ \equiv [\hat{a}_k^+, \hat{a}_i^+]_\pm = 0 \tag{2-17}$$

式中"+"号与"−"号分别指 Fermi 粒子与 Bose 粒子情形。

对于电子，由(2-15)式可知：如果 $i = k$ 时，有 $[\hat{a}_i^+, \hat{a}_i^+] = 0$ 或 $\hat{a}_i^+ \hat{a}_i^+ = 0$，说明在同一个自旋轨道 $|i\rangle$ 不可能同时有两个电子占据，这正是 Pauli 原理的结果。

〔注〕在文献中使用不同符号表示产生算符的，如以 ϕ_k^+, ψ_k^+ (Longnet-Higgins,1966)；对于不同的轨道集可用不同字母表示，如 $\hat{a}_k^+, \hat{b}_k^+, \hat{c}_k^+$ 等。

在 Jørgonsen & Simon (1981) 的书中使用简号 i^+, k^+ 等表示，如 $|ik\rangle = i^+ k^+ |0\rangle$。请阅读时注意。

3. 粒子数表象

这里由稍微不同的角度讨论多个电子的二次量子化表示问题。

考虑一多电子波函数，右矢：

$$|n_1, n_2, \cdots, n_M\rangle \tag{2-18}$$

其中 n_i 与占据数，当自旋轨道 ϕ_i 有一个电子时 $n_i = 1$，无电子时 $n_i = 0$。

这种方式表征一行列式波函数的办法叫作"粒子数表象"(Particle Number Representation)。于是真空态可记作：

$$|0, 0, \cdots, 0\rangle = |真空\rangle \equiv |0\rangle \tag{2-19}$$

则 $|k\rangle = \hat{a}^+ |0, 0, \cdots, 0\rangle = |0, 0, \cdots, 1, 0, \cdots 0\rangle \tag{2-20}$

其中"1"在 k 自旋轨道的位置。

前述的二电子波函数 $|ik\rangle$，可以如下表出：

$$|ik\rangle = \hat{a}_i^+ \hat{a}_k^+ |0, 0, \cdots, 0\rangle$$
$$= \pm |\overset{1}{0}, \cdots 0, \overset{i}{1}, 0, \cdots, 0, \overset{k}{1}, 0, \cdots, \overset{m}{0}\rangle \tag{2-21}$$

当 $i \longleftrightarrow k$ 变换时,出现"—"号。

粒子数表象在概念上非常重要,因为此表象给出的抽象波函数起着(肩负)二次量子化产生算符的荷载空间(Carrier Space)的作用。换言之,产生算符作用于粒子数表象波函数上将改变占据数 n_k 的值。如果 $n_k = 0$,则经 $\hat{a}_k^+$ 作用后变为 $n_k = 1$;若 $n_k = 1$,则 $\hat{a}_k^+$ 作用后变成 $n_k = 0$,表明在此自旋轨道不可能容纳两个电子。按 Pauli 原理,粒子数表象波函数的两个行交换时,改变算号,即:

$$|\overset{1}{n_1},\overset{2}{n_2},\overset{3}{n_3},\cdots\rangle = -|\overset{2}{n_2},\overset{1}{n_1},\overset{3}{n_3},\cdots\rangle \tag{2-22}$$

今有一 N-电子波函数 Ψ,其中自旋轨道 $\Psi_1, \Psi_2, \cdots, \Psi_N$ 均为占据,可写作:

$$\Psi(1,2,\cdots,N) \longleftrightarrow \hat{a}_N^+ \cdots \hat{a}_2^+ \hat{a}_1^+ | 0\rangle \tag{2-23}$$

它在物理上等价于 N-轨道的 Slater 型行列式函数,它的固有的对称性质保证了产生算符的反交换关系(2-14)。此种表象的简洁性在不易犯行列式性质的错误就更显然了。它还不用给行列式函数作归一化,而自动地便归一化了。数表象的许多优点后面将陆续讲到。

【例1】写出下列波函数的二次量子化形式与粒子数表象:

(1) $D = \dfrac{1}{\sqrt{2}} [\phi_1(1)\phi_2(2) - \phi_1(2)\phi_2(1)]$

(2) $\Psi = \dfrac{1}{\sqrt{6}} \begin{vmatrix} \phi_1(1)\phi_2(1)\phi_3(1) \\ \phi_1(2)\phi_2(2)\phi_3(2) \\ \phi_1(3)\phi_2(3)\phi_3(3) \end{vmatrix}$

(3) $\Phi = C_1 \begin{vmatrix} \phi_1(1)\phi_2(1) \\ \phi_1(2)\phi_2(2) \end{vmatrix} + C_2 \begin{vmatrix} \phi_1(1)\Psi_2(1) \\ \phi_1(2)\Psi_2(2) \end{vmatrix}$

〔解〕(1) $D = \hat{a}_2^+ \hat{a}_1^+ | 0\rangle$

或粒子数表象: $D = |\overset{1}{1},\overset{2}{1},0,\cdots,0\rangle$

(2) $\psi = \hat{a}_3^+ \hat{a}_2^+ \hat{a}_1^+ | 0\rangle$

或 $\Psi = |1,1,1,0,\cdots,0\rangle$

$$(3)\Phi = \sqrt{2}C_1 \hat{\phi}_2^+ \hat{\phi}_1^+ |0\rangle + \sqrt{2}C_2 \hat{\Psi}_2^+ \hat{\Psi}_1^+ |0\rangle$$
$$= \sqrt{2}(C_1 \hat{\phi}_2^+ + C_2 \hat{\Psi}_2^+)\hat{\phi}_1^+ |0\rangle$$

此处使用 Longuet - Higgins 符号更为方便。略去粒子数表象(由于使用不同的轨道集)。

4. 湮灭算符

除了产生算符之外,在二次量子化理论中还须使用的形式算符是移出(湮灭)电子的算符。

先看单电子体系,湮灭算符(Annihilation Operator) $\hat{a}_i$ 定义如下:

$$\hat{a}_i |i\rangle = |0\rangle \qquad (2-24)$$

表示由自旋轨道 Ψ_i 移出一个电子。

如果 Ψ_i 是空的轨道,则结果为零。即

$$\hat{a}_i |0\rangle = 0 \qquad (2-25)$$

(2 - 24) 式亦可写作

$$\hat{a}_i \hat{a}_i^+ |0\rangle = |0\rangle \qquad (2-26)$$

即 $\hat{a}_i^+$ 使空的 Ψ_i 中添加一个电子,又被 $\hat{a}_i$ 移出了,结果仍是空态。

在使用湮灭算符于多重电子态时应当注意已有的交换关系与符号的改变,如

$$\hat{a}_i \hat{a}_i^+ \hat{a}_k^+ |0\rangle = \hat{a}_k^+ |0\rangle \qquad (2-27)$$

$$\hat{a}_i \hat{a}_k^+ \hat{a}_i^+ |0\rangle = -\hat{a}_i \hat{a}_i^+ \hat{a}_k^+ |0\rangle$$
$$= -\hat{a}_k^+ |0\rangle \qquad (2-28)$$

对于 $i \neq k$ 时,注意交换是偶次的或是奇次的时符号不同。例如:

$$\hat{a}_3 \hat{a}_3^+ \hat{a}_2^+ \hat{a}_1^+ |0\rangle = \hat{a}_2^+ \hat{a}_1^+ |0\rangle \qquad (2-29)$$

$$\hat{a}_3 \hat{a}_2^+ \hat{a}_1^+ \hat{a}_3^+ |0\rangle = -\hat{a}_3 \hat{a}_2^+ \hat{a}_3^+ \hat{a}_1^+ |0\rangle$$
$$= \hat{a}_3 \hat{a}_3^+ \hat{a}_2^+ \hat{a}_1^+ |0\rangle$$
$$= \hat{a}_2^+ \hat{a}_1^+ |0\rangle \qquad (2-30)$$

第二章 二次量子化方法

$$\text{与}\ \hat{a}_3\hat{a}_2^+\hat{a}_3^+\hat{a}_1^+ = -\hat{a}_3\hat{a}_3^+\hat{a}_2^+\hat{a}_1^+|0\rangle$$
$$= -\hat{a}_2^+\hat{a}_1^+|0\rangle \tag{2-31}$$

为了熟悉上述规则,再举下例以说明之。

【例 2】试讨论如下波函数。

$$\hat{a}_i\hat{a}_k^+\hat{a}_j^+|0\rangle$$

〔解〕(1) $k = j$ 时结果为零。

(2) $k \neq j$。

(a) $i \neq k$ 与 $i \neq j$ 结果为零。

(b) $i \neq k$ 与 $i = j$ 时:

$$\hat{a}_i\hat{a}_k^+\hat{a}_i^+|0\rangle = -\hat{a}_k^+\hat{a}_i\hat{a}_i^+|0\rangle = -\hat{a}_k^+|0\rangle \rightarrow -|k\rangle$$

(c) $i = k$ 与 $i \neq j$ 时:

$$\hat{a}_i\hat{a}_i^+\hat{a}_j^+|0\rangle = \hat{a}_j^+|0\rangle \rightarrow |j\rangle$$

〔注〕与产生算符类似,它也有多种记号,除本书中使用 $\hat{a}_i、\hat{b}_i、\hat{c}_i$ 等之外也可使用 $\hat{\psi}_i^-、\hat{\chi}_i^-$ 等,还有更简短的 $\hat{i}^-$ 表示 $\hat{a}_i$ 的。

总之,如 $\hat{a}_i\hat{a}_i^+ = \hat{\psi}_i^-\hat{\psi}_i^+ = \hat{i}^-\hat{i}^+$ 等。

5. 产生算符与湮灭算符间的交换关系

二次量子化方法在量子化学中的应用只不过是产生与湮灭算符所服从的简单的代数规则的应用而已。我们已经认识了这种规则之一,如对于产生算符的交换关系(2-16)。

现在要讨论产生算符 $\hat{a}_k^+$ 与湮灭算符 $\hat{a}_i$ 间的关系。为此考虑 N-电子单行列式波函数 Ψ 在粒子数表象中为

$$\Psi = |n_1, n_2, \cdots, n_N\rangle \tag{2-32}$$

将其中的 i 与 k 轨道调整到一、二两列:

$$\Psi = \pm |n_i, n_k, \cdots, n_N\rangle \tag{2-33}$$

前面取"+"或"−"决定置换的奇偶性,下面看

$$\hat{a}_i\hat{a}_k^+|n_i, n_k, n_1\cdots, n_N\rangle \tag{2-34}$$

由前述规则可知，如果 $n_k = 1$ 或 $n_i = 0$ 时上式为零，即除了 $n_k = 0$ 与 $n_i = 1$ 以外上式均为零。

由于只与 i 和 k 轨道有关，上式可简记如下：

$$\hat{a}_i \hat{a}_k^+ | i \rangle = \hat{a}_i | ki \rangle = -\hat{a}_i | ik \rangle = -| k \rangle \tag{2-35}$$

式中"—"号来自变换 $|ik\rangle = -|ki\rangle$。

下面再看看这两算符的反作用的情形如何：

即

$$\hat{a}_k \hat{a}_i | n_i, n_k, n_1, \cdots, n_N \rangle \tag{2-36}$$

与前述同样条件下，为零。

如果 $\hat{a}_k^+ \hat{a}_i | i \rangle = \hat{a}_k^+ | 0 \rangle = | k \rangle$ (2-37)

将上式与(2-35)式相加，得出：

$$[\hat{a}_i \hat{a}_k^+ + \hat{a}_k^+ \hat{a}_i] | n_1, n_2, \cdots, n_N \rangle = 0 \tag{2-38}$$

对任意的行列式函数 $|n_1, n_2, \cdots, n_N\rangle$ 均成立。

故得知：$\hat{a}_i \hat{a}_k^+ + \hat{a}_k^+ \hat{a}_i = 0$（当 $i \neq k$） (2-39)

即如果轨道 i 与 k 不同，则产生算符 $\hat{a}_k^+$ 与湮灭算符 $\hat{a}_i$ 是反交换的。

为了建立 $\hat{a}_i$ 与 $\hat{a}_i^+$ 的交换规则，再看波函数(2-32)，当 $\hat{a}_i^+ \hat{a}_i$ 和 $\hat{a}_i \hat{a}_i^+$ 作用其上有怎样结果：

$$\hat{a}_i^+ \hat{a}_i | n_1, n_2, \cdots, n_N \rangle = 0 \quad\quad 当 n_i = 0$$
$$= | n_1, n_2, \cdots, n_N \rangle \quad 当 n_i = 1 \tag{2-40}$$

同时有

$$\hat{a}_i \hat{a}_i^+ | n_1, n_2, \cdots, n_N \rangle = | n_1, n_2, \cdots, n_N \rangle \quad 当 n_i = 0$$
$$= 0 \quad\quad\quad\quad\quad\quad\quad 当 n_i = 1 \tag{2-41}$$

将以上二方程相加，得出：对任意情形有

$$[\hat{a}_i^+ \hat{a}_i + \hat{a}_i \hat{a}_i^+] | n_1, n_2, \cdots, n_N \rangle = | n_1, n_2, \cdots, n_N \rangle \tag{2-42}$$

由于占据数 $n_1, n_2, \cdots, n_N$ 是随意的，于是得出：

$$[\hat{a}_i^+ \hat{a}_i + \hat{a}_i \hat{a}_i^+] = \hat{1} \tag{2-43}$$

即产生算符 $\hat{a}_i^+$ 与湮灭算符 $\hat{a}_i$ 的反交换子是一个单位算符 $\hat{1}$。

(2 - 39)～(2 - 43)各式可以概括如下：

$$\hat{a}_i \hat{a}_k^+ + \hat{a}_k^+ \hat{a}_i = \delta_{ik} \tag{2-44}$$

这是个重要的结果。

6. 单粒子态的正交性规则 —— 共轭关系

至此尚未得知 $\hat{a}_i^+$ 与 $\hat{a}_i$ 间的直接联系。由上述已知，有下式成立：

$$\hat{a}_k \hat{a}_i^+ |0\rangle = \delta_{ik} |0\rangle \tag{2-45}$$

又，若单电子函数 $|i\rangle$ 与 $|k\rangle$ 是正交归一化的，有

$$\langle i | k \rangle = \delta_{ik} \tag{2-46}$$

使用二次量子化表示

$$|k\rangle = \hat{a}_k^+ |0\rangle \tag{2-47}$$

与 $\langle i | = \langle 0 | (\hat{a}_i^+)^+$ (2 - 48)

记号(+)表示算符的 Hermite 共轭，取以上二式的乘积，得

$$\langle 0 | (\hat{a}_i^+)^+ \hat{a}_k^+ |0\rangle = \delta_{ik} \tag{2-49}$$

比较(2 - 45)与(2 - 49)式，得到：

$$\hat{a}_i = (\hat{a}_i^+)^+ \tag{2-50}$$

对于正交归一化自旋轨道成立。这结果十分重要，因为依此可以由右矢函数构造出左矢函数来。例如，设有

$$|\Psi\rangle = \hat{a}_N^+ \cdots \hat{a}_2^+ \hat{a}_1^+ |0\rangle \tag{2-51}$$

若(2 - 50)式存在，便可写作：

$$\langle \Psi | = \langle 0 | \hat{a}_1 \hat{a}_2 \cdots \hat{a}_N \tag{2-52}$$

假如所用的单电子自旋轨道间并不存在正交归一化关系时，则 $\hat{a}_k^+$ 与 $\hat{a}_k$ 间的联系是复杂的。

即当 $\langle i | k \rangle = \delta_{ik}$ (2 - 53)

式中 S 是重迭矩阵，用二次量子化表示：

$$\langle 0 | (\hat{a}_i^+)^+ \hat{a}_k^+ |0\rangle = \delta_{ik} \tag{2-54}$$

此时在 $\hat{a}_k^+$ 与 $(\hat{a}_i^+)^+$ 之间有干扰,尽管如果 i 与 k 不同,产生算符之伴(相邻)也不能看作真的湮灭算符,因而它们并不服从同样的反交换律(2-44)。对此,以后将详细讨论。

7. 产生算符与湮灭算符性质的总括

为了使用方便,今将正交归一化单电子波函数的产生、湮灭算符的主要性质概括于下:

(1) 代数性质

反映 Pauli 原理的反交换子:

$$\hat{a}_i^+ \hat{a}_k^+ + \hat{a}_k^+ \hat{a}_i^+ \equiv [\hat{a}_i^+, \hat{a}_k^+] = 0 \tag{2-55}$$

$$\hat{a}_i \hat{a}_k + \hat{a}_k \hat{a}_i \equiv [\hat{a}_i \hat{a}_k] = 0 \tag{2-56}$$

$$\hat{a}_i^+ \hat{a}_k + \hat{a}_k \hat{a}_i^+ \equiv [\hat{a}_i^+ \hat{a}_k] = \delta_{ik} \tag{2-57}$$

真空态的性质:

$$\langle 0 | 0 \rangle = 1 \tag{2-58}$$

$$\hat{a}_k | 0 \rangle = 0 \tag{2-59}$$

$$\langle 0 | \hat{a}_k^+ = 0 \tag{2-60}$$

共轭(邻接)关系:

$$\hat{a}_k = (\hat{a}_k^+)^+ \tag{2-61}$$

(2) 对应的波函数

单电子轨道:

$$右矢:|\Psi_i\rangle \Leftrightarrow \hat{a}_i^+ | 0 \rangle \tag{2-62}$$

$$左矢:\langle\Psi_i| \Leftrightarrow \langle 0 | \hat{a}_i \tag{2-63}$$

N-电子行列式波函数:

$$右矢:|\Phi\rangle \Leftrightarrow \hat{a}_N^+ \cdots \hat{a}_2^+ \hat{a}_1^+ | 0 \rangle \tag{2-64}$$

$$左矢:\langle\Phi| \Leftrightarrow \langle 0 | \hat{a}_1 \hat{a}_2 \cdots \hat{a}_N \tag{2-65}$$

对于行列式函数 Φ 的线性结合,类似地有

第二章　二次量子化方法

右矢：$|\Psi\rangle \sum_k C_k |\phi_k\rangle \Leftrightarrow \sum_k C_k [\hat{a}_{k_N}^+ \cdots \hat{a}_{k_2}^+ \hat{a}_{k_1}^+]|0\rangle$ 　　(2-66)

左矢：$\langle\Psi| = \sum_k C_k \langle\phi_k| \Leftrightarrow \sum_k C_K \langle 0| [\hat{a}_{k_1}^+ \cdots \hat{a}_{k_2}^+ \hat{a}_{k_N}^+]$ 　　(2-67)

式中 k 代表轨道 $k_1, k_2, \cdots, k_N$，是占据电子的，左矢是得自右矢，由相应的共轭关系。注意这仅对于单电子轨道间是正交归一的时才是正确的。

还应说明，式中"$\Leftrightarrow$"不是等号，因为两侧是不同的 Hilbert 空间，左边是在 L_2 函数空间（或在有限基集情形是 l_2 空间）而右边是粒子数表象下的二次量子化波函数。然而对于给定的基集，两种表象是 1—1 对应的，因此允许如上表述，即可将"第一量子化"波函数换成第二量子化的语言。反之亦是可以的。

§2-3　粒子数算符

对于给定的态，二次量子化提供了一个本征值，它就是在给定态中的电子数。粒子数算符定义如下：

$$\hat{N}_i = \hat{a}_i^+ \hat{a}_i \qquad (2-68)$$

它作用在任一单行列式波函数 $\Psi = |n_1, n_2, \cdots, n_M\rangle$ 上，结果将与占据数 n_i 有关，即：如果 $n_i = 0$，则结果为零。然而，如果 $n_i = 1$，则 Ψ 仍将保持不变。对此两种情况可概括如下：

$$\begin{aligned}\hat{N}_i \Psi &= \hat{a}_i^+ \hat{a}_i |n_1, n_2, \cdots, n_i, \cdots, n_M\rangle \\ &= n_i |n_1, n_2, \cdots, n_i, \cdots, n_M\rangle \\ &= n_i \Psi\end{aligned} \qquad (2-69)$$

（注意，$n_i = 1$ 或 0）

可知任一单行列式波函数 Ψ 乃是算符 $\hat{N}_i$ 具有本征值为 n_i 时的本征函数。称 $\hat{N}_i$ 为"占据数算符"。

考虑如下算符 $\hat{N} = \sum_{i=1}^{M} \hat{N}_i = \sum_{i=1}^{M} \hat{a}_i^+ \hat{a}_i$ (2 - 70)

求和遍及所有的单电子态。现在看 $\hat{N}$ 作用于单行列式波函数 Ψ:

$$\begin{aligned}\hat{N}\Psi &= \sum_i \hat{a}_i^+ \hat{a}_i |n_1, n_2, \cdots, n_i, \cdots, n_M\rangle \\ &= \sum_i n_i |n_1, n_2, \cdots, n_i, \cdots, n_M\rangle \\ &= \sum_i n_i \Psi\end{aligned}$$ (2 - 71)

即 $\hat{N}\Psi = N\Psi$ (2 - 72)

式中 N 为体系的电子总数:

$$N = \sum_{i=1}^{M} n_i$$ (2 - 73)

可知算符 $\hat{N}$ 的本征值与体系电子的总数相等,单个行列式波函数是 $\hat{N}$ 的本征函数,则 $\hat{N}$ 称为"粒子数算符"乃是体系中电子总数的算符。因而算符 $\hat{N}$ 的性质是值得研究的。首先,问一下:$\hat{N}$ 作用的波函数不是由单行列式描述的时候结果如何?为简略起见,先看一下 $\hat{N}_i$ 作用由两个行列式的线性结合得出的波函数上的结果。

$$\hat{N}_i \Psi = \hat{N}_i \{C_1 \Psi_1 + C_2 \Psi_2\}$$ (2 - 74)

式中 Ψ_1 与 Ψ_2 是单行列式波函数,C_1 与 C_2 为线性结合系数。Ψ_1 与 Ψ_2 有不同的轨道占据情况。由(2 - 67)式可得出

$$\hat{N}_i \Psi = C_1 n_{i1} \Psi_1 + C_2 n_{i2} \Psi_2$$ (2 - 75)

式中 n_{i1} 与 n_{i2} 各为在行列式 Ψ_1 与 Ψ_2 中轨道 i 上的占据数,它的值是 0 或 1。假如 $n_{i2} = 0$,则得出:

$$\hat{N}_i \Psi = C_1 n_{i1} \Psi_1 \quad (n_{i2} = 0)$$ (2 - 76)

即算符 $\hat{N}_i$ 从 Ψ 的组分中投影(选择)出占据电子的轨道 i。

另一有趣的结果是当反复作用以 $\hat{N}_i$ 时,如

$$\begin{aligned}\hat{N}_i \hat{N}_i \Psi &= \hat{N}_i (C_1 n_{i1} \Psi_1 + C_2 n_{i2} \Psi_2) \\ &= C_1 n_{i1} \hat{N}_i \Psi_1 + C_2 n_{i2} \hat{N}_i \Psi_2\end{aligned}$$

$$= C_1(n_{i1})^2\Psi_1 + C_2(n_{i2})^2\Psi_2$$
$$= C_1 n_{i1}\Psi_1 + C_2 n_{i2}\Psi_2 \tag{2-77}$$

这是由于 $n_{i1} = 1$ 或 0，所以 $(n_{i1})^2 = n_{i1}$。同理有 $(n_{i2})^2 = n_{i2}$。

由上得知 $\hat{N}_i^2 = \hat{N}_i$ \hfill (2-78)

称算符 $\hat{N}_i$ 是幂等的(idempotent)。此性质可保持到更一般的情形。

考虑一多电子多行列式波函数：

$$\Psi = \sum_k C_k \Psi_k \tag{2-79}$$

式中 Ψ_k 为不同的行列式，C_k 为线性组合系数。

下面看 $\hat{N}_i$ 对它的作用：

$$\hat{N}_i \Psi = \sum_k n_{ik} C_k \Psi_k \tag{2-80}$$

式中 n_{ik} 是 Ψ_k 中轨道 i 的占有数。它们是 1 或 0，求和遍及所有 Ψ_k 中的占据轨道 i，即

$$\hat{N}_i \Psi = \sum_k^{占(i)} C_k \Psi_k \tag{2-81}$$

可知 $\hat{N}_i$ 仍是从 Ψ 的组分中投影出占据轨道 i，这样的算符称为"<u>投影算符</u>"或"<u>投影子</u>"(projectors)。

容易证明在一般情形下 $\hat{N}_i$ 的等幂性。对于 $\hat{N}$ 结果也并不很复杂：

$$\hat{N}\Psi = \sum_k C_k \hat{N}\Psi_k = \sum_k C_k \sum_{i=1}^M \hat{N}_i \Psi_k$$
$$= \sum_k C_k \sum_{i=1}^M n_{ik} \Psi_k$$
$$= \sum_k C_k N \Psi_k = N\Psi \tag{2-82}$$

如果所有的行列式函数中的轨道 i 都是占据的，则有

$$\sum_{i=1}^M n_{ik} = N \quad (\text{对全部 } k \text{ 个}) \tag{2-83}$$

任何一个 N-电子多行列式波函数仍然是电子总数算符 $\hat{N}$ 的本征函数，它有如下性质：

$$\hat{N}^2 \Psi = \hat{N} \{ N \sum_k C_k \Psi_k \} = N^2 \sum_k C_k \Psi_k \qquad (2-84)$$

于是,得出 $N^2 \Psi = \hat{N} N \Psi = (\hat{N}^2) \Psi$ (2-85)

即,任意的 Ψ,它都是本征值为总粒子数 N 的算符 $\hat{N}$ 的本征函数。结果,$\hat{N}$ 由于幂等性将有一常数因子,所以归一化的粒子数算符应表作:

$$\frac{1}{N} \hat{N}$$

它是幂等的,此乃本征值关系(2-82)的平凡结果。

【例】试证二占据数算符 $\hat{N}_i$ 与 $\hat{N}_k$ 是可交换(对易)的。

〔解〕如果 $i = k$ 是对的,因为任何算符可与自身交换,如果 $i \neq k$,有

$$[\hat{N}_i, \hat{N}_k] = [\hat{a}_i^+ \hat{a}_i \hat{a}_k^+ \hat{a}_k - \hat{a}_k^+ \hat{a}_k \hat{a}_i^+ \hat{a}_i] = 0$$

因为第二个第二项经偶置换可以变为第一项,同样可得

$$[\hat{N}_i, \hat{N}] = \sum_i [\hat{N}_i, \hat{N}] = 0$$

§2-4 量子力学算符的二次量子化表示

1. 概 述

前面多节已讨论了波函数的二次量子化表示,现在将说明多种量子力学算符的二次量子化表述,并将用此种表示进行量子力学的分析与论证。

原则上已有两种办法引入算符的二次量子化。第一种是更重物理含意的方法。实际上任意观测量的期待值不论是第一次量子化还是第二次量子化其结果必定是要相同的,许多教本(如 Sgabo&Ostlund 的量子化学及其所引的参考书)都是采用这种方法的。这里,将采用更为形式化一些的方式,去建构二次量子化算符,可能更有启发性。

今有波函数 Φ 和一算符 $\hat{A}$。如果 $\hat{A}$ 作用于 Φ 导致另一函数 Ψ,即

第二章 二次量子化方法

$$\Psi = \hat{A}\Phi \tag{2-86}$$

如果以 Φ^+ 和 Ψ^+ 代表 Φ 与 Ψ 的二次量子化对应物,$\hat{A}^{\pm}$ 为 $\hat{A}$ 的二次量子化对应物时,则以上各量之间的关系如下:

$$\begin{array}{ccc} \Phi & \longrightarrow & \Phi^+ \\ \hat{A}\downarrow & & \downarrow \hat{A}^{\pm} \\ \Psi & \longrightarrow & \Psi^+ \end{array} \tag{2-87}$$

其中"→"代表二次量子化表示,"↓"代表经算符 $\hat{A}$ 的映像(绘图,mapping)。$\hat{A}$ 乃是一数学量。它使 Φ 映变为 Ψ,$\hat{A}^{\pm}$ 定义为数学物,它可将 Φ^+ 映变成 Ψ^+。此定义乃是多种情形中算符 $\hat{A}$ 的二次量子化表示的关键。

2. 单电子算符

为了简明起见,考虑一特殊情形,即一算符作用于单个电子的坐标上。此例虽然只适合体系只含一个电子的情形,是个人为的情况,但是它是足够体现如何找出量子力学算符的二次量子化表示的基本思想的。

设有 ϕ_i 是处于 i 态的单个电子的波函数,和有一正交归一化函数集 $\{\phi_k\}_{k=1}^M$ 存在。如果

$$\hat{A}\phi_i = \Psi_i \tag{2-88}$$

它的二次量子化表示为

$$\hat{A}^{\pm}\phi_i^+|0\rangle = \Psi_i^+|0\rangle \tag{2-89}$$

今由 $\{\phi_k\}$ 将 Ψ_i 展开之,即

$$\Psi_i = \sum_k C_{ik}\phi_k \tag{2-90}$$

换成二次量子化表示,有

$$\Psi_i^+ = \sum_k C_{ik}\phi_k^+ \tag{2-91}$$

现在确定系数 C_{ik},用向量空间的标准方法,由(2-88)与(2-90)二式,给出:

$$\hat{A}\phi_i = \sum_k C_{ik}\phi_k \tag{2-92}$$

以 ϕ_l 左乘上式两边,取数量积,得出:

$$\langle \phi_l | \hat{A} | \phi_i \rangle = \sum_k C_{ik} \langle \phi_l | \phi_k \rangle \qquad (2\text{-}93)$$

利用 $\{\phi_k\}$ 的正交归一性,得

$$\langle \phi_l | \hat{A} | \phi_i \rangle = C_{il} \qquad (2\text{-}94)$$

得知展开系数等于算符 $\hat{A}$ 的矩阵元 A_{li}。

再由(2-89)与(2-91)式,得出

$$\hat{A}^{\pm} \phi_i^+ = \sum_{ik} C_{ik} \phi_k^+ \qquad (2\text{-}95)$$

还可表作:

$$\hat{A}^{\pm} \phi_i^+ \phi_i^- = \sum_k C_{ik} \phi_k^+ \phi_i^- \qquad (2\text{-}96)$$

对所有单粒子态 i (即所有的基函数)求和,得到:

$$\hat{A}^{\pm} \sum_k \phi_k^+ \phi_i^- = \sum_k C_{ik} \phi_k^+ \phi_i^- \qquad (2\text{-}97)$$

上式左边是粒子数算符 $\hat{N}$。当对单电子体系,算符 $\hat{N}$ 作用于一占据态时(它的本征值为1)它如同单位算符的作用,故可以略去,于是上式化为

$$\hat{A}^{\pm} = \sum_{k,i} A_{ki} \phi_k^+ \phi_i^- \qquad (2\text{-}98)$$

这里用了(2-94)式或令矩阵元 $\langle \phi_k | \hat{A} | \phi_i \rangle = A_{ki}$。由此得出单电子算符 $\hat{A}$ 的二次量子化表示式:

$$\hat{A} \longleftrightarrow \sum_{i,k} A_{ki} \phi_k^+ \phi_i^- \qquad (2\text{-}99)$$

这只是一种对称关系而不是等式。例如,在第一次量子化中,映像变为 $\hat{A} \phi_i = \Psi_i$,它与轨道的占据无关,同时,如果作用于一空轨道,则 $\sum_{k,i} A_{ki} \phi_k^+ \phi_i$ 结果为零。

然而,对于同一波函数只有物理上取它的期待值时才是等式,即

$$\langle \hat{A} \rangle = \sum_{i,k} A_{ki} \langle \phi_k^+ \phi_i^- \rangle \qquad (2\text{-}100)$$

当计算对 ϕ_l 的期待值时,上式左边为

第二章 二次量子化方法

$$\langle \hat{A} \rangle = \langle \phi_l | \hat{A} | \phi_l \rangle = A_{ll} \tag{2-101}$$

同时对于右边,有

$$\sum_{ki} A_{ki} \langle 0 | \phi_l^- \phi_k^+ \phi_i^- \phi_l^+ | 0 \rangle \tag{2-102}$$

这是使用了相应的波函数(如下)得出的

$$|\phi_l\rangle \longleftrightarrow \phi_l^+ |0\rangle \tag{2-103}$$

它的伴为

$$\langle \phi_l | \longleftrightarrow \langle 0 | \phi_l^- \tag{2-104}$$

(2-102)式中矩阵元的求算是很简单的。立刻看出 $i=l$,因为其他的 ϕ_k^- 都不是湮灭的,并且 $l=k$(同理由)。于是 k 与 i 同时等于 l,则(2-102)式中的求和给出 A_{ll},与(2-101)式结果相同。

下面考虑更现实的情形,当体系含有多个电子时,物理算符 $\hat{A}$ 可表作单电子算符之和:

$$\hat{A} = \sum_{n=1}^{N} \hat{A}_n \tag{2-105}$$

式中 $\hat{A}_n$ 影响电子 n 的坐标,求和遍及体系中全部电子。
在量子力学中此类算符主要有:

(i) 电子的动能算符 $\hat{T}(a,n)$:

$$\hat{T} = -\frac{1}{2} \sum_n \nabla_n^2$$

(ii) 电子与核间作用算符 $\hat{V} = -\sum_{a,n} \dfrac{Z_a}{|\vec{r}_a - \vec{r}_n|}$

(iii) 偶极矩算符:

$$\hat{\mu} = \sum_n \hat{\mu}_n$$

设 N-电子系 Slater 行列式型波函数 Φ,经算符 $\hat{A}$ 作用变为行列式函数 Ψ,即

$$\Psi = \hat{A} \Phi \tag{2-106}$$

写出 Φ 的单电子轨道 ϕ_i 的展开式,有

$$\Psi = \sum_{n=1}^{N} \hat{A}_n |\phi_1 \phi_2 \cdots \phi_n \cdots \phi_N| \qquad (2-107)$$

由于算符 $\hat{A}_n$ 作用到电子 n 的轨道,所以 $\hat{A}_n \phi_n$ 可由 $\{\phi_l\}$ 展开之,于是

$$\Psi = \hat{A}\Phi = \sum_{n=1}^{N} \sum_l C_{nl} |\phi_1 \phi_2 \cdots \phi_l \cdots \phi_N| \qquad (2-108)$$

因为 $C_{nl} = A_{ln}$,所以它的二次量子化表示式为

$$\hat{A}^{\pm} \phi_N^+ \cdots \phi_n^+ \cdots \phi_2^+ \phi_1^+ |0\rangle = \sum_{n=1}^{N} \sum_l A_{nl} \phi_N^+ \cdots \phi_l^+ \cdots \phi_2^+ \phi_1^+ |0\rangle \qquad (2-109)$$

易证:$\hat{A}^{\pm} = \sum_{n=1}^{N} \sum_l A_{nl} \phi_l^+ \phi_n^-$

于是(2-109)式的左边表作:

$$\sum_{l,n} A_{nl} \phi_l^+ \phi_n^- \phi_N^+ \cdots \phi_2^+ \phi_1^+ |0\rangle \qquad (2-110)$$

注意只有 n 为集合 $\{1,2,\cdots,N\}$ 内的一个元素时,此外 ϕ_n^- 将不起湮灭作用。于是上式的求和可写作:

$$\sum_l \sum_{n=1}^{N} A_{ln} \phi_l^+ \cdots \phi_n^- \phi_N^+ \cdots \phi_n^+ \cdots \phi_2^+ \phi_1^+ |0\rangle \qquad (2-111)$$

利用反交换关系(2-55)~(2-57)式,对于偶置换,上式化为

$$\sum_l \sum_{n=1}^{N} A_{ln} \phi_N^+ \cdots \phi_l^+ \phi_n^- \phi_n^+ \cdots \phi_2^+ \phi_1^+ |0\rangle$$

$$= \sum_l \sum_{n=1}^{N} A_{ln} \phi_N^+ \cdots \phi_l^+ \cdots \phi_2^+ \phi_1^+ |0\rangle \qquad (2-112)$$

ϕ_l^+ 占据了 N-位置。于是证明了(2-109)式成立。由此得出,单粒子算符之和的二次量子化表示式:

$$\sum_n \hat{A}_n \longleftrightarrow \sum_{i,k} A_{ik} \phi_i^+ \phi_k^- \qquad (2-113)$$

此结果与在体系内所含的电子数无关,可知物理期待关系为

$$\langle \sum_n \hat{A}_n \rangle = \sum_{i,k} \hat{A}_{ik} \langle \phi_i^+ \phi_k^- \rangle$$

注意,此处的 $\hat{A}_n$ 即第一章中算符 $\hat{O}_1$。

3. 双电子算符

量子力学中另一类算符,在量子化学中也是很重要的,便是作用于两个电子坐标上的算符。这类算符的求和遍及所有的成对电子,如

$$\hat{A} = \sum_{i<j}^{N} \hat{A}_{ij} \qquad (2-114)$$

此类算符的一个重要例子就是电子排斥能算符:

$$\hat{V}_e = \sum_{i<j}^{N} \frac{1}{r_{ij}}$$

为了求出此类算行的二次量子化表示,做法与上节类似。

考虑算符 $\hat{A}$ 作用于行列式波函数 ϕ_i 上:

$$\sum_{i<j}^{N} \hat{A}_{ij} |\phi_1\phi_2\cdots\phi_N| = \sum_{i<j}^{N} |\phi_1\cdots\Psi_i\cdots\Psi_j\cdots\phi_N| \qquad (2-115)$$

式中 Ψ_j 与 Ψ_i 为相应的变换函数,将它向初始函数集 $\{\phi_i\}$ 展开之,得

$$\sum_{i<j}^{N} \hat{A}_{ij} |\phi_1\phi_2\cdots\phi_N| = \sum_{i<j}^{N} \sum_{k,l} C_{ij,kl} |\phi_1\cdots\phi_k\cdots\phi_l\cdots\phi_N| \qquad (2-116)$$

由第一量子化理论已知,展开系数由下式给出:

$$C_{ij,kl} = \langle kl | ij \rangle = \iint \phi_k(1)\phi_l(2) \hat{A}_{12} \phi_i(1)\phi_j(2) d\tau_1 d\tau_2 \qquad (2-117)$$

如果变换行列式与初始的只有两个自旋轨道不同时,即 $k,l \neq i,j$。为了简明起见,先只看这种情形,k,l 与 i,j 重合(一致)时,容易分别研究之。

$$\sum_{i<j}^{N} \hat{A}_{ij}^{\pm} \phi_1^+ \phi_2^+ \cdots \phi_i^+ \cdots \phi_j^+ \cdots \phi_N^+$$

$$= \sum_{i<j}^{N} \sum_{k,l} \langle kl | ij \rangle \phi_1^+ \cdots \phi_k^+ \cdots \phi_l^+ \cdots \phi_N^+ | 0 \rangle \qquad (2-118)$$

式中右边 ϕ_k^+ 与 ϕ_l^+ 占据了第 i 个与第 j 个位置,分别取代了 ϕ_i^+ 与 ϕ_j^+。

由于二电子算符 $\hat{A}_{ij}^{\pm}$ 的作用相当于将轨道 ϕ_i 与 ϕ_j 由 ϕ_k,ϕ_l 的某种线性结合代替,这可以由如下类型的算符完成之:

$$\sum_{i<j}^{N} \hat{A}_{ij}^{\pm} = \sum_{i<j}^{N} \sum_{k,l} A_{ij,kl} \phi_k^+ \phi_l^+ \phi_i^- \phi_j^- \qquad (2-119)$$

为证明此点并求出上式中的系数 $A_{ij,kl}$,为此将上式代入(2-118)

式中,得出:

$$\sum_{i<j}^{N}\sum_{k,l} A_{ij,kl} \phi_k^+ \phi_l^+ \phi_i^- \phi_j^- \phi_1^+ \phi_2^+ \cdots \phi_N^+ |0\rangle$$

$$= \sum_{i<j}^{N}\sum_{k,l} [kl|ij] \phi_1^+ \phi_2^+ \cdots \phi_k^+ \cdots \phi_l^+ \cdots \phi_N^+ |0\rangle \tag{2-120}$$

式中右边,k 与 l 分别占据了第 i 与第 j 的位置。

分析上式左边可知 i 与 j 乃集 $\{1,2,\cdots,N\}$ 中的元素,除了 ϕ_i^- 或 ϕ_j^- 以外便不是湮灭算符,所以求和限于方程两边要相同。在左边有两个电子从轨道 ϕ_i 和 ϕ_j 中消出了,由于算符 ϕ_i^- 与 ϕ_j^- 的作用。然而由于 ϕ_k^+ 与 ϕ_l^+ 两个电子产生了,这时置换是奇次的,故右边出现一个"—"号,即

$$\phi_k^+ \phi_l^+ \phi_i^- \phi_j^- \phi_1^+ \cdots \phi_i^+ \cdots \phi_j^+ \cdots \phi_N^+ |0\rangle$$

$$= - \phi_1^+ \cdots \phi_k^+ \cdots \phi_l^+ \cdots \phi_N^+ |0\rangle \tag{2-121}$$

左边很易作到变换:$\phi_i^- \phi_l^+ = -\phi_l^+ \phi_i^- (i \neq l)$。它给出一个"—"号,此时链 $\phi_k^+ \phi_i^-$ 和 $\phi_l^+ \phi_j^-$ 可移动到适当位置而无须再改变符号,因为 Fermi 算符对的移动是一起的。

用此结果,比较(2-120)式两边,给出:

$$A_{ij,kl} = -[kl|ij] \tag{2-122}$$

于是,算符 $\hat{A}$ 的二次量子化形式如下:

$$\sum_{i<j}^{N} \hat{A}_{ij} = -\sum_{i<j}^{N}\sum_{k,l} [kl|ij] \phi_k^+ \phi_l^+ \phi_i^- \phi_j^- \tag{2-123}$$

以上结果是普遍的,对于 k 或 l 与 i 或 j 是一致的情形也是对的。将上式写成更紧凑的形式,引入因子 $1/2$ 去掉求和时 $i<j$ 的限制与"—"号后,

结果:$\sum_{i<j}^{N} \hat{A}_{ij} \longleftrightarrow \dfrac{1}{2}\sum_{klij}[kl|ij]\phi_k^+\phi_l^+\phi_i^-\phi_j^-$ (2-124)

注意,这里的 $\hat{A}_{ij}$ 即第一章中的 $\hat{O}_2$。此结果容易推广到任意的多行列式波函数的情形。

【例1】试用第一章的符号表出单电子算符 $\hat{O}_1$ 的矩阵元与 Hartree-Fock 基态能公式。

〔解〕Hartree-Fock 基态波函数 $|\Psi_0\rangle = |\chi_1 \cdots \chi_a \chi_b \cdots \chi_n\rangle$

$$\langle \Psi_0 | \hat{O}_1 | \Psi_0 \rangle = \sum_{ij} \langle i | \hat{h} | j \rangle \langle \Psi_0 | \hat{a}_i^+ \hat{a}_j | \Psi_0 \rangle$$

由于 i, j 必须是集 $\{a, b, \cdots\}$ 中的元素，所以上式可表作

$$\langle \Psi_0 | \hat{O}_1 | \Psi_0 \rangle = \sum_{ab} \langle a | \hat{h} | b \rangle \langle \Psi_0 | \hat{a}_a^+ \hat{a}_b | \Psi_0 \rangle$$

使用交换关系

$$\hat{a}_a^+ \hat{a}_b = \delta_{ab} - a_b \hat{a}_a^+$$

将 $\hat{a}_a^+$ 移到右边，有

$$\langle \Psi_0 | \hat{a}_a^+ \hat{a}_b | \Psi_0 \rangle = \delta_{ab} \langle \Psi_0 | \Psi_0 \rangle - \langle \Psi_0 | \hat{a}_b \hat{a}_a^+ | \Psi_0 \rangle$$

上式右边第二项为零，第一项为 1，所以得到

$$\langle \Psi_0 | \hat{O}_1 | \Psi_0 \rangle = \sum_{ab} \langle a | \hat{h} | b \rangle \delta_{ab} = \sum_a \langle a | \hat{h} | a \rangle$$

将此方式用于氢分子基态：$|\Psi_0\rangle = |\chi_1, \chi_2\rangle = \hat{a}_1^+ \hat{a}_2^+ |0\rangle$

得到 $\langle \Psi_0 | \hat{O}_1 \Psi_0 \rangle = \sum_{ij} \langle i | \hat{h} | j \rangle \langle 0 | \hat{a}_2 \hat{a}_1 \hat{a}_i^+ \hat{a}_j \hat{a}_1^+ \hat{a}_2^+ | 0 \rangle$

$$= \langle 1 | \hat{h} | 1 \rangle + \langle 2 | \hat{h} | 2 \rangle$$

【例 2】对双电子算符 $\hat{O}_2$，作出类似的讨论。

由 $\hat{O}_2 = \dfrac{1}{2} \sum_{ijkl} \langle ij | kl \rangle \hat{a}_i^+ \hat{a}_j^+ \hat{a}_l \hat{a}_k$

得知，矩阵元为

$$\langle \Psi_0 | \hat{O}_2 | \Psi_0 \rangle = \frac{1}{2} \sum_{ijkl} \langle ij | kl \rangle \langle \Psi_0 | \hat{a}_i^+ \hat{a}_j^+ \hat{a}_l \hat{a}_k | \Psi_0 \rangle$$

由于 i, j, k, l 必须属于集 $\{a, b, \cdots\}$ 内，所以有

$$\langle \Psi_0 | \hat{O}_2 | \Psi_0 \rangle = \frac{1}{2} \sum_{abcd} \langle ab | cd \rangle \langle \Psi_0 | \hat{a}_a^+ \hat{a}_b^+ \hat{a}_d \hat{a}_c | \Psi_0 \rangle$$

转移 $\hat{a}_a^+$ 与 $\hat{a}_b^+$ 直到作用到 $|\Psi_0\rangle$ 上，于是做法同例(1)，得出

$$\langle \Psi_0 | \hat{a}_a^+ \hat{a}_b^+ \hat{a}_d \hat{a}_c | \Psi_0 \rangle$$

$$= \delta_{db} \langle \Psi_0 | \hat{a}_a^+ \hat{a}_c | \Psi_0 \rangle - \langle \Psi_0 | \hat{a}_a^+ \hat{a}_d \hat{a}_b^+ \hat{a}_c | \Psi_0 \rangle$$

$$= \delta_{bd} \delta_{ac} \langle \Psi_0 | \Psi_0 \rangle - \delta_{bd} \langle \Psi_0 | \hat{a}_c \hat{a}_a^+ | \Psi_0 \rangle - \delta_{bc} \langle \Psi_0 | \hat{a}_a^+ \hat{a}_d | \Psi_0 \rangle +$$

$$\langle \Psi_0 | \hat{a}_a^+ \hat{a}_d \hat{a}_c \hat{a}_b^+ | \Psi_0 \rangle$$
$$= \delta_{bd}\delta_{ac} - \delta_{bc}\delta_{ad}\langle \Psi_0 | \Psi_0 \rangle + \delta_{bc}\langle \Psi_0 | \hat{a}_d \hat{a}_a^+ | \Psi_0 \rangle$$
$$= \delta_{bd}\delta_{ac} - \delta_{bc}\delta_{ad}$$

由此,则得到

$$\langle \Psi_0 | \hat{O}_2 | \Psi_0 \rangle = \frac{1}{2}\sum_{ab} \langle ab | ab \rangle - \langle ab | ba \rangle$$

这样也就证明开头定义的 $\hat{O}_2$ 的二次量子化形式的正确性。以上二例简要说明推导 $\hat{O}_1$ 与 $\hat{O}_2$ 算符的二次量子化方式的另种方法。

4. Born‑Oppenheimer 近似 Hamilton 量的二次量子化形式

Born‑Oppenheimer Hamilton 算符 $\hat{H}$ 包含单电子项与双电子项:

$$\hat{H} = \sum_{i=1}^{N} \hat{h}_i + \sum_{i<j}^{N} \frac{1}{r_{ij}} \qquad (2-125)$$

由上节已述,可将 $\hat{H}$ 的二次量子化形式写出如下:

$$\hat{H} = \sum_{\mu\nu} h_{\mu\nu} \hat{a}_\mu^+ \hat{a}_\nu + \frac{1}{2}\sum_{\mu\nu\lambda\sigma} [\mu\nu | \lambda\sigma] \hat{a}_\mu^+ \hat{a}_\nu^+ \hat{a}_\sigma \hat{a}_\lambda \qquad (2-126)$$

注意,上式第二项中希腊指标文"λ"与"σ"逆置,使式前的"—"号消去。还有这里给出的 $\hat{H}$ 并不"等于"通常的多电子 Coulomb Hamilton 量,因为后者是定义在 L_2 空间的并且具有复杂的数学性质。而第二量子化 Hamilton 算符某种意义上更为简单,它的范围是由产生算符与湮灭算符的领域决定的。它们的载承空间是非常形象化的粒子数表象,这种简单化是由于引入单电子函数 $\{\phi_k\}_{k=1}^{M}$(M 为任意正数)所致。如果 M 是无穷大,则集 $\{\phi_k\}$ 是完备的并且在此极限下(仅此一个)两种 Hamilton 量(即第一、第二量子化的)的本征解才是相等的。如果 M 是有限的,轨道空间必定是不完备的并且可能不包含通常的 Hamilton 算符的精确的本征向量,此时第二量子化 Hamilton 算符只是精确解在由基函数轨道张成的有限的子空间的投影而已。这点后面还将讨论到,它对实用量子化学是极重要的。

第一与第二量子化 Hamilton 算符的另一不同处是前者与体系所含

的电子数有关;而后者明显地与电子数无关,它只由单电子与双电子积分决定。例如,对于原子及其正离子或负离子体系具有相同的 Hamilton 算符,它们乃是同一 $\hat{H}$ 不同的本征态。在二次量子化表象,与粒子数有关的乃是由 Hamilton 算符转变为波函数,这对于研究电离能、电子亲力很有用处,并且在固体理论的研究中有极大的优点,因为此时体系中的电子数是无限多个,同样在量子场论中由于粒子数不必须恒定。下面在具体应用之前先讨论它们的一些重要性质。

5. 二次量子化算符的 Hermite 性质

如在量子力学中已知的,可观测物理量对应于一个 Hermite 算符 $\hat{A}$;

$$\hat{A} = \hat{A}^+ \tag{2-127}$$

本节将讨论同一算符的二次量子化形式也保持 Hermite 性质。下面的处理虽很平凡,但对二次量子化方法的实际使用是有益的。

(2-127)式的矩阵元为

$$A_{\mu\nu} = (A^+)_{\mu\nu} = A_{\nu\mu}^* \tag{2-128}$$

对于常遇到的情形,$\hat{A}$ 为实的时,一 Hermite 算符的矩阵表示为对称的,即

$$A_{\mu\nu} = A_{\nu\mu} \tag{2-129}$$

因此,Hamilton 算符 $\hat{H}$ 中的单电子积分 $h_{\mu\nu}$ 是对称的矩阵。

双电子积分的对称性是二重的。一方面重新标记电子 1 与 2 时(2-117)积分值并不改变,即

$$〔\mu\nu|\lambda\sigma〕=〔\nu\mu|\sigma\lambda〕 \tag{2-130}$$

另一方面,根据双电子算符 $1/r_{ij}$ 的 Hermite 性(此时算符是实的),结果 Hermite 对称性为

$$〔\mu\nu|\lambda\sigma〕=〔\lambda\nu|\mu\sigma〕 \tag{2-131a}$$

和 $〔\mu\nu|\lambda\sigma〕=〔\mu\sigma|\lambda\nu〕$ \tag{2-131b}

所以,上列对称性任何一种组合都是可能的。注意,上列(2-129)与(2-131)仅对算符为实的情形才成立,此外须取复共轭。对于复轨道,应由(2-128)式代替(2-129)式,同时(2-131)式要换成:

$$[\mu\nu|\lambda\sigma] = [\lambda\sigma|\mu\nu]^* \qquad (2-132)$$

量子力学算符的二次量子化形式仍然是 Hermite 的,这点是能严格证明的。

先看单电子算符。例如 Hamilton 算符中单电子部分:

$$\hat{h}^+ = \Big[\sum_{\mu\nu} h_{\mu\nu}\hat{a}_\mu^+ \hat{a}_\nu\Big]^+ = \sum_{\mu\nu} h_{\mu\nu}^* \hat{a}_\nu^+ \hat{a}_\mu \qquad (2-133)$$

这里用了 $(\hat{A}\hat{B})^+ = \hat{B}^+\hat{A}^+$ 关系。使用(2-128)式关系,得出

$$\hat{h}^+ = \sum_{\mu\nu} h_{\nu\mu} \hat{a}_\nu^+ \hat{a}_\mu = \sum_{\mu\nu} h_{\mu\nu}^* \hat{a}_\mu^+ \hat{a}_\nu = \hat{h}$$

证毕。

关于 Hamilton 算符中的双电子部分(或任何其他的双粒子算符),均可同法证明之。例如:

$$\hat{V}^+ = \frac{1}{2}\sum_{\mu\nu\lambda\sigma}[\mu\nu|\lambda\sigma]^* \hat{a}_\lambda^+ \hat{a}_\sigma^+ \hat{a}_\nu \hat{a}_\mu$$

$$= \frac{1}{2}\sum_{\mu\nu\lambda\sigma}[\lambda\sigma|\mu\nu]\hat{a}_\lambda^+ \hat{a}_\sigma^+ \hat{a}_\nu \hat{a}_\mu$$

$$= \frac{1}{2}\sum_{\mu\nu\lambda\sigma}[\mu\nu|\lambda\sigma]\hat{a}_\mu^+ \hat{a}_\nu^+ \hat{a}_\sigma \hat{a}_\lambda$$

$$= \hat{V}$$

表明 Hamilton 算符中的双电子部分的二次量子化形式仍然是 Hermite 的。

由上合起来可知,总的 Bom-Oppenheimer Hamilton 算符是 Hermite 的。

第三章 二次量子化方法的应用(Ⅰ)

§3-1 矩阵元的求值

在量子力学中可观测的物理量总是与相应算符的期待值或者矩阵元相联系着。所以,找出这类矩阵元值的有效计算方法是很重要的。二次量子化方法最引人注意(有吸引力)的方面就是在求算矩阵元时的简单性。为了解此法,必须给出一些实用的公式。

1. 基本矩阵元

首先考虑在轨道 $\langle\mu|$ 与 $|\sigma\rangle$ 之间算符串 $\hat{a}_\nu^+ \hat{a}_\lambda$ 的矩阵元:

$$\langle\mu|\hat{a}_\nu^+ \hat{a}_\lambda|\sigma\rangle = \langle 0|\hat{a}_\mu \hat{a}_\nu^+ \hat{a}_\lambda \hat{a}_\sigma^+|0\rangle \tag{3-1}$$

这里使用了左矢与右矢的二次量子化表示。为了求出右边矩阵元的值,最直接的方法是利用反交换规则连续使用换位。目的是把湮灭算符移到右矢空态,或将产生算符移到左矢空态,因为对应的项变为零。对于(3-1)式,得到

$$\langle 0|\hat{a}_\mu \hat{a}_\nu^+ \hat{a}_\lambda \hat{a}_\sigma^+|0\rangle = \langle 0|(\delta_{\mu\nu} - \hat{a}_\nu^+ \hat{a}_\mu)(\delta_{\lambda\sigma} - \hat{a}_\sigma^+ \hat{a}_\lambda)|0\rangle$$
$$= \delta_{\mu\nu}\delta_{\lambda\sigma}\langle 0|0\rangle = \delta_{\mu\nu}\delta_{\lambda\sigma} \tag{3-2}$$

因为所有的其他项均为零。

对此可能用以下较简单的考虑得出相同的结果：

$$\langle 0|\hat{a}_\mu \hat{a}_\nu^+ \hat{a}_\lambda \hat{a}_\sigma^+|0\rangle = \delta_{\mu\nu}\delta_{\lambda\sigma} \tag{3-3}$$

式中"⎵"表示 μ 必需与 ν 一致，否则对其他的 $\hat{a}_\nu$ 不能是湮灭算符，类似地 λ 要与 σ 一致。

下一个例子，考虑：

$$\langle 0|\hat{a}_\mu \hat{a}_\nu \hat{a}_\lambda^+ \hat{a}_\sigma^+|0\rangle \tag{3-4}$$

它的求值是简单的，作换位 $\nu \longleftrightarrow \lambda$，将得出与以上类似的结果：

$$\langle 0|\hat{a}_\mu \hat{a}_\nu \hat{a}_\lambda^+ \hat{a}_\sigma^+|0\rangle = \langle 0|\hat{a}_\mu(\delta_{\nu\lambda} - \hat{a}_\lambda^+ \hat{a}_\nu)\hat{a}_\sigma^+|0\rangle$$

$$= \langle 0|\hat{a}_\mu \hat{a}_\sigma^+|0\rangle \delta_{\nu\lambda} - \langle 0|\hat{a}_\mu \hat{a}_\lambda^+ \hat{a}_\nu \hat{a}_\sigma^+|0\rangle$$

$$= \delta_{\mu\sigma}\delta_{\nu\lambda} - \delta_{\mu\lambda}\delta_{\nu\sigma} \tag{3-5}$$

这里应用了(3-3)式关系。

这种推导还可以更自动得出来。因为(3-4)式中的湮灭算符对将与产生算符对一致，这只有两种可能：

$$\langle 0|\hat{a}_\mu \hat{a}_\nu \hat{a}_\lambda^+ \hat{a}_\sigma^+|0\rangle = \delta_{\mu\lambda}\delta_{\mu\sigma} \tag{3-6a}$$

抑或
$$\langle 0|\hat{a}_\mu \hat{a}_\nu \hat{a}_\lambda^+ \hat{a}_\sigma^+|0\rangle = -\delta_{\mu\lambda}\delta_{\nu\sigma} \tag{3-6b}$$

(3-6b)式中的负号来自变位为

$$\hat{a}_\mu \hat{a}_\lambda^+ \hat{a}_\nu \hat{a}_\sigma^+$$

是经过奇次置换。由于(3-6a)与(3-6b)都是可能的，所以采用它们之和，便得出(3-5)式同样的结果。

一般情况，求算产生算符与湮灭算符的任意串的矩阵元时须要考虑所有可能的产生与湮灭算符配对时，和要连续运用置换，使其变换成如下形式：

$$\langle 0|\hat{a}_\mu \hat{a}_\nu^+ \cdots \hat{a}_\lambda^+ \hat{a}_\sigma \hat{a}_\varepsilon \hat{a}_\eta^+|0\rangle = \delta_{\mu\nu}\cdots\delta_{\lambda\sigma}\delta_{\varepsilon\eta} \tag{3-7}$$

每一项的符号是由所需置换对确定。

在考虑所有可能的配对时，要注意到 $\hat{a}_\lambda|0\rangle = 0$ 和类似的 $\langle 0|\hat{a}_\lambda^+$，于是，有

$$\cdots \hat{a}_\lambda \hat{a}_\sigma^+ |0\rangle = \cdots |0\rangle \delta_{\lambda\sigma}$$

式中"$\cdots$"代表一个任意的产生/湮灭算符串。因此，可知为什么下面的配对：

$$\langle 0|\overbrace{\hat{a}_\mu \hat{a}_\nu^+ \hat{a}_\lambda \hat{a}_\sigma}|0\rangle$$

在(3-3)式中是不可能的，因为 λ 要与 σ 一致。同样理由(3-7)式中的配对方式只有一种。因此，如果不能置换成如(3-7)式的配对方式，则矩阵元的值为零。显然，例如其中的产生算符与湮灭算符数不相同时，结果也为零。

求算矩阵元值的一般规则还可以表作更严格一些。它包含在所谓的 Wick 定理(1950) 之中 (详见 Paul 的书，1982年，第 126 页)

【例1】试确定下列矩阵元的符号：

(i) $\langle 0|\hat{a}_1 \hat{a}_2 \hat{a}_3 \hat{a}_3^+ \hat{a}_2^+ \hat{a}_1^+|0\rangle$；

(ii) $\langle 0|\hat{a}_3 \hat{a}_2 \hat{a}_1 \hat{a}_3^+ \hat{a}_2^+ \hat{a}_1^+|0\rangle$；

(iii) $\langle 0|\hat{a}_3 \hat{a}_4 \hat{a}_3^+ \hat{a}_4^+ \hat{a}_1 \hat{a}_2 \hat{a}_2^+ \hat{a}_1^+|0\rangle$

〔解〕(i) $\hat{a}_1 \hat{a}_2 \hat{a}_3 \hat{a}_3^+ \hat{a}_2^+ \hat{a}_1^+ = \hat{a}_1 \hat{a}_3^+ \hat{a}_3 \hat{a}_2 \hat{a}_2^+ \hat{a}_1^+$
$\qquad = \hat{a}_3 \hat{a}_3^+ \hat{a}_2 \hat{a}_2^+ \hat{a}_1 \hat{a}_1^+$

因为偶数换位结果为"+"号，矩阵元值为 1。

(ii) 经 2 次变位，$\hat{a}_1$ 移到第一位，变换与(i)相同，结果为"+"号。

(iii) $\hat{a}_3 \hat{a}_4 \hat{a}_3^+ \hat{a}_4^+ \hat{a}_1 \hat{a}_2 \hat{a}_2^+ \hat{a}_1^+ = -\hat{a}_3 \hat{a}_3^+ \hat{a}_4 \hat{a}_4^+ \hat{a}_2 \hat{a}_2^+ \hat{a}_1 \hat{a}_1^+$

奇次换位，故符号为"−"，矩阵元值为 −1。

【例2】 $\langle 0 | \mu^- \nu^- \rho^- \lambda^- \sigma^+ \tau^+ | 0 \rangle$ 的符号与矩阵元值。

〔解〕(i) 如果产生算符 $\lambda^+, \sigma^+, \tau^+$ 中任两个相同时，矩阵元值为零，湮灭算符有同样的结果。

(ii) 如果它们全不相同时，则产生算符与湮灭算符的可能的配对有如下几种可能：

$\langle 0 | \mu^- \nu^- \rho^- \lambda^+ \sigma^+ \tau^+ | 0 \rangle$ （+号）

$\langle 0 | \mu^- \nu^- \rho^- \lambda^+ \sigma^+ \tau^+ | 0 \rangle$ （−号）

$\langle 0 | \mu^- \nu^- \rho^- \lambda^+ \sigma^+ \tau^+ | 0 \rangle$ （−号）

$\langle 0 | \mu^- \nu^- \rho^- \lambda^+ \sigma^+ \tau^+ | 0 \rangle$ （+号）

$\langle 0 | \mu^- \nu^- \rho^- \lambda^+ \sigma^+ \tau^+ | 0 \rangle$ （+号）

$\langle 0 | \mu^- \nu^- \rho^- \lambda^+ \sigma^+ \tau^+ | 0 \rangle$ （−号）

矩阵元的值：
$$\langle 0 | \mu^- \nu^- \rho^- \lambda^- \sigma^+ \tau^+ | 0 \rangle = \delta_{\mu\tau}\delta_{\nu\sigma}\delta_{\rho\lambda} - \delta_{\mu\sigma}\delta_{\nu\tau}\delta_{\rho\lambda} - \delta_{\mu\tau}\delta_{\nu\lambda}\delta_{\rho\sigma} + \delta_{\mu\lambda}\delta_{\nu\tau}\delta_{\rho\sigma} + \delta_{\mu\sigma}\delta_{\nu\lambda}\delta_{\rho\tau} - \delta_{\mu\lambda}\delta_{\nu\sigma}\delta_{\rho\tau}$$

作为一种拇指规则（rule of thumb），每种置换的"+"、"−"号可由连结产生算符与湮灭算符的线间的交叉的个数的奇偶次来定出。

【例3】 试证，上题中在 $\mu\nu\rho$ 或 $\lambda\sigma\tau$ 间的循环置换，并不影响矩阵的值。

〔解〕考虑湮灭算符间的循环置换。

例如：

$(\mu^- \nu^- \rho^-) \to (\nu^- \rho^- \mu^-) \equiv -(\nu^- \mu^- \rho^-) \equiv +(\mu^- \nu^- \rho^-)$

对于产生算符 $(\lambda^+ \sigma^+ \tau^+)$ 也有类似结果。

一般地，对于含有奇数个反交换算符的情形如此。如果含有偶数个反交换算符时,循环置换将使符号改变。

2. Fermi 真空概念

本节介绍一个有用的概念——Fermi 真空(Fermi Vacum),它可以使得一些类型的矩阵元的计算更加容易。当然,许多量子化学的参考量和方法是基于 Hartree-Fock 单行列式波函数,它作为零级波函数("参考态"),也是被猜想的更精确的波函数。因此,求算 Hartree-Fock 型波函数的期待值时它常常是令人感兴趣的,对此下边作此分析。

考虑在 Hartree-Fock 即行列式波函数之间算符串 $\hat{a}_i^+\hat{a}_k$ 所成矩阵元(由轨道 $\phi_1\phi_2\cdots\phi_N$ 张成的行列式),假定 $i,k \in \{1,2,\cdots,N\}$,则有:

$$\langle \hat{a}_i^+\hat{a}_k \rangle = \langle 0|\hat{a}_1\hat{a}_2\cdots\hat{a}_N\hat{a}_i^+\hat{a}_k\hat{a}_N^+\cdots\hat{a}_2^+\hat{a}_1^+|0\rangle \tag{3-8}$$

为了求出所有可能的配对,或将串移向左边勿宁是复杂些。然而,湮灭算符 $\hat{a}_l, l \in \{1,2,\cdots,N\}$,常可在 $\hat{a}_l^+$ 之前移动。如果 $l \neq i$ 和 $l \neq k$,经过偶数次连续置换而不改变符号。这样,如果 $i \neq k$ 时,给出

$$\langle \hat{a}_i^+\hat{a}_k \rangle = \langle 0|\underbrace{\hat{a}_i\hat{a}_k}\hat{a}_i^+\hat{a}_k\hat{a}_i^+\underbrace{\hat{a}_N\hat{a}_N}\cdots\hat{a}_1\hat{a}_1^+|0\rangle$$

$$= \langle 0|\hat{a}_i\hat{a}_k\hat{a}_i^+\hat{a}_k\hat{a}_i^+\hat{a}_k^+|0\rangle (i \neq k) \tag{3-9}$$

后者易于计算:结果是零(例如两个电子产生在轨道 i,这是不可能的)。于是得知:

$$\langle \hat{a}_i^+\hat{a}_k \rangle = 0 (若 i \neq k) \tag{3-10}$$

然而,若 $i = k$,则有

$$\langle \hat{a}_i^+\hat{a}_i \rangle = \langle 0|\hat{a}_1\cdots\hat{a}_l\cdots\hat{a}_N\hat{a}_i^+\hat{a}_N^+\cdots\hat{a}_l^+\cdots\hat{a}_1^+|0\rangle \tag{3-11}$$

对于 $l \neq i$,可将 $\hat{a}_l$ 与 $\hat{a}_l^+$ 之后移动偶次,并且由于 $i \in \{1,2,\cdots,N\}$ 其余被除去,所以得出

$$\langle \hat{a}_i^+\hat{a}_i \rangle = \langle 0|\hat{a}_i\hat{a}_i^+\hat{a}_i\hat{a}_i^+|0\rangle = \langle 0|0\rangle = 1 \tag{3-12}$$

结合(3-10)与(3-12)二式,得出

$$\langle \hat{a}_i^+\hat{a}_k \rangle = \delta_{ik} (若 k \in \{1,2,\cdots,N\}) \tag{3-13}$$

如果 $k \in \{1,2,\cdots,N\}$,上矩阵元为零,因为 $\hat{a}_k$ 不能是湮灭的。

对上述推导当引入 Fermi 真空时,将变得更为简单。考虑某算符 $\hat{A}$ 由 Hartree - Fock 型波函数所成的矩阵元(期待值):

$$\langle \hat{A} \rangle = \sum_{\mu\nu\cdots} A_{\mu\nu\cdots} \langle 0 | \hat{a}_1 \hat{a}_2 \cdots \hat{a}_N [\hat{a}_\mu^+ \cdots] \hat{a}_N^+ \cdots \hat{a}_2^+ \hat{a}_1^+ | 0 \rangle \quad (3-14)$$

式中"〔 〕"内的是产生/湮灭算符串,对应于算符 $\hat{A}$ 的,这个算符串完全不能湮灭算符 $\hat{a}_N^+ \cdots \hat{a}_2^+ \hat{a}_1^+$ 中的任何一个,另外当与 $\hat{a}_1 \hat{a}_2 \cdots \hat{a}_N$ 作用时尝试再湮灭一次结果将为零。类似地,算符 $\hat{A}$ 的串在 $\Psi_N \cdots \Psi_2 \Psi_1$ 以外轨道上不能产生电子,因为并未被串 $\hat{a}_1 \hat{a}_2 \cdots \hat{a}_N$ 湮灭,所以在 "〔 〕"内算符串必定不能修改由算符 $\hat{a}_N^+ \cdots \hat{a}_2^+ \hat{a}_1^+$ 表示的类 Hartree - Fock 函数。

换言之,产生与湮灭算符串必须是"自-湮灭"(self - annihilating),在它作用之后为了重新得到同一类 Hartree - Fock 态任何一个由此串产生的电子必将被湮灭,和任何一个由此湮灭的电子又必将再产生。所以,引入如下记号:

$$| HF \rangle = \hat{a}_N^+ \cdots \hat{a}_2^+ \hat{a}_1^+ | 0 \rangle \quad (3-15a)$$

及其伴 $\langle HF |= \langle 0 | \hat{a}_1 \hat{a}_2 \cdots \hat{a}_N \quad (3-15b)$

可作为新的真空态,于是期待值(3-14)式,可表作:

$$\langle \hat{A} \rangle = \sum_{\mu\nu\cdots} A_{\mu\nu\cdots} \langle HF | \underbrace{[\text{算符串}]}_{\text{自湮灭}} | HF \rangle \quad (3-16)$$

此是新的真空态间的矩阵元,它可以类似真的空态时同样计算之,前节讲过的许多规则均可应用。然而,主要的不同处在于湮灭从 $| HF \rangle$ 是不被禁阻的,反之对真的空态则不可。即在 $| HF \rangle$ 中是可能产生一个空穴的。例如:

$$\hat{a}_i^+ \hat{a}_i | 0 \rangle = 0$$

而 $\hat{a}_i^+ \hat{a}_i | HF \rangle = n_i | HF \rangle \quad (3-17)$

n_i 是 $| HF \rangle$ 中轨道 Ψ_i 的占据数。如果算符串试图湮灭一个电子而在 $| HF \rangle$ 中又是当未产生的时,结果是零。引进新的真空态仅仅是为了有助于对行列式波函数的矩阵元的计算和要将它与真的空态 $| 0 \rangle$ 区别开,常常称 $| HF \rangle$ 为"Fermi 真空"。注意,"Fermi 能级"是物理学家常用的词,

它相当于化学家说的"HOMO"(最高占据分子轨道)。占据轨道的系综(集合:ensemble)实质上是Fermi海(Fermi Sea)。"Fermi 真空"一词对应于这个哲理:右矢 $|HF\rangle$ 包含占据轨道的产生算符的集合,同时左矢 $\langle HF|$ 是由与占据轨道相关的湮灭算符的集构成。有一些作者对于真的空态也使用类似的表示,如"Fermi 子真空"(Fermion Vacum)。它是与 $|HF\rangle$ 完全不同的,因为前者简单表示这样一个事实,即电子在已被分配和在占据能级的 Fermi 海中没做任何事。

下面例子将帮助读者熟悉 Fermi 真空的使用,易知 $|HF\rangle$ 是归一化的:

$$\langle HF|HF\rangle = \langle a_1 a_2 \cdots \hat{a}_N \hat{a}_N^\dagger \cdots \hat{a}_2^\dagger \hat{a}_1^\dagger |0\rangle = \langle 0|0\rangle = 1 \tag{3-18}$$

由以上考虑,可将 $\hat{a}_i^+ \hat{a}_k$ 的矩阵元简化为

$$\langle \hat{a}_i^+ | \hat{a}_k \rangle_{HF} = \langle HF | \hat{a}_i^+ \hat{a}_k | HF \rangle = n_k \delta_{ik} \tag{3-19}$$

占据数的出现只有一点不同,须注意:当求一算符串关于 Fermi 真空的期待值时,要验证占据数需要很长时间,然而,若引进一简单的技巧,将使整个过程自动进行。此技巧(骗局)是由引入空穴算符 $\hat{b}_i^+, \hat{b}_k$(如下定义的)构成(C_{ijek},1966,1969):

$$\hat{b}_i^+ = \begin{cases} \hat{a}_i^+ & \text{若 } n_i = 0 \\ \hat{a}_i & \text{若 } n_i = 1 \end{cases} \tag{3-20}$$

和 $\hat{b}_i = \begin{cases} \hat{a}_i & \text{若 } n_i = 0 \\ \hat{a}_i^+ & \text{若 } n_i = 1 \end{cases} \tag{3-21}$

即对于虚的轨道,空穴算符 $\hat{b}_i^+, \hat{b}_i$ 的作用严格地与粒子算符 $\hat{a}_i^+, \hat{a}_i$ 是相同的,同时它的角色(作用)对于占据轨道是相反的(倒过来的)。算符 $\hat{b}_i^+$ 在虚空间产生一个电子,同时在 Femi 海湮灭一个电子。这等价于去说:在 $|HF\rangle$ 产生一个空穴。类似地,算符 $\hat{b}_i^+$ 在 $|HF\rangle$ 中产生一个电子,同时在虚子空间湮灭一个。这种"粒子 — 空穴公式化"是类似在量子均场论中的。例如,在那里,空穴对应于"正子"(positrons),同时粒子是电子。

【例】 试证算符 $\hat{b}_i^+ \hat{b}_i$ 服从与算符 $\hat{a}_a^+ \hat{b}_i$ 同样的反交换规则。

〔解〕$[\hat{b}_i^+, \hat{b}_k] = 0$, 若 $i \neq k$。

若 $i = k$, 有

$$[\hat{b}_i^+, \hat{b}_k] = \begin{cases} [\hat{a}_i^+, \hat{a}_i] = 0 & \text{若 } i \text{ 是虚（空）的} \\ [\hat{a}_i, \hat{a}_i^+] = 0 & \text{若 } i \text{ 是占据的} \end{cases}$$

与 $[\hat{b}_i^+, \hat{b}_k^+] = 0$ 同样, 有

$$[\hat{b}_i, \hat{b}_k] = 0$$

核对 $[\hat{b}_i^+, \hat{b}_k] = 0$, 又若 $i \neq k$, 它显然为零。

对角情形, 有

$$[\hat{b}_i^+, \hat{b}_i] = \begin{cases} [\hat{a}_i^+, \hat{a}_i] = 1 & \text{若 } i \text{ 是空的} \\ [\hat{a}_i, \hat{a}_i^+] = 1 & \text{若 } i \text{ 是占据的} \end{cases}$$

综合以上:

$$[\hat{b}_i^+, \hat{b}_k] = \delta_{ik}$$

易知, 对空穴算符有下式成立:

$$\langle HF | \hat{b}_i^+ \hat{b}_k | HF \rangle = 0 \qquad (3-22)$$

对任意的 i 与 k, 同时有

$$\langle HF | \hat{b}_i \hat{b}_k^+ | HF \rangle = \delta_{ik} \qquad (3-23)$$

与轨道 i 的占据与否无关。关于相应的轨道占据的信息已在算符 $\hat{b}_i^+ \hat{b}_k$ 的定义中被隐藏起来。

(3-22) 与 (3-23) 式的证明是简单的, 将 (3-20) 与 (3-21) 式代入, 并分别核对占据与空虚的情形, 下面的信号中不使用粒子—空穴公式, 但是使用原来的粒子算符去做。

只是对于产生和湮灭算符串都是属于与组成行列式 $| HF \rangle$ 同一轨道的情形 $| HF \rangle$ 才具有 Fermi 真空的行为。更为恰当的是对应于算符串的轨道与在 $| HF \rangle$ 中出现的需要形成相互正交归一化集合。例如, 特殊指定分量 $\hat{a}_i^+ (\hat{a}_i)$〔(3-19) 式中〕是产生（或湮灭）一个电子在一分子轨道上, 而不是在原子轨道上。除此要求之外将是违背反交换规则的。混合的

反交换子，如 $\{\varphi_i^+, \chi_\mu^-\}$，它包含的 Fermi 子算符对应于两个不同的轨道集，对此情形以后讨论。

【例】求算 $\langle 0 | \Psi_3^- \Psi_2^- \Psi_1^- \Psi_\mu^+ \Psi_\nu^+ \Psi_\sigma^- \Psi_\lambda^- \Psi_1^+ \Psi_2^+ \Psi_3^+ | 0 \rangle$ 的值。

〔解〕引入 Fermi 真空：

$\langle HF | = \langle 0 | \Psi_3^- \Psi_2^- \Psi_1^-$ 与

$| HF \rangle = \Psi_1^+ \Psi_2^+ \Psi_3^+ | 0 \rangle$

由此则有

$\langle HF | \Psi_\mu^+ \Psi_\nu^+ \Psi_\sigma^- \Psi_\lambda^- | HF \rangle = n_\sigma n_\lambda (\delta_{\mu\lambda}\delta_{\nu\sigma} - \delta_{\mu\sigma}\delta_{\nu\lambda})$

若 $\sigma \in \{1,2,3\}, n_\sigma = 1$

其他 $n_\sigma = 0$。

【例2】试证 Fermi 真空态与一单激发态 Ψ_l 正交，即 $\langle HF | \Psi_l \rangle = 0$。

〔解〕单激发态 $|\Psi_l\rangle$ 可得自 $|HF\rangle$ 中湮灭一个电子在一占据轨道同时在一空能级产生一个电子，即：

$|\Psi_l\rangle = \hat{a}_{k^*}^+ \hat{a}_i | HF \rangle$

$i \to k^*$ 的激发（它不是一个纯自旋态），由正交性条件：

$\langle HF | \Psi_l \rangle = \langle HF | \hat{a}_{k^*}^+ \hat{a}_i | HF \rangle = 0$

当 $k^* \neq i$ 时上式确实成立。

§3-2 若干二次量子化例子

1. 概　述

通过前述已对二次量子化的基本概念与规则有所了解，现在是应利用这些会带来益处的公式的时候了。下面先通过一些简单例子说明之。举例之前注意如下几点是必要的，这些都与二次量子化在概念上的优点有关。

(i) Hamilton 算符的二次量子化形式不明显地与体系的电子数 N 有关。这在可变粒子数的量子场论中或在固体物理中是有优点的，因为后者含有无限多个电子。在量子化学中这种情形也很重要，如在研究离子化过程时:离子与中性分子(或原子)可以被描写为同样的 Hamilton 算符。离子和电中性体系可以被看作同样的 Hamilton 算符的不同的态,假如使用相同的单电子基函数集的话。这种情形还将在讨论粒子—空穴对称性时使用之,还可由此推导出电离势的适当的表达式(Paul,1982;Öhrn & Born,1981)

(ii) 在二次量子化中多电子波函数的反对称性是自动地得到保证的,由于产生/湮灭算符的反交换关系。

(iii) 由于单电子基轨道分类,可能使得总的 Hamilton 算符分割,即在给定基集按单电子积分与双电子积分列出。这样的二次量子化的 Hamilton 算符特别适合研究相互作用的子系统。后面将有这种应用。

(iv) 在多电子问题中还有一些不用二次量子化就很难理解的问题,如 N - 电子问题与酉群间的固有(内在)的联系等。

二次量子化在实用上的优点乃是上述概念上优点的结果。在即将应用中上列(ii)是最为重要的,它可使我们按极简略的方式去理解与推导量子化学的公式与定理。

2. 二行列式的重迭

在计算行列式波函数间的矩阵元时,通常使用 Slater(或 Slater - Conton) 规则(见第一章)。下面再作一次简捷推导与二次量子化基的对比之。

考虑如下重迭积分:
$$S_{KL} = \langle \Phi_k | \Phi_L \rangle \tag{3-24}$$

式中 Φ_k, Φ_L 是由正交归一化单电子函数构成的行列式:
$$\Phi_K = |\varphi_{k_1}, \varphi_{k_2}, \cdots, \varphi_{k_N}| \tag{3-25a}$$
$$\Phi_L = |\varphi_{L_1}, \varphi_{L_2}, \cdots, \varphi_{L_N}| \tag{3-25b}$$

按第一量子化办法求之,先将以上二式代入(3-24)式中:
$$S_{KL} = \langle \frac{1}{\sqrt{N!}} \sum_p (-1)^p \varphi_{k_1}(p_1) \cdots \varphi_{k_N}(p_N) |$$
$$\frac{1}{\sqrt{N!}} \sum_Q (-1)^Q \varphi_{L_1}(Q_1) \cdots \varphi_{L_N}(Q_N) \rangle \tag{3-26}$$

第三章 二次量子化方法的应用（Ⅰ）

如上左矢和右矢函数中没有完全的 MO 一致，则结果为零。故上二行列式必定是相同的，即

$$S_{KL} = S_{KK}\delta_{KL} \tag{3-27}$$

式中 S_{KK} 为

$$S_{KK} = \frac{1}{N!} \sum_{pQ} (-1)^{p+Q}$$
$$\langle \hat{P} \varphi_1(1) \cdots \varphi_N(N) | \hat{Q} \varphi_1(1) \cdots \varphi_N(N) \rangle \tag{3-28}$$

式中 $\hat{P}$ 与 $\hat{Q}$ 代表相应置换算符。我们注意到如果两置换 $\hat{P}$ 与 $\hat{Q}$ 不严格相同时，由于 $\{\phi_i\}$ 集的正交性式中相应的项将为零。所以有

$$S_{KK} = \frac{1}{N!} \sum_{p} \langle \hat{P} \varphi_1(1) \cdots \varphi_N(N) | \hat{P} \varphi_1(1) \cdots \varphi_N(N) \rangle \tag{3-29}$$

由于 φ_i 是归一化的，上式中每一项均为1，又因项的总数等于 $N!$，所以有

$$S_{KK} = \frac{1}{N!} \sum_{p} 1 = \frac{N!}{N!} = 1 \tag{3-30}$$

故得知

$$S_{KL} = \delta_{KL} \tag{3-31}$$

下面讨论它的二次量子化形式。

$$S_{KK} = \langle 0 | \hat{a}_{k_1}, \hat{a}_{k_2} \cdots \hat{a}_{k_N}, \hat{a}^+_{L_N} \cdots \hat{a}^+_{L_2}, \hat{a}^+_{L_1} | 0 \rangle \tag{3-32}$$

如果 $\{K_1, K_2, \cdots, K_N\}$ 集中与集 $\{L_1, L_2, \cdots, L_N\}$ 没有相同时，则结果为零，因为任何一个 $\hat{a}_{K_i}$ 没有它的配对 $\hat{a}^+_{K_i}$ 是不能湮灭的。如果两个集是相同的，则有：

$$S_{KK} = \langle 0 | \hat{a}_{k_1}, \hat{a}_{k_2} \cdots \hat{a}_{k_N} \hat{a}^+_{k_N} \cdots \hat{a}^+_{k_2}, \hat{a}^+_{k_1} | 0 \rangle$$
$$= \langle HF | HF \rangle \tag{3-33}$$

然而，后一做法是简单的和更清楚的。

3. Hückel 能量公式

单电子 Hamilton 算符 $\hat{H}$ 的期待值的计算：

$$\hat{H} = \sum_n \hat{h}_n \longleftrightarrow \sum_{\mu\nu} h_{\mu\nu} \hat{a}_\mu^+ \hat{a}_\nu = \sum_i \varepsilon_i \hat{a}_i^+ \hat{a}_i \qquad (3-34)$$

式中 $h_{\mu\nu}$ 是原子轨道基的 Hamilton 算符的矩阵元，ε_i 是矩阵 h 的本征值，亦即轨道能。而我们感兴趣的是如下期待值的能量 E：

$$E = \langle \Psi | \hat{H} | \Psi \rangle \qquad (3-35)$$

式中 Ψ 是由轨道 ψ_i 构成的 N-电子行列式。先看第一章中的做法（Slater-Condon 规则），展开行列式：

$$E = \frac{1}{N!} \sum_{pQ} (-1)^{p+Q} \langle \hat{p}\,\Psi_1(1)\cdots\Psi_N(N) | \sum_n^N \hat{h}_n | \hat{Q}\,\Psi_1(1)\cdots\Psi_N(N) \rangle \qquad (3-36)$$

显然，求和号可以移到 bracket 外边，并且每一个 n 都有同一结果，共有 N 个，故上式化为

$$E = \frac{1}{N!} \sum_{pQ} (-1)^{p+Q} N \langle \hat{p}\,\Psi_1(1)\cdots\Psi_N(N) | \hat{h}_1 | \hat{Q}\,\Psi_1(1)\cdots\Psi_N(N) \rangle \qquad (3-37)$$

由于对置换 $\hat{p}$ 与 $\hat{Q}$ 不同时均为零，所以二置换 $\hat{p}$ 与 $\hat{Q}$ 必相同，于是：

$$E = \frac{N}{N!} \sum_p \langle \hat{p}\,\Psi_1(1)\cdots\Psi_N(N) | \hat{h}_1 | \hat{p}\,\Psi_1(1)\cdots\Psi_N(N) \rangle \qquad (3-38)$$

由于如果指定电子 1 处在 $\Psi_i(1)$，则余下的 $(N-1)$ 个电子可以有 $(N-1)!$ 种方式分在 $(N-1)$ 个轨道上，所以上式化为

$$E = \frac{1}{(N-1)!} \sum_i (N-1)! \langle \Psi_i(1) | \hat{h}_1 | \Psi_i(1) \rangle$$

$$= \sum_i \langle \Psi_i(1) | \hat{h}_1 | \Psi_i(1) \rangle = \sum_i \varepsilon_i \qquad (3-39)$$

如此简单的结果却用了并不简单的方法求出。下面看看按二次量子化语言的求法：

$$E = \langle 0 | \hat{a}_1 \hat{a}_2 \cdots \hat{a}_N \sum_i \varepsilon_i \hat{a}_i^+ \hat{a}_i \hat{a}_N^+ \cdots \hat{a}_2^+ \hat{a}_1^+ | 0 \rangle$$

$$= \sum_i \varepsilon_i \langle 0 | \hat{a}_1 \hat{a}_2 \cdots \hat{a}_N \hat{a}_i^+ \hat{a}_i \hat{a}_N^+ \cdots \hat{a}_2^+ \hat{a}_1^+ | 0 \rangle$$

第三章 二次量子化方法的应用（Ⅰ）

$$= \sum_i \varepsilon_i \langle HF | \hat{a}_i^+ \hat{a}_i | HF \rangle = \sum_i \varepsilon_i n_i$$

$$= \sum_i^{占} \varepsilon_i \qquad (3-40)$$

这里引入 Fermi 真空，求和 i 对于所有占据轨道。可见后者较前法优越。

4. 两个电子的相互作用

设有两个电子，一个处在 Ψ_1，另一个处在 Ψ_2，它们之间排斥能 ΔE：

$$\Delta E = \langle \Psi | \frac{1}{r_{12}} | \Psi \rangle \qquad (3-41)$$

式中 Ψ 为 2×2 行列式波函数。

$$\Psi = \frac{1}{\sqrt{2}} \begin{vmatrix} \Psi_1(1)\Psi_1(2) \\ \Psi_2(1)\Psi_2(2) \end{vmatrix}$$

$$= \frac{1}{\sqrt{2}} [\Psi_1(1)\Psi_2(2) - \Psi_2(1)\Psi_1(2)] \qquad (3-42)$$

按第一章办法求 ΔE 时，要将其代入（3-41）式：

$$\Delta E = \frac{1}{2} [\langle \Psi_1(1)\Psi_2(2) | \frac{1}{r_{12}} | \Psi_1(1)\Psi_2(2) \rangle -$$

$$\langle \Psi_1(1)\Psi_2(2) | \frac{1}{r_{12}} | \Psi_2(1)\Psi_1(2) \rangle -$$

$$\langle \Psi_2(1)\Psi_1(2) | \frac{1}{r_{12}} | \Psi_1(1)\Psi_2(2) \rangle +$$

$$\langle \Psi_2(1)\Psi_1(2) | \frac{1}{r_{12}} | \Psi_2(1)\Psi_1(2) \rangle] \qquad (3-43)$$

重新标号后，可知"〔 〕"内第 1 与第 4 项，第 2 与第 3 项相同，所以上式化为

$$\Delta E = [\langle \Psi_1(1)\Psi_2(2) | \frac{1}{r_{12}} | \Psi_1(1)\Psi_2(2) \rangle -$$

$$\langle \Psi_1(1)\Psi_2(2) | \frac{1}{r_{12}} | \Psi_2(1)\Psi_1(2) \rangle]$$

$$= [12|12] - [12|21] \qquad (3-44)$$

式中第一项为 Coulomb 积分，第二项为交换积分。

再看二次量子化方法,由于算符($\frac{1}{r_{12}}$)是二电子算符应取如下形式:

$$\frac{1}{r_{12}} = \sum_{i<j} \frac{1}{r_{ij}} = \frac{1}{2} \sum_{ijkl} [ij|kl] \hat{a}_i^+ \hat{a}_j^+ \hat{a}_l \hat{a}_k \quad (3-45)$$

它的期待值为

$$\Delta E = \frac{1}{2} \sum_{ijkl} [ij|kl] \langle HF | \underbrace{\hat{a}_i^+ \hat{a}_j^+ \hat{a}_l \hat{a}_k}_{} | \begin{matrix}(+ \text{号}) \\ (- \text{号})\end{matrix} HF \rangle$$

$$= \frac{1}{2} \sum_{ijkl} [ij|kl] (\delta_{ik}\delta_{jl} - \delta_{il}\delta_{jk})$$

$$= \frac{1}{2} \sum_{ij}^{\text{占}} ([ij|ij] - [ij|ji]) \quad (3-46)$$

此乃普遍的结果,当取 $i=1, j=2$ 时,化为前式(3-44):

$$\Delta E = [12|12] - [12|21]$$

【例】试比较第一与二次量子化方法求算如下矩阵元 $\langle \Phi_k | \sum_{i<j} \hat{g}_{ij} | \Phi_L \rangle$,$\Phi_k$ 与 Φ_L 为二行列式波函数。

〔解〕第一量化方法,即使用 Slater - Condon 规则求算过程是已知的,故略去,下面说明二次量子化方法。

(i) $\Phi_k = \Phi_L$ 时:

$$\langle \Phi_k | \sum_{i<j} \hat{g}_{ij} | \Phi_L \rangle = \frac{1}{2} \sum_{\mu\nu\lambda\sigma} g_{\mu\nu\lambda\sigma} \langle \Phi_k | \mu^+ \nu^+ \sigma^- \lambda^- | \Phi \rangle$$

$$= \frac{1}{2} \sum_{\mu\nu\lambda\sigma} (g_{\mu\nu\nu\mu} - g_{\mu\nu\nu\mu})$$

式中 $g_{\mu\nu\lambda\sigma}$ 是双电子算符所成的矩阵元。

(ii) Φ_k 与 Φ_L 只差一个自旋轨道,即 $|\Psi_L\rangle = \rho^+ \tau^- |\Phi_k\rangle$,亦即其中轨道 τ 被轨道 ρ 取代。

$$\langle \Phi_k | \sum_{i<j} \hat{g}_{ij} | \Phi_L \rangle$$

$$= \frac{1}{2} \sum_{\mu\nu\lambda\sigma} g_{\mu\nu\lambda\sigma} \langle \Phi_k | \mu^+ \nu^+ \sigma^- \lambda^- \rho^+ \tau^- | \Phi_k \rangle$$

$$= \frac{1}{2} \sum_{\mu\nu\lambda\sigma} g_{\mu\sigma\lambda\sigma} [\delta_{\lambda\rho}(\delta_{\nu\sigma}\delta_{\mu\pi} - \delta_{\nu\pi}\delta_{\mu\sigma}) - \delta_{\sigma\rho}(\delta_{\nu\lambda}\delta_{\mu\pi} - \delta_{\nu\pi}\delta_{\mu\lambda})]$$

$$= \sum_{\mu} [g_{\mu\pi\mu\rho} - g_{\mu\pi\rho\mu}]$$

这里使用了对称性 $g_{\mu\lambda\sigma} = g_{\nu\mu\sigma\lambda}$。

(iii) 设 $\Phi_k = \Phi_L$ 只差两个自旋轨道，即：

$$|\Psi_L\rangle = \rho^+ \eta^+ \tau^- \theta^- |\Phi_k\rangle$$

这里 ρ, η, τ 与 θ 不相同，则有

$$\langle\Phi_k| \sum_{i<j} \hat{g}_{ij} |\Phi_L\rangle = \frac{1}{2} \sum_{\mu\nu\lambda\sigma} g_{\mu\sigma\lambda\sigma} \langle\Phi_k| \mu^+ \nu^+ \sigma^- \lambda^- \rho^+ \eta^+ \tau^- \theta^- ||\Phi_k\rangle$$

收集所有可能的配对，上式化为

$$\langle\Phi_k| \sum_{i<j} \hat{g}_{ij} |\Phi_L\rangle = \frac{1}{2}(g_{\theta\tau\rho\eta} - g_{\tau\theta\rho\eta} - g_{\theta\tau\eta\rho} + g_{\tau\theta\eta\rho})$$

$$= g_{\theta\tau\rho\eta} - g_{\theta\tau\eta\rho}$$

(iv) 设有 $\Phi_k = \Phi_L$ 相差三个或多于三个自旋轨道，此情形结果为零。

§3-3 密度矩阵

下面我们将进一步研究更普遍的和更自动去计算期待值的方法。对此适用的工具是密度矩阵。

1. 一阶密度矩阵

考虑一正交归一化基集 $\{\chi_\mu\}$ 连同它的产生与湮灭算符 x_μ^+/x_μ^-（使用 Longuet-Higgins 符号）。设 $\hat{A}$ 为一单电子算符

$$\hat{A} = \sum_{\mu\nu} A_{\mu\nu} x_\mu^+ x_\nu^- \tag{3-47}$$

它的期待值为

$$\langle\hat{A}\rangle = \langle\Psi| \hat{A} |\Psi\rangle \tag{3-48}$$

式中 Ψ 乃是由 Ψ_i 构成的 N-电子单行列式波函数：

$$|\Psi\rangle = \Psi_N^+ \cdots \Psi_2^+ \Psi_1^+ |0\rangle = |HF\rangle \qquad (3-49)$$

代入(3-48)式,得出

$$\langle \hat{A} \rangle = \sum_{\mu\nu} A_{\mu\nu} \langle HF | x_\mu^+ x_\nu^- | HF \rangle \qquad (3-50)$$

引入记号

$$P_{\mu\nu} = \langle HF | x_\mu^+ x_\nu^- | HF \rangle \qquad (3-51)$$

则(3-50)式化为

$$\langle \hat{A} \rangle = \sum_{\mu\nu} A_{\mu\nu} P_{\mu\nu} = T_r(AP) \qquad (3-52)$$

矩阵 P 称为"一阶密度矩阵",这里它是由基集$\{\chi_\mu\}$表示的。在求它的矩阵元之前,注意如下几点:

(i)(3-54)式这一结果是普遍的,尽管对多行列式波函数情形,是结果形式相同的。假如密度矩阵元定义为

$$P_{\mu\nu} = \langle x_\mu^+ x_\nu^- \rangle \qquad (3-53)$$

它是实际波函数的期待值,然而集$\{\chi_\mu\}$正交归一化性质是非常重要的。(对于非正交基以后再讨论)

(ii) 注意 $|HF\rangle$ 与 x^+, x^- 的真空态不同,因为它是由不同的单电子函数 Ψ_i 集构成的。也就是说$\{\chi_\mu\}$是任意的正交归一化单电子自旋轨道的集合,而在 $|HF\rangle$ 中的 Ψ_i 乃是构成行列式的分子轨道。因为(3-51)式的 $P_{\mu\nu}$ 不能等于 $\delta_{\mu\nu}$。

(iii) 如果使用分子轨道 Ψ_i 作为基集去代替$\{\chi_\mu\}$基,可以得出相同的结果,但是要涉及多行列式波函数。然而,此种情形可以转换到一新的基集将一阶密度矩阵对角化,并称最后使用的自旋轨道为 Löwdin 的自然轨道(Löwdin,1955)。

对于单行列式情形,为了求算 $P_{\mu\nu}$,应将轨道 ψ_i 与 χ_μ 的关系明显化之。它们都是正交归一化的靠酉变换相连接:

$$\psi_i = \sum_\mu C_{i\mu} X_\mu \qquad (3-54)$$

为了具体些,可取$\{X_\mu\}$为正交归一化原子轨道(AO)集,而$\{\psi_i\}$是正交归一化的分子轨道(MO)集合,此时 $C_{i\mu}$ 为 MO 的展开系数。上式的矩阵形成为

第三章 二次量子化方法的应用（Ⅰ）

$$\Psi = CX \tag{3-55}$$

式中 C 是酉矩阵，由酉矩阵的性质 $C^{-1} = C^+$，有

$$X = C^{-1}\Psi = C^+ \Psi \tag{3-56}$$

它的组分间有如

$$X_\mu = \sum_i C_{i\mu}^* \psi_i \tag{3-57}$$

与它相应的产生算符与湮灭算符的表示式为

$$X_\mu^+ = \sum_i C_{i\mu}^* \psi_i^+ \tag{3-58a}$$

$$X_\mu^- = \sum_i C_{i\mu} \psi_i^- \tag{3-58b}$$

虽然，此处用的轨道都是实的，但标上"*"号是为了使公式更加清楚。用以上公式可以表达(3-51)式：

将以上二式代入(3-51)式，得

$$P_{\psi\mu} = \sum_{ik} C_{i\mu}^* C_{k\nu} \langle HF | \widehat{\psi_i^+ \psi_k} | HF \rangle$$

$$= \sum_{ik}^{占} C_{i\mu}^* C_{k\nu} n_i \delta_{ik} = \sum_i n_i C_{i\mu}^* C_{i\nu}$$

$$= \sum_i^{占} C_{i\mu}^* C_{i\nu} \tag{3-59}$$

此密度矩阵元与所得 SCF 理论的结果一致。

容易导出在 MO 与 AO 算符间的特殊的交换规则：

$$[\psi_i^+, X_\mu^+]_- = \sum_\nu C_{i\nu}^* [X_\nu^+, X_\mu^+]_- = 0 \tag{3-60a}$$

$$[\psi_i^-, X_\mu^-]_- = \sum_\nu C_{i\nu} [X_\nu^-, X_\mu^-]_- = 0 \tag{3-60b}$$

$$[\psi_i^+, X_\mu^-]_- = \sum_\nu C_{i\nu}^* [X_\nu^+, X_\mu^-]_- = \sum_\nu C_{i\nu}^* \delta_{\nu\mu} = C_{i\mu}^* \tag{3-60c}$$

$$[\psi_i^-, X_\mu^+]_- = \sum_\nu C_{i\nu} [X_\nu^-, X_\mu^+]_- = \sum_\nu C_{i\nu} \delta_{\nu\mu} = C_{i\mu} \tag{3-60d}$$

利用上各交换关系可导出(3-59)式，并且过程较简单。

下面讨论在 MO 的 $|HF\rangle$ 下的一阶密度矩阵：

$$P_{ji} = \langle \phi_i^+, \phi_j^- \rangle = \langle HF | \phi_i^+, \phi_j^- | HF \rangle = n_i \delta_{ij} \tag{3-61}$$

即以占据数为本征值 P_{ij} 形成对角矩阵。

一阶密度矩阵的两个性质值得说明。

第一,它是 Hermite 对称的,即
$$P_{\mu\nu} = P_{\nu\mu}$$
这点由(3-53)定义,易证。

第二,是求出 P 的迹:
$$T_r P = \sum_{\mu} P_{\mu\mu} = \sum_{\mu} \langle X_\mu^+ X_\mu^- \rangle = \sum_{\mu} n_\mu = N \tag{3-62}$$
式中 n_μ 是轨道 X_μ 的占据数,N 是电子总数。

【例】试推导基于 MO 的一阶密度矩阵,相对于二行列式波函数 $\Psi = C_0 | HF \rangle + C_2 \phi_b^+ \phi_a^+ \phi_j^- \phi_i^- | HF \rangle$,$i$ 和 j 为在 $| HF \rangle$ 中占据的能级,a 和 b 为空能级。

〔解〕一阶密度矩阵定义为
$$P_{\nu\mu} = \langle \Psi | \mu^+ \nu^- | \Psi \rangle$$
将 Ψ 代入,得出
$$\begin{aligned}P_{\mu\nu} = & C_0^2 \langle HF | \mu^+ \nu^- | HF \rangle + C_0 C_2 \langle HF | \mu^+ \nu^- b^+ a^+ j^- i^- | HF \rangle + \\ & C_2 C_0 \langle HF | i^+ j^+ a^- b^- \mu^+ \nu^- | HF \rangle + \\ & C_2^2 \langle HF | i^+ j^+ a^- b^- \mu^+ \nu^- b^+ a^+ j^- i^- | HF \rangle\end{aligned}$$
显然,第二、三项结果为零,于是得出
$$P_{\mu\nu} = \delta_{\mu\nu} [n_\nu (C_0^2 + C_2^2 (1-\delta_{\nu i})(1-\delta_{\nu j})) + C_2^2 (\delta_{\nu a} + \delta_{\nu b})]$$
如果 ν 在 $| HF \rangle$ 中是占据的,$n=1$,否则其他均为 0。

注意,矩阵 P 仍是对角的,因为对此简单的二组态波函数 Ψ 所涉及的 MO 乃是自然轨道。此性质,当对于双激发组态的线性结合时是不能保持的。

2. 二阶密度矩阵

今有双电子算符 $\hat{A}$:
$$\hat{A} = \frac{1}{2} \sum_{\mu\nu\lambda\sigma} A_{\mu\nu\lambda\sigma} X_\mu^+ X_\nu^+ X_\sigma^- X_\lambda^-$$

引入二阶密度矩阵 Γ:
$$\Gamma_{\lambda\sigma\mu\nu} = \langle X_\mu^+ X_\nu^+ X_\sigma^- X_\lambda^- \rangle \tag{3-63}$$

以 $\{X_\mu\}$ 为基的,则算符 $\hat{A}$ 的期待值 $\langle \hat{A} \rangle$ 可如下表出:

$$\langle \hat{A} \rangle = \frac{1}{2} \sum_{\mu\nu\lambda\sigma} A_{\mu\omega\lambda\sigma} \, \Gamma_{\lambda\sigma\mu\nu} \qquad (3-64)$$

一般情况下，$\Gamma_{\lambda\sigma\mu\nu}$ 是很复杂的。但是，对于单行列式波函数，它取格外简单的形式：

$$\Gamma_{\lambda\sigma\mu\nu} = \langle HF \mid X_\mu^+ X_\nu^+ X_\sigma^- X_\lambda^- \mid HF \rangle \qquad (3-65)$$

为求以上期待值，同前节的做法，将 MO 代替 AO 算符的(3-58)式代入上式中，得出：

$$\begin{aligned}
\Gamma_{\lambda\sigma\mu\nu} &= \sum_{ijkl} C_{k\sigma} C_{l\lambda} C_{i\mu}^* C_{j\nu}^* \langle HF \mid \phi_i^+ \phi_j^+ \phi_k^- \phi_l^- \mid HF \rangle \\
&= \sum_{ijkl} C_{k\sigma} C_{l\lambda} C_{i\mu}^* C_{j\nu}^* [\delta_{il}\delta_{jk} - \delta_{ik}\delta_{jl}] n_k n_l \\
&= \sum_{ij}^{\text{占}} C_{j\sigma} C_{i\lambda} C_{i\mu}^* C_{j\nu}^* - \sum_{ij}^{\text{占}} C_{i\sigma} C_{j\lambda} C_{i\mu}^* C_{j\nu}^* \\
&= P_{\lambda\mu} P_{\sigma\nu} - P_{\sigma\mu} P_{\lambda\nu} \qquad (3-66)
\end{aligned}$$

此种二阶密度矩阵元可以由一阶密度矩阵元表示出来，只适用单行列式波函数的情形。

根据(3-66)式，对应于单行列式波函数的二阶密度矩阵由两部分构成。当"Γ"由"P"表出时，此两部分不同处仅在下标的次序的不同：第一项可视为 Coulomb 部分，而第二部分是交换部分。这是基于由反交换关系反映的波函数的反对称性质。

下面给出二阶密度矩阵的对称性质，首先根据定义(3-63)式与自共轭关系，它是 Hermite 对称性的：

$$\Gamma_{\mu\omega\lambda\sigma} = \langle \lambda^+ \sigma^+ \nu^- \mu^- \rangle = \langle \mu^+ \nu^+ \sigma^- \lambda^- \rangle^* = \Gamma_{\lambda\sigma\mu\nu}^* \qquad (3-67)$$

其次，由定义，知它是反对称的：

$$\begin{aligned}
\Gamma_{\lambda\sigma\mu\nu} &= \langle \mu^+ \nu^+ \sigma^- \lambda^- \rangle = -\langle \mu^+ \nu^+ \lambda^- \sigma^- \rangle = -\Gamma_{\sigma\lambda\mu\nu} \\
&= -\langle \nu^+ \mu^+ \sigma^- \lambda^- \rangle = -\Gamma_{\lambda\sigma\nu\mu} \\
&= \langle \nu^+ \mu^+ \lambda^- \sigma^- \rangle = \Gamma_{\sigma\lambda\nu\mu} \qquad (3-68)
\end{aligned}$$

作为这些对称性的结果；它对应的对角矩阵元为零，特别是，有

$$\Gamma_{\mu\mu\lambda\sigma} = \Gamma_{\mu\omega\lambda\lambda} = 0 \qquad (3-69)$$

反映了 Pauli 原理。

它的迹是：

$$T_r \Gamma = \sum_{\mu,\nu} \Gamma_{\mu\nu\mu\nu} \tag{3-70}$$

将 Γ 的定义式代入，同时使用反交换规则，得出：

$$\begin{aligned}T_r \Gamma &= \sum_{\mu,\nu} \langle \mu^+ \nu^+ \nu^- \mu^- \rangle = -\sum_{\mu,\nu} \langle \mu^+ \nu^+ \mu^- \nu^- \rangle \\ &= -\sum_{\mu,\nu}(\delta_{\mu\nu}\langle \mu^+ \nu^- \rangle - \langle \mu^+ \mu^- \nu^+ \nu^- \rangle) \\ &= -\sum_{\mu} P_{\mu\mu} + \sum_{\mu\nu} n_\mu n_\nu = N^2 - N = 2\binom{N}{2} \end{aligned} \tag{3-71}$$

注意：对于 P 阶密度矩阵，可以证明有 $T_r \Gamma^{(p)} = p!\binom{N}{p}$ 成立。如将其归一化之，有 $T_r \Gamma^{(p)} = \binom{N}{p}$。

故以上结果乃密度矩阵的一般求和规则的一个特殊情况。

有关密度矩阵的详细讨论可参考书，如 Löwdin(1955) 与 Mc Weeny(1960) 的书。

3. Hartree - Fock 能量公式

使用上述一阶与二阶密度矩阵可容易地导出 Hartree - Fock 理论中电子能量的公式，目的是在（二次量子化形式下）简单推求 Hamilton 算符 $\hat{H}$ 的期待值。

$$\begin{aligned}E &= \langle \hat{H} \rangle = \langle HF | \hat{H} | HF \rangle \\ &= \sum_{\mu,\nu} h_{\mu\nu} \langle HF | X_\mu^+ X_\nu^- | HF \rangle + \frac{1}{2}\sum_{\mu\nu\lambda\sigma}[\mu\nu|\lambda\sigma]\langle HF | X_\mu^+ X_\nu^+ X_\sigma^- X_\lambda^- | HF \rangle \\ &= \sum_{\mu,\nu} h_{\mu\nu} p_{\nu\mu} + \frac{1}{2}\sum_{\mu\nu\lambda\sigma}[\mu\nu|\lambda\sigma]\Gamma_{\lambda\sigma\mu\nu} \end{aligned} \tag{3-72}$$

再引入(3 - 66)式，上式化为

$$E = \sum_{\mu,\nu} h_{\mu\nu} p_{\nu\mu} + \frac{1}{2}\sum_{\mu\nu\lambda\sigma}[\mu\nu|\lambda\sigma](P_{\lambda\mu}P_{\sigma\nu} - P_{\sigma\mu}P_{\lambda\nu}) \tag{3-73}$$

为得到更常用的形式,可将上式第一项中的指标 ν 与 λ 交换,第二项中作 $\nu \longleftrightarrow \sigma$ 与 $\sigma \longleftrightarrow \lambda$,最后得到:

$$E = \sum_{\mu\nu} h_{\mu\nu} p_{\nu\mu} + \frac{1}{2} \sum_{\mu\nu\lambda\sigma} P_{\nu\mu} P_{\sigma\lambda} \{ \langle \mu\lambda | \nu\sigma \rangle - \langle \mu\lambda | \sigma\nu \rangle \} \qquad (3-74)$$

此能量公式由三项构成:单电子项、Coulomb 能项与交换能项。它虽然很清楚,但不大适合去作实际计算,因为须要处理二电子积分 $\langle \mu\lambda | \nu\sigma \rangle$,要用许多时间的。然而,如果使用如下定义的 Fock 矩阵元:

$$F_{\mu\nu} = h_{\mu\nu} + \sum_{\lambda\sigma} P_{\sigma\lambda} \{ \langle \mu\lambda | \nu\sigma \rangle - \langle \mu\lambda | \sigma\nu \rangle \} \qquad (3-75)$$

则(3-74)式可以简化:

$$E = \frac{1}{2} \sum_{\mu\nu} (h_{\mu\nu} + F_{\mu\nu}) P_{\nu\mu} \qquad (3-76)$$

倘若矩阵元 $F_{\mu\nu}$ 是合适的(已得到的),则上式更适于计算。

如果将其以分子轨道表示出的话,则 Hartree-Fock 能量便可以更形象化地表示出来的。此时

$$P_{ij} = n_i \delta_{ij} \qquad (3-77)$$

同时 $F_{ij} = \varepsilon_i \delta_{ij}$ $\qquad (3-78)$

式中 ε_i 是轨道能。由此,便得出以 MO 为基的能量公式为

$$E = \frac{1}{2} \sum_i (h_{ii} + \varepsilon_i) \qquad (3-79)$$

即 Hartree-Fock 能量乃 MO 能量与纯单电子能量的总和的算术平均。这显然没有考虑到电子 — 电子相互作用,同时轨道能的求和中包含了电子 — 电子间排斥能两次。

§3-4 与"左矢"(Bra)和"右矢"(Ket)间的关系

在这一节里我们将要讨论二次量子化表象与 Dirac 所引入量子力学中的左矢和右矢之间的形式上的类似性。

先看单电子体系,考虑一组正交归一化函数集$\{\phi_i\}_{i=1}^{M}$由左矢和右矢函数的乘积所成的数量积,称为 bracket。对任何正交归一化基集有:

$$\langle i \mid k \rangle = \int \phi_i^*(\chi)\phi_k(\chi)d\chi = \delta_{ik} \qquad (3-80)$$

如将$\langle i \mid$或$\mid k \rangle$作为独立的符号,则自旋轨道ϕ_i可以用矢量$\langle i \mid$或$\mid i \rangle$表示。左矢与其复共轭。

现在研究一下,如以下的量作为例:

$$\hat{Q}^i = \mid i \rangle\langle i \mid \qquad (3-81)$$

它是一个算符,将其作用右矢$\mid k \rangle$上,得出:

$$\hat{Q}^i \mid k \rangle = \mid i \rangle\langle i \mid k \rangle = \delta_{ik} \mid i \rangle \qquad (3-82)$$

$\hat{Q}^i$的矩阵元$\hat{Q}^i_{lk}$:

$$\hat{Q}^i_{lk} = \langle l \mid \hat{Q}^i \mid k \rangle = \langle l \mid i \rangle\langle i \mid k \rangle = \delta_{li}\delta_{ik} \qquad (3-83)$$

由此看出$\hat{Q}^i$乃投影算符。如果有任一个单电子函数ϕ向基函数集$\{\phi_k\}$展开之:

$$\mid \phi \rangle = \sum_k C_k \mid k \rangle \qquad (3-84)$$

则$\hat{Q}^i$对此波函数的作用是:

$$\hat{Q}^i \mid \phi \rangle = \sum_k C_k \mid i \rangle\langle i \mid k \rangle = C_i \mid i \rangle \qquad (3-85)$$

即$\hat{Q}^i$从ϕ中投影出它的组分i。

还可得出$\hat{Q}^i$的幂等性:

$$\begin{aligned}(\hat{Q}^i)^2 \mid \phi \rangle &= \hat{Q}^i C_i \mid i \rangle = C_i \mid i \rangle\langle i \mid i \rangle \\ &= C_i \mid i \rangle = \hat{Q}^i \mid \phi \rangle \end{aligned} \qquad (3-86)$$

对任意的ϕ,有

$$(\hat{Q}^i)^2 = \hat{Q}^i$$

易证明,在单电子轨道空间,单位算符$\hat{I}$存在。

$$\hat{I} = \sum_i \mid i \rangle\langle i \mid$$

$$\because \hat{I} \mid \phi \rangle = \sum_{ik} C_k \mid i \rangle\langle i \mid k \rangle = \sum_k C_k \mid k \rangle = \mid \phi \rangle$$

证毕。

(3-87)式的分解称为"恒等式的分解"(resolution of identity)。
考虑如下的量：

$$\hat{E} = \sum_i E_i |i\rangle\langle i|$$

易知 $\hat{E}$ 为一本征值为 E_i 的算符,本征(函数)矢量为 $|k\rangle$,则有

$$\hat{E}|k\rangle = \sum_i E_i |i\rangle\langle i|k\rangle = E_k|k\rangle \tag{3-87}$$

此结果可用于写出一算符的 bra-ket 表示。

令 $\hat{H}$ 是一 Hermite 算符,本征值为 E_i,本征函数为 ϕ_i。
于是有

$$\hat{H} = \sum_i E_i |\phi_i\rangle\langle\phi_i| \tag{3-88}$$

此本征函数 $|\phi_i\rangle$ 可向基集 $\{\phi_k\}$ 展开之。

$$|\psi_i\rangle = \sum_k C_{ik}|k\rangle \text{ 与 } \langle\psi_i| = \sum_k C_{ik}^*\langle k|$$

展开系数服从矩阵本征值方程 $\sum_q H_{pq}C_{iq} = E_i C_{ip}$,矩阵元 H_{pq} 定义如下：

$$H_{pq} = \sum_k E_i \langle p|\psi_i\rangle\langle\psi_i|q\rangle \tag{3-89}$$

使用(3-89)式,上式变为

$$H_{pq} = \sum_{ikl} E_i C_{ik} C_{il}^* \langle p|k\rangle\langle l|q\rangle = \sum_i E_i C_{ip} C_{iq}^* \tag{3-90}$$

将(3-89)代入(3-88)式后可得出：

$$\hat{H} = \sum_i E_i \sum_{k,l} C_{ik} C_{il}^* |k\rangle\langle l| \tag{3-91}$$

由(3-90),上式化为

$$\hat{H} = \sum_{k,l} H_{kl} |k\rangle\langle l| \tag{3-92}$$

此乃 bra-ket 形式中单电子算符的非对角元的表示。在向量空间的一个酉变换下,可使矩阵元 H_{kl} 对角形式化,结果,由(3-88)式给出 $\hat{H}$ 的谱分解。

在上述讨论中,可见它与二次量子化近似的形式上类似性是显然的。

(3-92)式与单电子算符的二次量子化表示式(2-113)非常相似。

在下表中,收集了一些 bra-ket 公式与二次量子化公式的对应(表3-1)。其中产生算符类似右矢函数,左矢则与湮灭算符相似,本征投影 $|i\rangle\langle i|$ 起着与粒子数算符 $\hat{N}_i = \hat{a}_i^+ \hat{a}_i$ 类似的作用。恒等的分解与粒子总数算符类似。一个算符的谱分解实际上是与该算符(其矩阵元是对角形的)的二次量子化相同的。非对角分解对应于一般的二次量子化公式。

表3-1　bra-ket 公式与二次量子化间的形式关联

bra-ket 公式	二次量子化
$\|i\rangle$	$\hat{a}_i^+$
$\langle i\|$	$\hat{a}_i$
$\langle i\|i\rangle$	$\langle 0\|\hat{a}_i \hat{a}_i^+\|0\rangle$
$\|i\rangle\langle i\|$	$\hat{N}_i = \hat{a}_i^+ \hat{a}_i$
$\hat{I} = \sum_i \|i\rangle\langle i\|$	$\hat{N} = \sum_i \hat{a}_i^+ \hat{a}_i$
(恒等的分解)	(粒子数算符)
$\hat{H} = \sum_i E_i \|i\rangle\langle i\|$	$\hat{H} = \sum_i E_i \hat{a}_i^+ \hat{a}_i$
(谱分解)	(二次量子化算符的对角形)
$\hat{H} = \sum_{kl} H_{kl} \|k\rangle\langle i\|$	$\hat{H} = \sum_{kl} H_{kl} \hat{a}_k^+ \hat{a}_l$
(非对角的分解)	(单电子算符的二次量子化表示)

算符 $|i\rangle\langle i|$ 的投影性质在二次量子化形式中更易了解。考虑算符:

$$\hat{P} = \sum_{i=1}^{M} |i\rangle\langle i| \tag{3-93}$$

显然是投影到有限的 M-维子空间的算子。

让我们将单电子 Hamilton 算符 $\hat{H}$ 投影到此子空间上:

$$\hat{H}_s = \hat{P}\hat{H}\hat{P} \tag{3-94}$$

代入(3-93)式,有

$$\hat{H}_s = \sum_{i,k=1}^{M} |k\rangle\langle k|\hat{H}|i\rangle\langle i| = \sum_{i,k=1}^{M} H_{ik} |i\rangle\langle k| \tag{3-95}$$

此结果与(3-92)式类似。这表明,在 bra-ket 形式中的 Hamilton 算符的表示等价于将它投影到某所在基轨道下的空间。当基函数的数 M 趋于无限时,基集便趋于完善(全),但是算符 $\hat{P}$ 的投影性质保持为恰当的($\hat{P}$ 此时等价于单位算符 $\hat{I}$)。实际上,最终的 Hamilton 算符 $\hat{H}$ 是定义在平方可积的 Hilbert 空间(L_2 空间)的,同时 bra-ket 表示也是在此抽象的 bras 与 kets 所形成的线性量时空间。算符 $\hat{I}$ 是在此向量空间内的单位算符,作用于不同波函数上的,它将它们投影到此空间中。

于是,算符 $\hat{I}$ 表示如一个投影:

$$\hat{H}' = \hat{I}\hat{H}\hat{I} = \sum_{i,k}|i\rangle\langle i|\hat{H}|k\rangle\langle k| = \sum_{i,k}H_{ik}|i\rangle\langle k| \qquad (3-96)$$

导致 $\hat{H}$ 的 bra-ket 表象。

由上可以认为量子力学算符的二次量子化形式当作算符向单电子轨道构成的空间的投影。Hamilton 算符与其他量子力学算符向有限基集的投影已经得出一系列结果,尽管基集很大。可以证明某些量子力学规则原本就不能在有限基集表示。这导致一系列固有的矛盾在实用量子化学中,基集是有限的在近乎完全的计算中,这样的例子之一是得自坐标算符与共轭动量算符 $\hat{P}$ 之间的 Heisenberg 交换规则:

$$\hat{P}\hat{q} - \hat{q}\hat{P} = \frac{\hbar}{i}N\hat{I} \qquad (3-97)$$

式中 $\hat{I}$ 是单位算符,N 是电子数。设有维数为 M 的有限基函数,则 $\hat{P}$ 与 $\hat{q}$ 的二次量子化表示如下:

$$\left.\begin{array}{l}\hat{P} = \sum_{\mu,\nu}P_{\mu\nu}\hat{a}_\mu^+\hat{a}_\nu \\ \hat{q} = \sum_{\mu,\nu}q_{\mu\nu}\hat{a}_\mu^+\hat{a}_\nu\end{array}\right\} \qquad (3-98)$$

式中系数 $P_{\mu\nu}$ 与 $q_{\mu\nu}$ 形成 $M\times M$ 矩阵。单位算符又表示为

$$\hat{I} = \sum_{\mu,\nu}\delta_{\mu\nu}\hat{a}_\mu^+\hat{a}_\nu = \sum_\mu \hat{a}_\mu^+\hat{a}_\mu \qquad (3-99)$$

将这些代入 Heisenberg 交换规则(3-97)式中,得出:

$$\sum_{\mu\nu\lambda}(P_{\mu\nu}q_{\nu\lambda} - q_{\mu\nu}P_{\nu\lambda})\hat{a}_\mu^+\hat{a}_\lambda = \frac{\hbar}{i}\sum_\mu \hat{a}_\mu^+\hat{a}_\mu \qquad (3-100)$$

取它的期待值,得到:

$$\sum_{\mu\nu\lambda}(P_{\mu\lambda}q_{\lambda\nu}-q_{\mu\lambda}P_{\lambda\nu})P_{\nu\mu}=\frac{\hbar}{i}\sum_{\mu}P_{\mu\mu}=\frac{\hbar}{i}N \qquad (3-101)$$

仅当矩阵 P 与 q 服从交换规则:

$$\sum_{\lambda}(P_{\mu\lambda}q_{\lambda\nu}-q_{\mu\lambda}P_{\lambda\nu})=\frac{\hbar}{i}\delta_{\mu\nu} \qquad (3-102)$$

这时(3-101)式成立。但,对于有限的基集上式不可能。〔因为对有限的基集上式导致如下矛盾结果:取(3-102)式的迹,由于 $T_r(Pq-qP)=0$ 给出 $0=\frac{\hbar}{i}M$〕那么错在哪里呢?恰好是由于我们应用了不完全的有限的基集。逐渐地改进(增长)基集的状况并不改变某些物理性质,如能量已近于收敛。(常常是,随着基的大小的增加,能量收敛得更好,因为这是它的变分性质:加任何新的基函数将降低能量。对其他物理性质情况并不如此)

(3-102)式表现出来的佯谬解,仅当一个真正完全的基,这里对算符 $\hat{P}$ 与 $\hat{q}$ 的范围的仔细分析是必需的。两个算符的范围(领域)不相同,虽然它们在 L_2 空间处处有共同的部分。此时有 $T_r\hat{P}\hat{q}\neq T_r\hat{q}\hat{P}$ 之故。

困难还出现在其他的量子力学交换规则。例如,已知两个物理可观测量是同时可测定的,仅当它们的算符是可交换的。对此,最简单的例子是坐标算符的 x 与 y 组分,必有:

$$\hat{x}\hat{y}-\hat{y}\hat{x}=0 \qquad (3-103)$$

通常,这对于有限基函数仍是违背的。对于电子运动的 Heisenberg 方程式是违背的:

$$\hat{P}=\hat{q}=\frac{\hbar}{i}〔\hat{r},\hat{H}〕 \qquad (3-104)$$

此式在量子化学中已被详细地研究过了,因为这个规则很重要,它保证了所谓的"偶极长度"和"偶极速度"的等价性,在电子跃迁的原始与旋转强度的计算中,这里不加证明地指出即使波函数是细致得足够服从(3-104)式,可是有限基函数的展开常导致违反这个规则。

在表面上的相似性之外,从表3-1,也看出在 bra 与 ket 和二次量子化对应体之间的一些明显的不同。即对应体在数学符号上的不同，bra 与 ket 向量乃是线性向量空间的元素与其上定义了量子力学算符，而产生与湮灭算符乃是定义在以波函数作为它的荷载空间的粒子数表象的抽象空间上的，这个荷载空间导致真空态概念，而它在 bra 与 ket 公式中没有类似物。再者一个主要的不同是二次量子化的作用与波函数中单电子能级占据有关，因为没有湮灭可能从一个空能级和没有一个电子能从一个已占据的自旋轨道产生。同时，轨道的占据在推导 bra 与 ket 公式中不起作用。所以，两种公式的相等的结果是在计算矩阵元之后得出来的。

上述讨论都是针对单电子算符作出的。一般地，对由多电子系的 bra 与 ket 的情形，虽然上述讨论是可能的，但是要复杂许多，主要是由于对多电子波函数的反对称化要求。二次量子化的唯一优点是在处理多电子问题时的自然而简便。

§3-5 使用空间轨道

在许多应用中，特别是为了计算机程序化，将含有自旋轨道的理论公式改写为以空间轨道表示出的形式。为了有效计算这是绝对必要的，因为自旋轨道数比空间轨道多一倍。如果计算双电子积分可按基函数个数的 4 次方比例增多计算时间，使用自旋轨道将导致增长 $2^4 = 64$ 倍时间。在量子化学计算中，加上对电子相关的修正，至少要多增加轨道数的 6 次方倍。

本节将给出一些例子，说明如何将自旋轨道换成更简便的表示。这种变换的基础是任何关于自旋轨道的积分也包含对自旋函数的求和。

先看一单电子算符 $\hat{A}$ 的期待值：

$$\langle \hat{A} \rangle = \sum_{\mu\nu} \langle \mu | \hat{A} | \nu \rangle P_{\mu\nu} \qquad (3-105)$$

式中 $\mu\nu$ 是自旋轨道的指标。任意自旋轨道 μ 是由空间轨道 m 和自旋

部分 σ_m 构成的：
$$\mu = \{m, \sigma_m\} \qquad (3-106)$$

其中自旋部分只含 α 或 β。形式上任意一对自旋轨道的求和，可以改写如下：
$$\sum_\mu = \sum_m \sum_{\sigma_m} \qquad (3-107)$$

使用以上等式，则(3-105)式化为
$$\langle \hat{A} \rangle = \sum_{m,n} \sum_{\sigma_m \sigma_n} \langle m, \sigma_m | \hat{A} | n, \sigma_n \rangle P_{n,m}^{\sigma_n \sigma_m} \qquad (3-108)$$

下一步是先求出上式中的自旋函数部分，假如算符 $\hat{A}$ 与自旋无关，则得出：
$$\langle \hat{A} \rangle = \sum_{m,n} \sum_{\sigma_m \sigma_n} \langle m | \hat{A} | n \rangle \langle \sigma_m | \sigma_n \rangle P_{n,m}^{\sigma_n \sigma_m} \qquad (3-109)$$

由于自旋函数的正交性，即
$$\langle \sigma_m | \sigma_n \rangle = \delta_{\sigma_m \sigma_n} \qquad (3-110)$$

代入(3-109)式，得到：
$$\begin{aligned}\langle \hat{A} \rangle &= \sum_{m,n} \langle m | \hat{A} | n \rangle \sum_{\sigma_m} P_{n,m}^{\sigma_n \sigma_m} \\ &= \sum_{m,n} \langle m | \hat{A} | n \rangle (P_{nm}^{\alpha\alpha} + P_{nm}^{\beta\beta}) \end{aligned} \qquad (3-111)$$

引入无自旋密度矩阵 P 只与空间轨道有关。
$$P_{nm} = P_{nm}^{\alpha\alpha} + P_{nm}^{\beta\beta} \qquad (3-112)$$

于是无自旋单电子算子的期待值如下：
$$\langle \hat{A} \rangle = \sum_{m,n} \langle m | \hat{A} | n \rangle P_{nm} \qquad (3-113)$$

(3-105)与上式是类似的，它们的主要不同是，后者是针对空间轨道的，它所含的求和项少于前者。由于自旋轨道数大于空间轨道数 2 倍，所以(3-105)中的项数为(3-113)式项数的 4 倍。

下一个例子是 Hartree-Fock 能量公式。其中单电子部分已如上例解决了。下面讨论双电子部分 $E^{(2)}$：
$$\begin{aligned} E^{(2)} &= \frac{1}{2} \sum_{\mu\nu\lambda\sigma} P_{\nu\mu} P_{\sigma\lambda} [\mu\lambda | \nu\sigma] - \frac{1}{2} \sum_{\mu\nu\lambda\sigma} P_{\nu\mu} P_{\sigma\lambda} [\mu\lambda | \sigma\nu] \\ &= E_c^{(2)} + E_x^{(2)} \end{aligned}$$

第三章 二次量子化方法的应用（Ⅰ）

式中 $E_c^{(2)}$ 是 Coulomb 项，$E_x^{(2)}$ 是交换项。按类似办法写出如下：

$$E^{(2)} = \frac{1}{2} \sum_{\mu\nu\lambda\sigma} P_{\nu\mu} P_{\sigma\lambda} [\mu\lambda \mid \nu\sigma]$$

$$= \frac{1}{2} \sum_{mnls} \sum_{\sigma_m\sigma_n\sigma_l\sigma_s} P^{\sigma_n\sigma_m}_{nm} P^{\sigma_s\sigma_l}_{sl} \begin{Bmatrix} \sigma_m\sigma_l \\ m\ l \end{Bmatrix} \begin{Bmatrix} \sigma_n\sigma_s \\ n\ s \end{Bmatrix} \tag{3-114}$$

式中的记号是对于空间轨道记作 $\mu = \{m, \sigma_m\}, \lambda = \{l, \sigma_l\}$ 等与自旋在二电子积分中的标记。类似地也用于密度矩阵。在二电子积分中对自旋的求积可以写作：

$$\begin{Bmatrix} \sigma_m\sigma_l \\ m\ l \end{Bmatrix} \begin{Bmatrix} \sigma_n\sigma_s \\ n\ s \end{Bmatrix} = [ml \mid ns] \delta_{\sigma_m\sigma_n} \delta_{\sigma_l\sigma_s} \tag{3-115}$$

将此代入 (3-114) 式，有

$$E_c^{(2)} = \frac{1}{2} \sum_{mnls} \sum_{\sigma_m\sigma_l} P^{\sigma_m\sigma_m}_{nm} P^{\sigma_l\sigma_l}_{sl} [ml \mid ns]$$

$$= \frac{1}{2} \sum_{mnls} (P^{\alpha\alpha}_{nm} + P^{\beta\beta}_{nm})(P^{\alpha\alpha}_{sl} + P^{\beta\beta}_{sl})[ml \mid ns]$$

$$= \frac{1}{2} \sum_{mnls} P_{nm} P_{sl} [ml \mid ns] \tag{3-116}$$

式中引入自旋自由的密度矩阵。

类似地，可以得出交换项 $E_x^{(2)}$：

$$E_x^{(2)} = -\frac{1}{2} \sum_{\mu\nu\lambda\sigma} P_{\nu\mu} P_{\sigma\lambda} [\mu\lambda \mid \sigma\nu]$$

$$= -\frac{1}{2} \sum_{mnls} \sum_{\sigma_m\sigma_n\sigma_l\sigma_s} P^{\sigma_n\sigma_m}_{nm} P^{\sigma_s\sigma_l}_{sl} [ml \mid sn] \delta_{\sigma_m\sigma_s} \delta_{\sigma_l\sigma_n}$$

$$= -\frac{1}{2} \sum_{mnls} \sum_{\sigma_m\sigma_l} P^{\sigma_l\sigma_m}_{nm} P^{\sigma_m\sigma_l}_{sl} [ml \mid sn] \tag{3-117}$$

由密度矩阵的定义，它的两个指标必须关于同一自旋：

$$P^{\sigma_l\sigma_m}_{nm} = P^{\sigma_m\sigma_l}_{nm} \delta_{\sigma_m\sigma_l}$$

于是，$E_x^{(2)} = -\frac{1}{2} \sum_{mnls} \sum_{\sigma_m} P^{\sigma_m\sigma_m}_{nm} P^{\sigma_m\sigma_m}_{sl} [ml \mid sn]$

$$= -\frac{1}{2} \sum_{mnls} (P^{\alpha\alpha}_{nm} P^{\alpha\alpha}_{sl} + P^{\beta\beta}_{nm} P^{\beta\beta}_{sl})[ml \mid sn] \tag{3-118}$$

定义自旋密度矩阵 R_{nm}：

$$R_{nm} = P_{nm}^{\alpha\alpha} - P_{nm}^{\beta\beta} \tag{3-119}$$

则有
$$\left.\begin{array}{l}P_{nm}^{\alpha\alpha} = (P_{nm} + R_{nm})/2 \\ P_{nm}^{\beta\beta} = (P_{nm} - R_{nm})/2\end{array}\right\} \tag{3-120}$$

由此得出：
$$E_x^{(2)} = -\frac{1}{8}\sum_{mnls}\{(P_{nm} + R_{nm})(P_{sl} + R_{sl}) +$$
$$(P_{nm} - R_{nm})(P_{sl} - R_{sl})\}[ml|sn] \tag{3-121}$$

当体系是闭壳层单电子结构，上式可化为更简单的形式。在此条件下 α 与 β 自旋出现的概率相等，即：

$$P_{nm}^{\alpha\alpha} = P_{nm}^{\beta\beta} \tag{3-122}$$

于是，有
$$R_{nm} = P_{nm}^{\alpha\alpha} - P_{nm}^{\beta\beta} = 0 \tag{3-123}$$

则交换项变为

$$E_x^{(2)} = -\frac{1}{4}\sum_{mnls}P_{nm}P_{sl}[ml|sn] \tag{3-124}$$

由此，最后得出 Hartree - Fock 能量公式，对于空间轨道闭壳层体系：

$$E = \sum_{m,n}h_{nm}P_{nm} +$$
$$\frac{1}{2}\sum_{mnls}P_{nm}P_{sl}([ml|ns] - \frac{1}{2}([ml|sn])) \tag{3-125}$$

注意，使用空间轨道函数，则交换积分在能量公式的第二项的括号中多一个 $\frac{1}{2}$ 因子。

对于闭壳层态限制的 HF 波函数，空间轨道的占据数 $n_1 = 0$ 或 2，即是空的或者双占据的，于是每一次包含密度矩阵元 P_{ij} 的求和如下：

$$\sum_{i,j}P_{ij} \longleftrightarrow 2\sum_{i}^{占}$$

由此变换，则上式在 MO 的项化为

$$E = 2\sum_{i}^{占}h_{ii} + \sum_{i,k}^{占}(2[ik|ik] - [ik|ki]) \tag{3-126}$$

引入 Fock 算符，对于空间轨道函数：

$$F_{mn} = h_{mn} + \sum_{ls} P_{sl}([ml|ns] - \frac{1}{2}[ml|sn]) \qquad (3-127)$$

这与自旋轨道的表示式类似。

对比(3-125)与(3-127)式,得出:

$$E = \frac{1}{2} \sum_{m,n} (h_{mn} + F_{mn}) P_{nm} \qquad (3-128)$$

这式虽与前已得出过的类似,但求和项数要少些。

在 MO 项,上式可写作:

$$E = \sum_{i}^{占} (h_{ii} + F_{ii}) = \sum_{i}^{占} (h_{ii} + \varepsilon_i) \qquad (3-129)$$

它与以空间轨道项的(3-79)式类似,却少了($\frac{1}{2}$)因子。基于此,可以简单地写出二次量子化公式。

对于单电子算符:

$$\hat{A} = \sum_{\mu\nu} A_{\mu\nu} \hat{a}_{\mu}^{+} \hat{a}_{\nu} = \sum_{mn} \sum_{\sigma_m \sigma_n} A_{mn} \delta \sigma_m \sigma_n \hat{a}_{m\sigma_m}^{+} \hat{a}_{n\sigma_n} \qquad (3-130)$$

式中的 Kroneckerδ 得自矩阵元 $A_{\mu\nu}$ 中对自旋函数的积分。于是

$$\hat{A} = \sum_{mn} A_{mn} \sum_{\sigma} \hat{a}_{m\sigma}^{+} \hat{a}_{n\sigma} \qquad (3-131)$$

对双电子算符可得出类似的公式。由此,以空间轨道为项的二次量子化 Hamilton 算符 $\hat{H}$ 变为

$$\hat{H} = \sum_{mn} h_{mn} \sum_{\sigma} \hat{a}_{m\sigma}^{+} \hat{a}_{n\sigma} + \frac{1}{2} \sum_{mnls} [mn|ls] \sum_{\sigma_1 \sigma_2} \hat{a}_{m\sigma_1}^{+} \hat{a}_{n\sigma_2} \hat{a}_{s\sigma_2}^{+} \hat{a}_{l\sigma_1} \qquad (3-132)$$

注意到这里自旋指标并未被去掉!然而,没出现在积分内,这与第一量子化 Hamilton 算符与自旋无关的事实是对应的,它允许使用自旋自由公式(spin-free formalism)。但是,产生与湮灭算符几乎只是对于空间轨道的。

如希望指定 Hartree-Fock 行列式波函数是基于空间轨道 ψ_i 的,可写作:

$$|\psi_{HF}\rangle = \psi_{1a}^{+}\psi_{1\beta}^{+}\psi_{2a}^{+}\psi_{2\beta}^{+}\cdots\psi_{(N/2)a}^{+}\psi_{(N/2)\beta}^{+}|0\rangle \qquad (3-133)$$

对于闭壳层是 N/2 双占据的 MO。这里自旋指标仍未消除,是因为 Pauli 原理要求单电子自旋轨道应是反对称的。

在许多应用中常常使用更普遍的技巧,去将对自旋轨道的积分改写为对空间轨道的积分,如三个双电子积分之乘积:

$$[\mu\nu|\lambda\sigma][\lambda\sigma|k\rho][k\rho|\mu\nu] \qquad (3-134a)$$

假定求和是对全部指标进行的,此型表示式常出现在微扰理论中,用空间轨道时可以写作:

$$[mn|ls][ls|kr][kr|mn]\delta_{\sigma_m\sigma_l}\delta_{\sigma_n\sigma_s}\delta_{\sigma_s\sigma_r}\delta_{\sigma_k\sigma_m}\delta_{\sigma_r\sigma_n} \qquad (3-134b)$$

这些 δ 来自对各自旋的积分,现在考虑上式中的 6 个 δ,来自初始的 6 个自旋指标,它们中有独立的 2 个,故对自旋的求和结果为 4。此种考虑完全是普遍适用的,可图示如下:

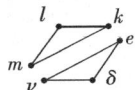

代表自旋轨道,对它进行积分。连线代表相应的指标积分结果是一致的。n 是图中不相连接的图的数目,n=2。

图 3-1

由于每一个独立的求和给出因子 2,对于 n 个,则总有 2^n 因子。此例中 $n=2$,所以 $2^2=4$。

【例】应用上述图形规则求出下列自旋轨道公式的空间等价的权重因子若干:

(a) $\sum [\mu\nu|\lambda\sigma][\lambda\sigma|\mu\nu]$

(b) $\sum [\mu\nu|\lambda\sigma][\lambda\sigma|\nu\mu]$

(c) $\sum [\mu\nu|\lambda\sigma][\lambda\sigma|\mu\nu]h_{\mu\nu}$

求和遍及所有的指标。

〔解〕每种情形有 4 个点 μ,ν,λ 与 σ。将自旋一致的连接起来,有

(a) 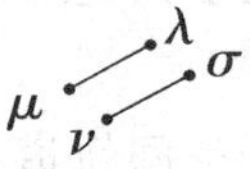 $\mu \overset{\lambda}{\underset{\nu}{\diamond}} \sigma$ $\quad n=2, f=2^n=4$

(b) 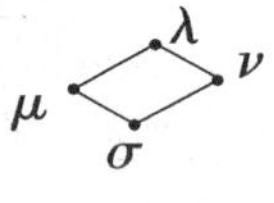 $\mu \overset{\lambda}{\underset{\sigma}{\diamond}} \nu$ $\quad n=1, f=2^1=2$

(c) $\mu \overset{\lambda}{\underset{\nu}{\diamond}} \sigma$ $n=1, f=2'=2$

f 为权重因子。

本节最后给出空间轨道的基本的反交换关系基于(3-106)式显然有

$$\left.\begin{array}{l}[\hat{a}^+_{m\sigma_m} \hat{a}_{n\sigma_n}] = \delta_{mn}\delta_{\sigma_m\sigma_n} \\ [\hat{a}^+_{m\sigma_m} \hat{a}^+_{n\sigma_n}] = [\hat{a}_{m,\sigma_m} \hat{a}_{n,\sigma_n}] = 0 \end{array}\right\} \quad (3-135)$$

在一般情形中,将自旋轨道的公式转变成空间轨道的公式是颇为复杂的。尤其不能使用闭壳层与限制的 Hartree-Fock(RHF) 的简化时。

但不论如何,沿前述办法总还是可以作到这种转换的。

§3-6 一些模型 Hamilton 量的二次量子化表示形式

本节将讨论一些在量子化学与固体物理学中常常出现的多种模型 Hamilton 算符的二次量子化表示。

1. π-电子 Hamilton 量

(1) Hückel 近似

从一种最简单的情形——Hückel 方案开始讨论。它是很早就在量子化学中使用的(Hückel, 1930)的一种,由它可以获得包含在几十个原子中的 π-电子体系的信息。

此模型的要点是,处在 xy 平面上的分子体系是由 $2P_z$ AO 构成的基组,每个原子提供单个的 π-对称性的轨道。此模型是不着重地考虑电子间作用的单电子方案。所以 Hückel Hamilton 量是一单电子 Hamilton 算符:

$$\hat{H} = \sum_{\mu\nu} h_{\mu\nu} \hat{a}_\mu^+ \hat{a}_\nu \qquad (3-136)$$

当将自旋轨道化为空间轨道时,上 Hamilton 算符表作:

$$\hat{H} = \sum_{m,n}\sum_{\sigma} h_{mn} \hat{a}_{m\sigma}^+ \hat{a}_{n\sigma} \qquad (3-137)$$

式中指标 m,n 遍及体系中所有的 $2P_z$ 轨道。Hückel 模型中的矩阵元 h_{mn} 不用积分求出,但可以由经验参量化之。对角阵元 h_{mn} 称为 Hückel 参量 $\alpha(\alpha_m)$,非对角阵元 $h_{mn}(n \neq m)$ 是非零值的,仅当 n 与 m 是近相邻(按化学式)的,其他为零。此非零 $h_{mn}(n \neq m)$ 称为"β-积分",于是上式表作:

$$\hat{H} = \sum_m \alpha_m \sum_\sigma \hat{a}_{m\sigma}^+ \hat{a}_{m\sigma} + \sum_{m,n}^{近邻} \beta_{mn} \sum_\sigma \hat{a}_{m\sigma}^+ \hat{a}_{n\sigma} \qquad (3-138)$$

式中 β_{mn} 值也称"共轭积分",由于是第一近邻,故又可写作:

$$\hat{H} = \sum_m \alpha_m \sum_\sigma \hat{a}_{m\sigma}^+ \hat{a}_{m\sigma} + \\ \sum_i \beta_i \sum_\sigma (\hat{a}_{i_1\sigma}^+ \hat{a}_{i_2\sigma} + \hat{a}_{i_2\sigma}^+ \hat{a}_{i_1\sigma}) \qquad (3-139)$$

式中指标 i 走遍分子内原子 i_1 与 i_2 间相连的所有的键,有

$$\beta_{i_1 i_2} = \beta_{i_2 i_1} = \beta_i$$

考虑到 $\hat{H}$ 的自共轭性:

$$\hat{a}_{i_1\sigma}^+ \hat{a}_{i_2\sigma} \text{ 与 } \hat{a}_{i_2\sigma}^+ \hat{a}_{i_1\sigma}$$

于是 (3-139) 式可简单表示为

$$\hat{H} = \sum_m \alpha_m \sum_\sigma \hat{a}_{m\sigma}^+ \hat{a}_{m\sigma} + \sum_i \beta_i \sum_\sigma (\hat{a}_{i_1\sigma}^+ \hat{a}_{i_2\sigma} + 复共轭) \qquad (3-140)$$

如此表达很是方便,因为它将 $\hat{H}$ 的 Hermite 共轭 (h,c) 性质显示出来。

在 Hückel 方法的许多应用中没有考虑异原子。例如,所有原子是碳,故所有的 α_m 均相等,作为一级近似,所有的 β_i 均相同。此时可使上式再简化:

$$\hat{H} = \alpha \sum_m \sum_\sigma \hat{a}_{m\sigma}^+ \hat{a}_{m\sigma} + \beta \sum_i \sum_\sigma (\hat{a}_{i_1\sigma}^+ \hat{a}_{i_2\sigma} + h,c) \qquad (3-141)$$

如果选取 $\alpha = 0$,则以 β 作为能量尺度,于是上式又化为

$$\hat{H} = \sum_i \sum_\sigma (\hat{a}^+_{i_1\sigma} \hat{a}_{i_2\sigma} + h,c) \qquad (3-142)$$

这是个不含积分项的极简单的 Hamilton 算符,其中设有参量。它只不过是反映分子拓朴,或更恰当些说是分子图形(Trinajstic,1983),即邻接原子间成键的结构图而已。这个简单的理论给出由分子拓朴独自确定电子结构到怎样程度的信息。由于 Hückel 模型存在两个缺点,使得对于 π-电子系的另一些性质不能说明。缺点一是不明显包含电子—电子间的相互作用,二是 Hamilton 算符 $\hat{H}$ 对原子的几何布置的迟钝(不敏感性)。作为缺点一的例子是:体系的能级简单地得自对于(3-142)式 $\hat{H}$ 的对角化,它与体系中所含的电子数无关。如果 AO 基集不改变的话,取出或投入一个电子到一轨道时,并不改变其他电子的能级,所以在 Hückel 模型中,它与考虑到电子—电子相互作用的自洽的更合理的单电子模型相差较远。

Hückel 模型的一些优点是,对某些特殊体系写出它的 Hamilton 算符的可能性,并且对某些情形得出解析的解。

下面列出一些重要的特殊体系的 Hückel Hamilton 算符,由原子形成的一维链的体系,即无支叉的分子图。如上述,由于 Hückel Hamilton 算符对于几何排布不敏感,所以几何上弯折的或扭转体系,在原则上均看作一维的。在此条件下,将链上原子是从头到尾按顺序数的,于是(3-140)式的 Hamilton 算符化为

$$\hat{H}^{10} = \sum_m \alpha_m \sum_\sigma \hat{a}^+_{m\sigma} \hat{a}_{m\sigma} + \sum_m \beta_m \sum_\sigma (\hat{a}^+_{m,\sigma} \hat{a}_{m+1\sigma} + h,c) \qquad (3-143)$$

指标 m 走遍分子链中的全部原子,β_m 乃是对于 $\beta_{m,m+1} = \beta_{m+1,m}$ 的缩写,它代表近邻 m 与 $m+1$ 间的积分,上式还可以如(3-141)和(3-142)式简单化(当 α 与 β 是常数时)。

处理一维体系,上列 Hamilton 算符还可作出若干扩展。它的典型宗旨如下:实际上常常处理一特定的物理体系和通常是对其某物理性质感兴趣时,如果在此种研究中体系的 Hamilton 算符过于复杂,则可发展一种特殊的模型 Hamilton 算符,它只描述体系的给定性质。在理论固态物理学的研究中这种模型化的 $\hat{H}$ 是很普遍的,并且由此将导致理论与实验

之间有效地相互影响。

Longuet-Higgins 与 Salem(1959) 关于聚乙炔链 $(CH)_x$ 提出过一个很有兴趣的模型 Hamilton 算符。体系是由碳原子、单键(C—C)与双键(C=C)交替构成的一维的分子链。由于共轭效应,体系内的单、双键都不是纯的。键级是相应的键距的函数,键距是沿链改变的。理论的目的是描述这种共轭(现象)和建立起共轭与多种物理性质间的联系。

Longuet-Higgins 与 Salem 的模型 Hamilton 算符如下:

$$\hat{H}^{LS} = \sum_{n,\sigma} \beta_n [\hat{a}^+_{n,\sigma} \hat{a}_{n+1,\sigma} + h.c.] + \sum_n f_n(r_n) \qquad (3-144)$$

式中关于键 $C—C_n$ 的共振积分 β_n 不再是一个固定常数(如在标准的 Hückel 理论中的),但是它可以表作相应键长 r_n 的指数函数:

$$\beta_n = -Ae^{-ar_n} \qquad (3-145)$$

式中经验常数 A 是 $\hat{H}$ 中的一个参量。函数 $f_n(r_n)$ 对于 σ 骨架是一个经验势,为了描述第 n 个 C—C 键的 σ 成分的伸缩。由于 f_n 的完全经验的本性,它不能由二次量子化表示,但是在 π-电子 Hamilton 算符中它是以一个简单的常数出现的。它的参量化保证了 Coulson 的键长与键级线性关系式(Coulson,1970) 得到满足。使用这个模型可以优化沿分子链的键长,由能量泛函数 $\langle \Psi | \hat{H}^{LS} | \Psi \rangle$ 极小化作出的,还可以研究聚乙炔表现出的许多有趣的现象。近来,又有 Longuet-Higgins Hamilton 算符的新改进(见 Surjan & Kuzmany,1986)。如下:

$$\hat{H} = \sum_{n,\sigma} \alpha_n \hat{a}^+_{n\sigma} \hat{a}_{n\sigma} + $$
$$\sum_{n,\sigma} \beta_n \cos \phi_n [\hat{a}^+_{n,\sigma} \hat{a}_{n+1,\sigma} + h.c.] + \sum_n f_n(r_n) \qquad (3-146)$$

式中参量 α_n 是描述在 Hückel 模型的位置 n 处的局域杂质(异原子、取代基等)共轭积分后的因子 $\cos \phi_n$ 反映在键 n 处共轭的分裂的效应,结果使链绕该键扭转 ϕ_n 角度。对于聚乙炔,许多人应用所谓的 SSH Hamilton 算符(S_u,Schrieffer 和 Heeger 在 1980 年引入的)。它乃是 Longuet-Higgins 模型外的另一选择(替代物)。它们的不同处仅在于 σ 核势函数 f_n 的处理上与模型的参量化方面。

(2) Hubbard 模型

Hubbard 方案给出了切换到 π - 电子间相互作用的最简单的可能性。此模型只给出考虑到电子 —— 电子相互作用的占主导势的效应：所谓的定点排斥(on - site repulsion)。它的意思是，若在位置 $m(2P_z$ 轨道) 处有一个电子，当再向此处投入一个电子时，作为 Coulomb 排斥的结果，能量将有显著的增加，此种定点排斥可以合并到 π - 电子 Hamilton 算符内，由填加对应于每个位置的两个电子项实现之，即：

$$\hat{H}^{\text{Hubbard}} = \sum_{nm\sigma} h_{nm} \hat{a}^+_{n\sigma} \hat{a}_{m\sigma} + \frac{1}{2}\sum_{\sigma_1\sigma_2} \nu_n \hat{a}^+_{n\sigma_1} \hat{a}^+_{n\sigma_2} \hat{a}_{n\sigma_2} \hat{a}_{n\sigma_1} \quad (3-147)$$

式中 ν_n 是在原子 n 处的定点排斥参量。这种形式的 Hamilton 算符可以由更普遍的 Hamilton 算符只保留其电子排斥积分矩阵的对角阵元

$$\nu_n = \langle nn | nn \rangle$$

推演得出。

自旋的二次量子化指标 σ_2 是多余的，因为它必须不同于 σ_1，此外 $\hat{a}_{n\sigma_1}$ 与 $\hat{a}_{n\sigma_2}$ 将是相同的，于是 Hubbard Hamilton 算符可写作：

$$\hat{H}^{\text{Hubbard}} = \sum_{nm,\sigma} h_{nm} \hat{a}^+_{n\sigma} \hat{a}_{m\sigma} + \frac{1}{2}\sum_{n\sigma} \nu_n \hat{a}^+_{n\sigma} \hat{a}^+_{n\bar{\sigma}} \hat{a}_{n\sigma} \quad (3-148)$$

式中 $\bar{\sigma}$ 表示两用的(dual) σ 的自旋函数，即：若 $\sigma = \alpha$，则 $\bar{\sigma} = \beta$；如果 $\sigma = \beta$，则 $\bar{\sigma} = \alpha$。

Hubbard Hamilton 算符的二电子部分，可以引入密度算符将它代入简单形式：

$$\hat{N}_{n\sigma} = \hat{a}^+_{n\sigma} \hat{a}_{n\sigma} \quad (3-149)$$

为此，应用交换规则和去掉左边的算符 $\hat{a}_{n\sigma}$ 去放在 $\hat{a}^+_{n\sigma}$ 之后。$\hat{a}_{n\bar{\sigma}}$ 与 $\hat{a}_{n\sigma}$ 的变换，简单地改变二电子项的符号，同样对于 $\hat{a}^+_{n\sigma}$ 与 $\hat{a}_{n\bar{\sigma}}$ 的变换，因为只是它们的自旋标号的不同而已。于是有

$$\hat{H}^{\text{Hubbard}} = \sum_{nm,\sigma} h_{nm} \hat{a}^+_{n\sigma} \hat{a}_{m\sigma} + \frac{1}{2}\sum_{n,\sigma} \nu_n \hat{a}^+_{n\sigma} \hat{a}_{n\sigma} \hat{a}^+_{n\bar{\sigma}} \hat{a}_{n\bar{\sigma}} \quad (3-150)$$

引入粒子算符(3-149)上式化为

$$\hat{H}^{\text{Hubbard}} = \sum_{nm,\sigma} h_{nm} \hat{a}^+_{n\sigma} \hat{a}_{m\sigma} + \frac{1}{2}\sum_n \nu_n \sum_\sigma \hat{N}_{n\sigma} \hat{N}_{n\bar{\sigma}} \qquad (3-151)$$

在二电子项中，由于 $\hat{N}_{n\alpha}$ 与 $\hat{N}_{n\beta}$ 是可交换的，所以对所有的自旋指标 σ 的求和可以除去：

$$\begin{aligned}\hat{H}^{\text{Hubbard}} &= \sum_{nm,\sigma} h_{nm} \hat{a}^+_{n\sigma} \hat{a}_{m\sigma} + \frac{1}{2}\sum_n \nu_n (\hat{N}_{n\alpha}\hat{N}_{n\beta} + \hat{N}_{n\beta}\hat{N}_{n\alpha}) \\ &= \sum_{nm,\sigma} h_{nm} \hat{a}^+_{n\sigma} \hat{a}_{m\sigma} + \sum_n \nu_n \hat{N}_{n\alpha} \hat{N}_{n\beta} \end{aligned} \qquad (3-152)$$

最后一项常常写作：

$$\sum_n \nu_n \hat{N}_{n\uparrow} \hat{N}_{n\downarrow}$$

Hubbard Hamilton 算符的单电子部分常常可以作出与 Hückel 模型的简单化。对一均匀的体系可将定点排斥参量 ν_n 取作相等的，并以 U 记之，在此条件下 Hubbard Hamilton 算符取如下形式：

$$\hat{H}^{\text{Hubbard}} = \sum_{i,\sigma} (\hat{a}^+_{i_1\sigma} \hat{a}_{i_2\sigma} + h.c.) + U \sum_n \hat{N}_{n\alpha} \hat{N}_{n\beta} \qquad (3-153)$$

式中指标 i 走遍所有连结原子 i_1 与 i_2 的键，同时 n 走遍体系内所有的原子。定点排斥积分 U 仅仅是此模型中的一个参量。调整此种 Hubbard 模型 Hamilton 算符与一特定的 π - 电子体系选取一适合的参量值是可能的。在与优化选取值之间的不同是常由改变电子 — 电子间排斥的重要性来表示。

虽然 Hückel 模型的求解在数学上是非常简单的（得自单电子积分 h_{nm} 的矩阵的对角化）。可是 Hubbard Hamilton 算符的对角化常常不是直接的。一维波函数可以类似地在 Hartree - Fock 理论中由迭代过程求出，这相当于对二电子项取平均。这样的波函数只能是对 Hubbard Hamilton 算符的精确解的一个近似，它的精确的本征函数仅能表作行列式函数的线性结合。

(3) Pariser - Parr Pople(PPP) 模型

由 Pariser 和 Parr(1953) 与 Pople(1953) 创立的 PPP 模型可以看作 Hubbard 模型的推广。在 PPP Hamilton 算符中不仅有"定点"(on - site) 排斥还考虑到二中心二电子相互作用：

第三章 二次量子化方法的应用(Ⅰ)

$$\hat{H}^{PPP} = \sum_{nm,\sigma} h_{nm} \hat{a}^+_{n\sigma} \hat{a}_{m\sigma} + \frac{1}{2} \sum_{nm} \sum_{\sigma_1 \sigma_2} \nu_{nm} \hat{a}^+_{n\sigma_1} \hat{a}^+_{m\sigma_2} \hat{a}_{m\sigma_2} \hat{a}_{n\sigma_1} \quad (3-154)$$

式中对角矩阵元 r_{nn} 即是定点排斥参量,同时 r_{nm} 乃是在位置 n 和 m 间的 Coulomb 排斥作用。这个 Hamilton 算符可以由更普遍的 π-电子 Hamilton 算符当仅仅保留如下型的二电子积分时给出:

$$\nu_{nm} = (nm \mid nm)$$

它常称之为"Coulomb 型积分"。注意,它与前述 Hartree-Fock 能量公式中的属于稍不同的概念,在很多的参量化中仅仅保留第一近邻 r_{nm} 积分,并可近似表示为

$$\nu_{nm} = \frac{1}{R_{nm}} \quad (3-155)$$

在原子单位 R_{nm} 是分子链中 n 与 m 位间的距离,它还可以表示成通过定点排斥参量 r_{nm} 的经验式子。

因而有如下两种常用的形式:

(ⅰ) Mataga-Nishimoto(西本) 近似

$$r_{nm} = \frac{1}{R_{nm} + 2/(\nu_{nn} + \nu_{mm})} \quad (3-156)$$

(ⅱ) Ohno(小野)-公式

$$r_{nm} = \frac{1}{\sqrt{R_{nm}^2 + 4/(\nu_{nn} + \nu_{mm})}} \quad (3-157)$$

PPP Hamilton 算符的二电子部分可以由粒子数算符表示出(与 Hubbard 情形类似)。利用相应的反交换关系规则,可将 $\hat{H}^{PPP}$ 写作:

$$\hat{H}^{PPP} = \sum_{nm,\sigma} h_{nm} \hat{a}^+_{n\sigma} \hat{a}_{m\sigma} + \frac{1}{2} \sum_{nm} \sum_{\sigma_1 \sigma_2} \nu_{nm}$$
$$[\hat{a}^+_{n\sigma_1} \hat{a}_{n\sigma_1} \hat{a}^+_{m\sigma_2} \hat{a}_{m\sigma_2} - \delta_{nm} \delta_{\sigma_1 \sigma_2} \hat{a}^+_{n\sigma_1} \hat{a}_{m\sigma_2}] \quad (3-158)$$

还可以化为

$$\hat{H}^{PPP} = \sum_{nm,\sigma} h_{nm} \hat{a}^+_{n\sigma} \hat{a}_{m\sigma} +$$
$$\frac{1}{2} \sum_{nm} \sum_{\sigma_1 \sigma_2} \nu_{nm} \hat{N}_{n\sigma_1} \hat{N}_{m\sigma_2} - \frac{1}{2} \sum_{n} \sum_{\sigma} \nu_{nn} \hat{N}^+_{n\sigma} \quad (3-159)$$

在更合理的半经验的全价电子模型或者从头计算方法还没使用的很多年前，PPP 方法在量子化学中作为对平面 π-电子体系的电子结构的研究工具曾很盛行过。现在 PPP 模型在固态物理学领域受到很大的关注 (Soos & Ramiasesha, 1984)，这可能是因为所研究的体系大，和明显计入电子——电子间相互作用的一般计算方法等有关。

PPP Hamilton 算符通常不能严格解出，在很多情况下勿宁是消耗较多时间。然而，在 SCF 水平在 Hartree-Fock 近似下是可以求解的。如果希望的话，用 SCF PPP 波函数是可以改善组态作用(CI)方法的。完全的 CI 解对应一个 PPP Hamilton 算符(3-159)式严格对角化，这在某些情况下已作过数值计算(Mayer, 1980)

2. 粒子——空穴对称性

前述 π-电子模型毕竟是过于简单化了。因为它是以 σ-π 分离为基础的。意指 π 电子为有效模型 Hamilton 算符所描述，用时 σ 电子(σ 核)的效用是仅在 π-电子的有效 Hamilton 算符的矩阵元时被计入。另一个极端简单化是如上节中讲及的第一邻近近似。这些近似可能极大地限制了模型的威力，但是另一方面在模型 Hamilton 算符的特殊对称性方面有效果，它帮助表述与分类计算的和实验的结果。

不用说，对于实际的体系是不严格遵从这种对称性的。这里可考虑近似的对称性，真实体系与更合理的 Hamilton 算符服从近似对称性，仅当在模型固有性质内扩充此近似是有效的。尽管如此，这个近似对称性乃是模型 Hamilton 算符的精确的对称性。

对于 π-电子这样特殊的一类体系的一个不常见的对称性便称为"粒子——空穴对称性"，对它将详述如下。在交替碳化氢中有一个普遍的对称性，为了解它的起源与重要性，先说明"粒子"与"空穴"的意义并对碳化氢分类。

碳化氢乃是只由碳与氢原子构成的体系。为突显离域化 π-电子体系的典型性质，考虑一平面形分子，平面上的氢原子对体系提供出一个 σ 电子形成分子骨架，于是 π-电子系仅由 $2P_z$ 轨道构成，它是来源于其中的碳原子。

交替碳化氢乃将碳相间打"*"号时,如首尾相合者是;反之,则为非交替碳化氢。(如图 3 - 2)

C*=C-C*=C-C*=C

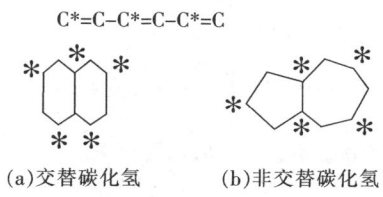

(a)交替碳化氢　　(b)非交替碳化氢

图 3 - 2

由图中之例可见,由偶数碳或偶元环所成者为交替的,否则为非交替碳化氢。

交替碳化氢分子呈现某种对称性质,表现在它的分子轨道能级的特殊的分布上。它是由所谓的"成对定理"确定,或按物理学术语是粒子 — 空穴对称性。在 π - 电子体系的最近邻近似下该类分子的成键轨道与反键轨道成对地分布着,也就是说,在成键轨道上存入一个电子同时在反键轨道就出现一个空穴,电子与空穴是同时存在的。对此可如下表述之:

$$\hat{b}_i^+ = \hat{a}_i \qquad (3\text{-}160a)$$

与

$$\hat{b}_i = \hat{a}_i^+ \qquad (3\text{-}160b)$$

式中算符 $\hat{b}_i^+(\hat{b}_i)$ 是空穴的产生(湮灭)算符,简称"<u>空穴算符</u>"。显然空穴算符 $\hat{b}_i^+,\hat{b}_i$ 的交换性质与 $\hat{a}_i^+,\hat{a}_i$ 的相同。

现在讨论一下,在粒子 — 空穴变换下交替碳化氢的二次量子化 Hamilton 算符的对称性质。

为简明起见,以 Hückel Hamilton 算符为例说明之,对于空间轨道交替碳化氢的 Hamilton 量:

$$\begin{aligned}\hat{H} &= \sum_{mn\sigma} \beta_{mn} \hat{a}_{m\sigma}^+ \hat{a}_{n\sigma} \\ &= \sum_{mn^*\sigma} \beta_{mn^*} \hat{a}_{m\sigma}^+ \hat{a}_{n^*\sigma} + \sum_{m^*n\sigma} \beta_{m^*n} \hat{a}_{m^*\sigma}^+ \hat{a}_{n\sigma}\end{aligned} \qquad (3\text{-}161)$$

这里利用了所有的<u>参量</u> α(Hückel 矩阵的对角元)均等于零和作为最近邻近似的结果保留不同类碳间的 β。交换上式求和中的指标 $m \longleftrightarrow n$,

得出：
$$\hat{H} = \sum_{mn^*\sigma} \beta_{mn^*} \hat{a}^+_{m\sigma} \hat{a}_{n^*\sigma} + \sum_{n^*m\sigma} \beta_{n^*m} \hat{a}^+_{n^*\sigma} \hat{a}_{m\sigma} \qquad (3-162)$$

利用矩阵 β 的对称性，得出：
$$\hat{H} = \sum_{mn^*\sigma} \beta_{mn^*} [\hat{a}^+_{m\sigma} \hat{a}_{n^*\sigma} + \hat{a}^+_{n^*\sigma} \hat{a}_{m\sigma}] \qquad (3-163)$$

$$= \sum_{mn^*\sigma} \beta_{mn^*} [\hat{a}^+_{m\sigma} \hat{a}_{n^*\sigma} + h.c.] \qquad (3-164)$$

式中 $h.c.$ 为 Hermite 共轭部分。

今将粒子—空穴变换用于以上 Hamilton 量，即用 $\hat{b}^+$，$\hat{b}$ 换掉 $\hat{a}^+$，$\hat{a}$，变换后的 Hamilton 量 $\hat{H}'$ 则有

$$\hat{H}' = \sum_{mn^*\sigma} \beta_{mn^*} [\hat{b}^+_{m\sigma} \hat{b}_{n^*\sigma} + h.c.] \qquad (3-165)$$

再按(3-160)式变回，得出：
$$\hat{H}' = \sum_{mn^*\sigma} \beta_{mn^*} [\hat{a}_{m\sigma} \hat{a}^+_{n^*\sigma} + h.c.] \qquad (3-166)$$

将反交换规则应用于二粒子算符给出一个负号（注意，体系是交替的，$m \neq n^*$）：

$$\hat{H}' = -\sum_{mn^*\sigma} \beta_{mn^*} [\hat{a}^+_{n^*\sigma} \hat{a}_{m\sigma} + h.c.] \qquad (3-167)$$

最后，对比(3-164)式与上式，得出：
$$\hat{H}' = -\hat{H} \qquad (3-168)$$

即交替碳化氢的 Hückel Hamilton 算符在粒子—空穴变换下只是简单地改变一个负号。结果是 $\hat{H}'$ 和 $\hat{H}$ 的谱相互是镜像的。今略施技巧可以表现出 $\hat{H}$ 的谱在粒子—空穴变换下的不变性质。无须改变任何期待值，即不改变物理结果可以改变任何基组轨道的符号，如改变带"*"号轨道的符号，包括所有共轭积分的符号，因为 $\beta_{mn^*} = \langle m|\hat{H}|n^*\rangle$ 是 $|n^*\rangle$ 的奇函数。令新的基组的产生／湮灭算符以"C"记之。于是，在新基组下的 Hamilton 量为

$$\hat{H} = \sum_{mn^*\sigma} (-\beta_{mn^*}) [\hat{C}^+_{m\sigma} \hat{C}_{n^*\sigma} + h.c.] = -\hat{H}' \qquad (3-169)$$

此式在形成上是(3-167)式的翻新。易知粒子——空穴变换等价于将全部带"*"的基函数改变符号。算符 $\hat{H}'$ 作用于初始基函数空间与 $\hat{H}$ 在改进的空间是严格相同的。因为此两空间在物理上是完全等价的，$\hat{H}$ 与 $\hat{H}'$ 的能谱是完全相同的。

易知两谱相互呈镜像关系。原因在于 $\hat{H}$ 与 $\hat{H}'$ 的能级关于零能级是对称地分布着的(图3-3)。

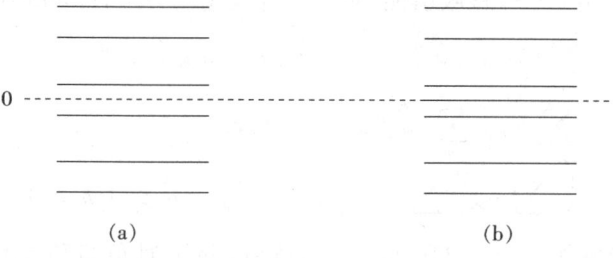

图 3-3

图3-3具有粒子——空穴对称性的交替碳化氢分子的特征能谱偶的(a)与奇的(b)位置数。

对于偶交替碳化氢分子，能级对称地分布于零能级上下，这是"成对定理"的结果，而奇交替氢在非键轨道(零能级)处有能级存在。

Hückel分子轨道($\hat{H}$ 的本征向量)在粒子——空穴变换下除了一个不相干的相因子外，是不变的。

体系的交替性连同最近邻近似是实现粒子——空穴对称性的必要条件。在一碳化氢体系中 α-参量具有共同的值，并且由将能量原点改变可将它从Hamilton量中消除掉。当体系中有杂原子存在时固有不同的α从而破坏了粒子空穴对称性。然而，对于严格上不是碳化氢的体系，如硅或其他的原子，限制在一平面上分布着的 π-电子体系时也是可用的。

现在要问，交替碳化氢的简单性质能否推广到更合理的水平或者它只限于 Hückel 方案。下面将看到电子相关效应并不损坏粒子——空穴对称性，尽管是对于PPP模型(由于Hubbard模型乃是PPP模型的特殊情况，所以Hubbard模型Hamilton量也具有粒子——空穴对称性)。这里将按照 Longuet-Higgins(1966) 的办法作简单讨论。

由前述已知 PPP Hamilton 量可表作：

$$\hat{H}^{PPP} = \sum_{nm}[h_{nm}\sum_{\sigma}\hat{a}^{+}_{n\sigma}\hat{a}_{m\sigma} +$$
$$\frac{1}{2}\nu_{nm}\sum_{\sigma_1\sigma_2}\hat{a}^{+}_{n\sigma_1}\hat{a}^{+}_{m\sigma_2}\hat{a}_{m\sigma_2} - a_{nm}\hat{a}_{n\sigma_1}] \qquad (3-170)$$

式中 n 与 m 是近邻的。注意，其中单电子积分并不是简单的共振积分，但仍然是电子 — 核吸引能。对于交替碳化氢分子，Hamilton 算符为

$$\hat{H}^{PPP} = \sum_{k,\sigma}(h_{kk}\hat{a}^{+}_{k\sigma}\hat{a}_{k\sigma} + \frac{1}{2}\nu_{kk}\hat{a}^{+}_{k\sigma}\hat{a}^{+}_{k\bar{\sigma}}\hat{a}_{k\sigma} +$$
$$\sum_{nm^*}h_{nm^*}\sum_{\sigma}(\hat{a}^{+}_{n\sigma}\hat{a}_{m^*\sigma} + h.c.) +$$
$$\frac{1}{2}\sum_{nm^*}\nu_{nm^*}\sum_{\sigma_1\sigma_2}(\hat{a}^{+}_{n\sigma_1}\hat{a}^{+}_{m^*\sigma_2}\hat{a}_{m^*\sigma_2}\hat{a}_{n\sigma_1} + h.c.) \qquad (3-171)$$

这里的操作完全与 Hückel 情形类似，除了对角矩阵元保留 h_{kk} 与 ν_{kk} 外。

对上式应用粒子 — 空穴变换，给出：

$$\hat{H}'^{PPP} = \sum_{k,\sigma}(h_{kk}\hat{a}_{k\sigma}\hat{a}^{+}_{k\sigma} + \frac{1}{2}\nu_{kk}\hat{a}_{k\sigma}\hat{a}_{k\bar{\sigma}}\hat{a}^{+}_{k\sigma}\hat{a}^{+}_{k\sigma} +$$
$$\sum_{nm^*}h_{nm^*}\sum_{\sigma}(\hat{a}_{n\sigma}\hat{a}^{+}_{m^*\sigma_2} + h.c.) + \frac{1}{2}\sum_{nm^*}\nu_{nm^*}$$
$$\sum_{\sigma_1\sigma_2}(\hat{a}_{n\sigma_1}\hat{a}_{m^*\sigma_2}\hat{a}^{+}_{m^*\sigma_2}\hat{a}^{+}_{n\sigma_1} + h.c.) \qquad (3-172)$$

应用 Fermi 子反交换规则将算符串次序化之，结果：

$$\hat{H}'^{PPP} = \sum_{k,\sigma}(h_{kk}[1-\hat{a}^{+}_{k\sigma}\hat{a}_{k\sigma}] + \frac{1}{2}\nu_{kk}[1-\hat{a}^{+}_{k\sigma}\hat{a}_{k\sigma}][1-\hat{a}^{+}_{k\bar{\sigma}}\hat{a}_{k\bar{\sigma}}] -$$
$$\sum_{nm^*}h_{nm^*}\sum_{\sigma}(\hat{a}^{+}_{m^*\sigma}\hat{a}_{n\sigma} + h.c.) +$$
$$\frac{1}{2}\sum_{nm^*}\nu_{nm^*}\sum_{\sigma_1\sigma_2}(\hat{a}^{+}_{n\sigma_1}\hat{a}^{+}_{m^*\sigma_2}\hat{a}_{m^*\sigma_2}\hat{a}_{n\sigma_1} + h.c.) +$$
$$\frac{1}{2}\sum_{nm^*}\nu_{nm^*}\sum_{\sigma_1\sigma_2}(1-\hat{a}^{+}_{m^*\sigma_1}\hat{a}_{m^*\sigma_2} -$$
$$\hat{a}^{+}_{n\sigma_1}\hat{a}_{n\sigma_1} + h.c.) \qquad (3-173)$$

第三章 二次量子化方法的应用（Ⅰ）

现在使用 Hückel 情形同样的技巧,改变每一个带"*"的轨道的相。显然,对角积分 h_{kk} 与 ν_{kk} 不受影响,因为它们不是含"o"或"q"的带"*"的轨道。两个双电子积分 $\nu_{nm^*}\langle nm^* | nm^* \rangle$ 也不受影响(同样理由)。然而,非对角的单电子矩阵元将翻倒符号。在新基组上,使用相应的产生/湮灭算符后上式改写如下:

$$\hat{H}'^{PPP} = \sum_{k,\sigma}(h_{kk}[1-\hat{C}_{k\sigma}^+\hat{C}_{k\sigma}] + \frac{1}{2}\nu_{kk}[1-\hat{C}_{k\sigma}^+\hat{C}_{k\sigma}]$$
$$[1-\hat{C}_{k\bar{\sigma}}^+\hat{C}_{k\bar{\sigma}}] + \sum_{nm^*}h_{nm^*}\sum_{\sigma}(\hat{C}_{m^*\sigma}^+\hat{C}_{n\sigma} + h.c.) +$$
$$\frac{1}{2}\sum_{nm^*nm^*}\nu_{nm^*}\sum_{\sigma_1\sigma_2}(\hat{C}_{n\sigma_1}^+\hat{C}_{m^*\sigma_2}^+\hat{C}_{m^*\sigma_2}\hat{C}_{n\sigma_1} + h.c.) +$$
$$\frac{1}{2}\sum_{nm^*}\nu_{nm^*}\sum_{\sigma_1\sigma_2}(1 - \hat{C}_{m^*\sigma_2}^+\hat{C}_{m^*\sigma_2} -$$
$$\hat{C}_{n\sigma_1}^+\hat{C}_{n\sigma_1} + h.c.) \tag{3-174}$$

此式可借简单的代数手法将它重组如下:

$$\hat{H}'^{PPP} = \sum_{k,\sigma}(h_{kk}\hat{C}_{k\sigma}^+\hat{C}_{k\sigma} + \frac{1}{2}\nu_{kk}\hat{C}_{K\sigma}^+\hat{C}_{K\sigma}^+\hat{C}_{K\sigma}^-\hat{C}_{K\bar{\sigma}}) +$$
$$\sum_{nm^*}h_{nm^*}\sum_{\sigma}(\hat{C}_{m^*\sigma}^+\hat{C}_{n\sigma} + h.c.) +$$
$$\frac{1}{2}\sum_{nm^*}\nu_{nm^*}\sum_{\sigma_1\sigma_2}(\hat{C}_{n\sigma_1}^+\hat{C}_{m^*\sigma_2}^+\hat{C}_{m^*\sigma_2}\hat{C}_{n\sigma_1}^+ + h.c.) +$$
$$\frac{1}{2}\sum_{nm^*}\nu_{nm^*}\sum_{\sigma_1\sigma_2}(1 - \hat{C}_{m^*\sigma_2}^+\hat{C}_{m^*\sigma_2} - \hat{C}_{n\sigma_1}^+\hat{C}_{n\sigma_1} + h.c.) +$$
$$\sum_{k,\sigma}\left(h_{kk} + \frac{1}{2}\gamma_{kk}\right)[1-2\hat{C}_{k\sigma}^+\hat{C}_{k\sigma}] \tag{3-175}$$

这里,上式前三项严格地与初始 PPP Hamilton 算符是相同的,后两项出现不同。可见 $\hat{H}' = \hat{H}$ 这一关系仅适于 Hückel 水平,但不适于 PPP 近似。然而,粒子—空穴对称性仍残存着。(3-175)式后两项反映了初始的与变换 Hamilton 量之差,可以表作

$$\hat{D} = \sum_k\left[h_{kk} + \frac{1}{2}\gamma_{kk} + \sum_{v\neq k}\gamma_{kv}\right]\sum_{\sigma}(1-2\hat{C}_{k\sigma}^+\hat{C}_{k\sigma}) \tag{3-176}$$

注意,此处的算符 $\hat{C}_{k\sigma}^+,\hat{C}_{k\sigma}$ 是关于空穴的而不是关于电子的。将粒

子数算符 $\hat{N}_k$ 用空穴算符表示如下：

$$\hat{N}_k = \sum_\sigma \hat{a}_{k\sigma}^+ \hat{a}_{k\sigma} = \sum_\sigma (1 - \hat{a}_{k\sigma} \hat{a}_{k\sigma}^+)$$
$$= \sum_\sigma (1 - \hat{C}_{k\sigma}^+ \hat{C}_{k\sigma}) \tag{3-177}$$

代入（3-176）式中，得出：

$$\hat{D} = \sum_k \left[h_{kk} + \frac{1}{2}\gamma_{kk} + \sum_{v \neq k}\gamma_{kv} \right] 2(\hat{N}_k - 1) \tag{3-178}$$

易知，如果体系不含杂原子时上式方括号内项为一常数。这是由于在 PPP 方法中 h_{kk} 核积分是参量化了的：

$$h_{kk} = -I_k - \sum_{v \neq k}\gamma_{kv}$$

式中 I_k 是原子的 k 位电离势，和非对角 γ 积分按核—电子吸引能估算。因为当无杂原子时 I_k 与 γ_{kk} 是常数，于是可写作：

$$\hat{D} = 2ʙ\sum_k (\hat{N}_k - 1) \tag{3-179}$$

式中常数 ʙ 代表（3-178）式中方括号内的量，它是初始的与粒子空穴变换后的 PPP Hamilton 量之差。$\hat{D}$ 的期待值容易求出，因为

$$\left\langle \sum_k (\hat{N}_k - 1) \right\rangle = \sum_k \langle \hat{N}_k \rangle - M = N - M$$

式中 N 是体系中电子总数（$\hat{N}$ 的迹），M 是基函数的数目。对于碳化氢分子，每一个原子或位置对总电荷的贡献是 +1，于是 $N-M$ 恰好等于分子中的净电荷（Q），因而有

$$\langle \hat{D} \rangle = 2ʙQ \tag{3-180}$$

如果 $Q=0$，则 $\hat{H}$ 与 $\hat{H}'$ 的期待值相同，能量对于粒子—空穴变换是不变的。再者，对应于分子正、负离子的多电子状态，是 1—1 对应的，它的能量差可以由 $2ʙQ$ 确定。相应的电子亲合力与电离势具有相等的绝对值。这些都是交替碳化氢体系 PPP Hamilton 量的粒子—空穴对称性的最重要的结论。遗憾的是，这种对称性还不能推广于更复杂的 Hamilton 算符。

如下节将详细讨论的情况。

§3-7 全价电子体系

1. 全价电子 Hamilton 量

在描述非平面状分子或饱和的分子体系时 σ-π 电子分离已不适用了。很多情况要是将内壳电子与外壳价电子分开处理已成为某程度的近似,从而导致所谓的全价电子方法。将内壳电子构成对价壳的赝势归结为一模型:

$$Z_c = Z - n_c$$

式中核实的正电荷数等于 Z 减去内壳电子数 n_c。这等价于说核电子已被压缩到核内。此模型已广泛地用于半经验方案。如微分重迭完全略去(CNDO)、间略微分重迭(INDO)、略去双原子微分重迭(NDDO)等方法(Pople 称其为"NDO 家族"),它们已经成为研究较大的分子的电子结构的量子化学工具。这里不讲述这些方案参量化的细节,而只是给出它们的二次量子化的 Hamilton 算符,关于涉及非正交基的 EHMO 法以后再详述之。

NDO 方案中最简单的是 CNDO 法,它是对于双电子积分完全使用了零微分重迭(ZDO)近似。ZDO 条件意即忽略全部两电子积分,将两个不同基的微分重迭,对于空间轨道表示如下:

$$[nm \mid ls] = [nm \mid nm]\delta_{nl}\delta_{ms} \qquad (3-181)$$

显然,CNDO Hamilton 量可以看作 $\hat{H}^{PPP}$ 向全价电子水平的扩展,它通常具如下形式:

$$\hat{H} = \sum_{nm\sigma} h_{nm} \hat{a}^+_{n\sigma} \hat{a}_{m\sigma} + \frac{1}{2} \sum_{nmls} \sum_{\sigma_1 \sigma_2} [nm \mid ls] \hat{a}^+_{n\sigma_1} \hat{a}^+_{m\sigma_2} \hat{a}_{s\sigma_2} \hat{a}_{l\sigma_1}$$

求和指标 n, m, l 与 s 遍及全部(空间)价轨道,并假定它们是正交归一化基集。引入 ZDO 条件(3-181)式后,得出:

$$\hat{H}^{CNDO} = \sum_{nm\sigma} h_{nm} \hat{a}^+_{n\sigma} \hat{a}_{m\sigma} +$$
$$\frac{1}{2} \sum_{nm} \sum_{\sigma_1\sigma_2} [nm \mid nm] \hat{a}^+_{n\sigma_1} \hat{a}^+_{m\sigma_2} \hat{a}_{m\sigma_2} \hat{a}_{n\sigma_1} \qquad (3-182)$$

以上 Hamilton 算符的结构严格地与 PPP 法的相同，主要的差别是这里是由价 AO 构成的基组而不只是 $2P_z$ 轨道。CNDO 与 PPP Hamilton 算符这种形式上的类似性包含前节述及的同样操作手法。

结果有：

$$\hat{H}^{CNDO} = \sum_{nm\sigma} h_{nm} \hat{a}^+_{n\sigma} \hat{a}_{m\sigma} + \frac{1}{2} \sum_{nm} \sum_{\sigma_1\sigma_2} \gamma_{nm} \hat{N}_{n\sigma_1} \hat{N}_{m\sigma_2} - \frac{1}{2} \sum_{n} \sum_{\sigma} \gamma_{nn} \hat{N}_{n\sigma}$$
$$= \sum_{nm\sigma} h_{nm} \hat{a}^+_{n\sigma} \hat{a}_{m\sigma} + \frac{1}{2} \sum_{nm} \gamma_{nm} \hat{N}_n \hat{N}_m -$$
$$\frac{1}{2} \sum_n \gamma_{nn} \hat{N}_n \qquad (3-183)$$

式中引进空间粒子数算符：

$$\hat{N}_n = \sum_\sigma \hat{N}_{n\sigma}$$

不管形式上的相似性，PPP 和 CNDO Hamilton 量的参量化是完全不同的。特别是 CNDO 法并未限制最近邻近似。因此粒子—空穴对称性不能应用于 $\hat{H}^{CNDO}$。

多种 NDO 方案与 CNDO 不同处在于它们并不完全使用 ZDO 近似。

今对 INDO Hamilton 量取二次量子化形式。为此将双电子积分分割为单中心与二中心的。在单中心部分保持所有的积分，其余的施以 ZDO 条件：

$$\hat{H}^{INDO} = \sum_{nm\sigma} h_{nm} \hat{a}^+_{n\sigma} \hat{a}_{m\sigma} + \frac{1}{2} \sum_A \sum_{nmls}^{(A)} \sum_{\sigma_1\sigma_2} [nm \mid ls] \hat{a}^+_{n\sigma_1} \hat{a}^+_{m\sigma_2} \hat{a}_{s\sigma_2} \hat{a}_{l\sigma_1} +$$
$$\frac{1}{2} \sum'_{m,n} [mn \mid mn] \sum_{\sigma_1\sigma_2} \hat{N}_{n\sigma_1} \hat{N}_{n\sigma_2} \qquad (3-184)$$

求和指标 A 是遍及所有原子，又 $\sum'$ 是指 m 与 n 分属不同的原子。上式最后一项与 $\hat{H}^{CNDO}$ 对应，但是在 (3-183) 式中出现的非对角项在此不见了，这是因为它被包含在单中心项内。

以上式第二项的意义值得一说，显然，它不能用粒子数来表述，这与 CNDO 型的项相反。结果是 CNDO 模型不能区别电子结构相同而自旋不同之间的态。而这种区别在 INDO 中由于有第二项的存在而可能了。这点在研究与自旋有关的现象，如 ESR 谱，是必需的前提。

2. Hartree - Fock Hamilton 量

Hartree - Fock 模型导致一个有效单电子 Hamilton 算符，称为 Fcokian $\hat{F}$。$\hat{F}$ 的二次量子化表述与任何单电子算符的相同，在正交归一化自旋轨道 $\{X_\mu\}$ 下，可写作：

$$\hat{F} = \sum_{\mu\gamma} F_{\mu\gamma} X_\mu^+ X_\gamma^- \qquad (3-185)$$

式中 $F_{\mu\gamma}$ 是 Fock 矩阵的元素。Hartree - Fock 方程式的解包含 Fock 矩阵的对角化，$\hat{F}$ 的本征值是轨道能 ε_i，于是 (3 - 185) 式在对角化后取如下形式：

$$\hat{F} = \sum_i \varepsilon_i \Psi_i^+ \Psi_i^- \qquad (3-186)$$

式中 Ψ 是关于分子的自旋轨道的。$\hat{F}$ 通常是应用于后一形式的多电子理论，即它是由轨道能明确定义的。注意，上式求和指标 i 是对包括虚的在内的全部分子轨道进行的。(3 - 186) 式虽然有些抽象（形式），因为轨道能最初是未知的，它们是得自 Fock 矩阵对角化的结果。在完成一个 Hartree - Fock 计算之前它是未知的，因为 $\hat{F}$ 的矩阵元要由自洽来确定之。

矩阵元 $F_{\mu\gamma}$ 的表示式可以漂亮地由二次量子化导出。这一推导是基于在 Hartree - Fock 近似之后的物理图像。如已述，在此模型中电子相互之间仅仅是按平均的方式，于是相关的效应已被排除在外了。推导这样的平均算符，从如下 Hamilton 算符开始：

$$\hat{H} = \sum_{\mu\gamma} h_{\mu\gamma} X_\mu^+ X_\gamma^- + \frac{1}{2} \sum_{\mu\gamma\lambda\sigma} \langle \mu\gamma | \lambda\sigma \rangle X_\mu^+ X_\gamma^+ X_\sigma^- X_\lambda^-$$

第一项是单电子项，可将积分 $h_{\mu\gamma}$ 并入 $\hat{F}$ 中。二电子项要进行平均，按数学上说，"平均"意味着将二电子算符串 $X_\mu^- X_\nu^+ X_\sigma^- X_\lambda^-$ 由适当的单电

子串乘以某各密度矩阵元代替之。于是,此串的完全平均(期待)值是:
$$\langle X_\mu^+ X_\gamma^+ X_\sigma^- X_\lambda^- \rangle = P_{\mu\lambda} P_{\nu\sigma} - P_{\mu\sigma} P_{\nu\lambda}$$
今定义"部分平均"(Partial Average):
$$(X_\mu^+ X_\gamma^+ X_\sigma^- X_\lambda^-) = P_{r\sigma} X_\mu^+ X_\lambda^- - P_{\gamma\lambda} X_\mu^+ X_\sigma^- +$$
$$P_{\mu\lambda} X_\gamma^+ X_\sigma^- - P_{\mu\sigma} X_\gamma^+ X_\lambda^- \tag{3-187}$$

在左边的二电子串中挑出所有可能单电子串的组合(上式的期待值与对二电子串的全部平均值是不同的,差个因子)。将上式代入 $\hat{H}$ 中,得出 Fock 算符:

$$\hat{H} \to \hat{F} = \sum_{\mu\gamma} h_{\mu\gamma} X_\mu^+ X_\gamma^- + \frac{1}{2} \sum_{\mu\gamma\lambda\sigma} [\mu\gamma \mid \lambda\sigma] \times (P_{\gamma\sigma} X_\mu^+ X_\lambda^- -$$
$$P_{\gamma\lambda} X_\mu^+ X_\sigma^- + P_{\mu\lambda} X_\gamma^+ X_\sigma^- - P_{\mu\sigma} X_\gamma^+ X_\lambda^-)$$

由适当求和指标内变换可将它变换为更明白的形式,特别是第一项作 $\gamma \leftrightarrow \lambda$,第二项作 $\gamma \leftrightarrow \sigma$ 变换,等等。利用二电子积分与一级密度矩阵 P 的对称性质得到:

$$\hat{F} = \sum_{\mu\gamma} [h_{\mu\gamma} + \sum_{\lambda\sigma} P_{\lambda\sigma}([\mu\lambda \mid \gamma\sigma] - [\mu\lambda \mid \sigma\gamma])] X_\mu^+ X_\gamma^-$$
$$= \sum_{\mu\gamma} F_{\mu\gamma} X_\mu^+ X_\gamma^- \tag{3-188}$$

式中 Fock 矩阵:
$$F_{\mu\gamma} = h_{\mu\gamma} + \sum_{\lambda\sigma} P_{\lambda\sigma}([\mu\lambda \mid \gamma\sigma] - [\mu\lambda \mid \sigma\gamma]) \tag{3-189}$$

此乃已知的结果。显然,$\hat{F}$ 中描述的是平均的电子 — 电子间相互作用,由于一个电子运动在所有其他电子的场中,应考虑到它与所有其他电子间的相互作用。

在空间轨道的 Fock 算符使用更为方便。今对闭壳层体系,根据限制的 Hartree - Fock(RHF)方法,每一轨道不是双占据的就是全空的。于是,与自旋无关空间 Fock 矩阵:

$$F_{mn} = h_{mn} + \sum_{ls} P_{ls} \left([ml \mid ns] - \frac{1}{2}[ml \mid sn] \right) \tag{3-190}$$

显然,Fock 算符是:
$$\hat{F} = \sum_{m,n} F_{mn} \sum_{\sigma} X_{m\sigma}^+ X_{n\sigma}^-$$

在 MO 基集,上式化为

$$\hat{F} = \sum_i \varepsilon_i \sum_\sigma \Psi_{i\sigma}^+ \Psi_{i\sigma}^-$$

式中轨道能 ε_i 是空间 Fock 矩阵的本征值。

对于非限制 Hartree - Fock(UHF)方法,情况会复杂些,以 $P^\alpha P^\beta$ 记电子 α 与 β 的密度矩阵将得出 α 与 β 电子的 F^α 与 F^β。由(3-189)式对自旋函数积分之,得出:

$$F_{mn}^\alpha = h_{mn} + \sum_{ls}(P_{ls}^\alpha [ml \mid ns] + P_{ls}^\beta s[ml \mid ns] - P^\alpha [ml \mid sn])$$

引入空间 Coulomb 密度矩阵后,则有

$$F_{mn}^\alpha = h_{mn} + \sum_{ls}(P_{ls}[ml \mid ns] - P_{ls}^\alpha [ml \mid sn]) \qquad (3-191a)$$

类似地可得:

$$F_{mn}^\beta = h_{mn} + \sum_{ls}(P_{ls}[ml \mid ns] - P_{ls}^\beta [ml \mid sn]) \qquad (3-191a)$$

当 $P^\alpha = P^\beta$ 时上式还原为 RHF - Fock 矩阵。则 UHF 的 Fock 算符的二次量子化表述如下:

$$\hat{F}^{UHF} = \sum_{mn}\sum_\sigma F_{mn}^\sigma X_{m\sigma}^+ X_{n\sigma}^- \qquad (3-192)$$

在 UHF 方法中自洽地将 F^α 与 F^β 对角化,在 MO 基集下,给出 Fock 算符为

$$\hat{F}^{UHF} = \sum_i \sum_\sigma \varepsilon_{i,\sigma} \psi_{i\sigma}^+ \Psi_{i\sigma}^-$$

UHF - Fock 算符与自旋有关并且相应的本征向量有不适当的结果,即总的多电子波函数常常不是纯粹的自旋态,而是不同自旋多重混合的态。一个确定多重性的态可以由适当的自旋投影算符选出来。对此详见自旋投影扩展的 Hartree - Fock 方程(spin - projected extended Hartree - Fock equation)(Mayer,1980)。

3. Brillouin 定理

Ψ_G 是 Hartree - Fock 基态波函数与 Ψ_E 为单激发态的,它与 Ψ_G 不同处是由一个空的轨道代替占据的自旋轨道。于是,如下说法成立。

$$H_{GE} = \langle \Psi_G \mid \hat{H} \mid \Psi_E \rangle = 0 \qquad (3-193)$$

即单激发态不与 HF 基态发生相互作用：相应的 Hamilton 矩阵元为零。这一著名的定理(Brillouin,1933)在 Hartree-Fock 理论中起着重要的作用，同样在基于 Hartree-Fock 参考态更严格的方法中也是如此。易知(3-193)式乃是 Ψ_G 为精确的 Hartree-Fock 波函数的充分而必要的条件，实际上 Hartree-Fock 方程式是可能通过 Brillouin 定理直接地由变分原理推导出来的。这里不去论证 Hartree-Fock 方程与(3-193)式是完全等价的，而只是表明 Brillouin 定理会完成 Hartree-Fock 波函数。今用二次量子化去证明，因为它对矩阵元的计算将更容易些。为此目的，要将上式表作二次量子化形式。以 Fermi 真空表示基态：

$\langle \Psi_G | = \langle HF |$ （对于左矢）

由于 Ψ_E 是单激发波函数，它可以由 Ψ_G 在分子自旋轨道(ρ)中消失一个电子得出后再升入另一个态(τ^*)：

$| \Psi_E \rangle = \hat{a}_{\tau^*}^+ \hat{a}_\rho | HF \rangle$ （对于右矢） (3-194)

式中"τ^*"记述空轨道。此激发态波函数是单行列式函数，然而，它不是纯粹的自旋态而是单态与三重态的混合态。这里暂不考虑自旋适合，因为这对于证明 Brillouin 定理无关。

于是得出：

$$H_{GE} = \sum_{\mu\gamma} h_{\mu\gamma} \langle HF | \hat{a}_\mu^+ \hat{a}_\gamma \hat{a}_{\tau^*}^+ \hat{a}_\rho | HF \rangle + \frac{1}{2} \sum_{\mu\gamma\lambda\sigma} [\mu\gamma | \lambda\sigma] \langle HF |$$
$$\hat{a}_\mu^+ \hat{a}_\gamma^+ \hat{a}_\sigma \hat{a}_\lambda \hat{a}_{\tau^*}^+ \hat{a}_\rho | HF \rangle \qquad (3-195)$$

上式中单电子部分为

$\langle HF | \hat{a}_\mu^+ \hat{a}_\gamma \hat{a}_\tau^+ \hat{a}_e^+ | HF \rangle = \delta_{\mu\rho}\delta_{\gamma\tau^*} + \delta_{\mu\epsilon}\delta_{\gamma\tau^*} = \delta_{\mu\epsilon}\delta_{\gamma\tau^*}$ (3-196)

式中均为正号，因为无次序变换，又因 τ^* 是空轨道而有 ρ 是占据的，所以不一致而为零。二电子项的矩阵元可如下确定可能的配对：

$\langle HF | \mu^+ \gamma^+ \sigma^- \lambda^- \tau^{*+} \rho^- | HF \rangle = 0$ (3-197a)

$$\langle HF | \mu^+\gamma^+\sigma^-\lambda^-\tau^{*+}\rho^- | HF\rangle = 0 \qquad (3\text{-}197\text{b})$$

$$\langle HF | \mu^+\gamma^+\sigma^-\lambda^-\tau^{*+}\rho^- | HF\rangle = n_\sigma \delta_{\mu v} \delta_{v\sigma} \delta_{\lambda\tau^*} \qquad (3\text{-}197\text{c})$$

$$\langle HF | \mu^+\gamma^+\sigma^-\lambda^-\tau^{*+}\rho^- | HF\rangle = -n_\sigma \delta_{\mu v} \delta_{v\sigma} \delta_{\lambda\tau^*} \qquad (3\text{-}197\text{d})$$

$$\langle HF | \mu^+ \gamma^+ \sigma^- \lambda^- \tau^{*+}\rho^- | HF\rangle = -n_\lambda \delta_{\mu v} \delta_{v\lambda} \delta_{\sigma\tau^*} \qquad (3\text{-}197\text{e})$$

$$\langle HF | \mu^+\gamma^+\sigma^-\lambda^-\tau^{*+}\rho^- | HF\rangle = -n_\lambda \delta_{\mu\lambda} \delta_{v\rho} \delta_{\sigma\tau^*} \qquad (3\text{-}197\text{f})$$

这里用了产生与湮灭算符简写。

由上可得：

$$H_{GE} = \sum_{\mu\gamma} h_{\mu\gamma} \delta_{\mu v} \delta_{\gamma\tau^*} + \frac{1}{2} \sum_{\mu\lambda\sigma} [\mu\gamma | \lambda\sigma] \{ n_\sigma \delta_{\mu\rho} \delta_{v\sigma} \delta_{\lambda\tau^*} - n_\sigma \delta_{\mu\sigma} \delta_{\gamma\rho} \delta_{\lambda\tau^*} +$$
$$n_\lambda \delta_{\mu\lambda} \delta_{v\rho} \delta_{\sigma\tau^*} - n_\lambda \delta_{\mu v} \delta_{v\lambda} \delta_{\sigma\tau^*} \} \qquad (3\text{-}198)$$

完成求和与适当的内交换求和指标后，得出：

$$H_{GE} = h_{\rho\tau^*} + \frac{1}{2} \sum_{\gamma}^{occ} [\rho\gamma | \tau^*\gamma] - \frac{1}{2} \sum_{\mu}^{occ} [\mu\rho | \tau^*\mu] +$$
$$\frac{1}{2} \sum_{\mu}^{occ} [\mu\rho | \mu\tau^*] + \frac{1}{2} \sum_{\gamma}^{occ} [\rho\gamma | \gamma\tau^*]$$
$$= h_{\rho\tau^*} + \sum_{\mu}^{occ} \{ [\rho\mu | \tau^*\mu] - [\rho\mu | \mu\tau^*] \}$$
$$= F_{\rho\tau^*} \qquad (3\text{-}199)$$

这里使用了二电子积分的对称性质与恢复了占据轨道 ρ 与空轨道 τ^* 间的 Fock 算符的矩阵元，用了 Fock 矩阵的定义式。由于 $\hat{F}$ 在正则 MOF 是对角的所以 $F_{\tau\rho^*}$ 为零。这就证明了 Brillouin 定理。上式也可按 Slater 规则得出，这又证明上述推导是对的。

还可看出，Fock 矩阵的对角性质是不需要 Brillouin 定理的：它是充分的，只要 $\hat{F}$ 可以块状对角化，没有占据的与空的轨道之间的矩阵元是不为零的。在占据—占据轨道块间的矩阵元同样空—空轨道块间的，按

Brillouin 定理是不须要除掉的。由第一量子化理论已知的 Brillouin 定理是等价于广义的 Hartree - Fock 方程式的。因此，上述发现暗示精确的 Hartree - Fock 轨道并不是 Fock 算符对角化所必需的。事实上，Hartree - Fock MO 可以由任何非奇异的线性变换在占据轨道之间变换，而对 Fock 矩阵的占据—空轨道块无影响，并保持 $F_{\rho\tau^*}$ 为零。在空的子空间中进行的任何变换都是可以的，这些变换可图示如下：

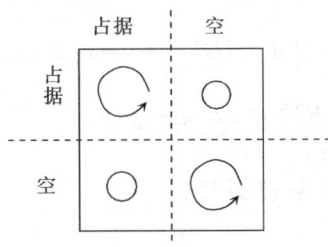

Fock 矩阵的结构满足广义 Hartree - Fock 方程式，"↻"代表在所指块内的任何酉变换

图 3 - 4

通常，变换后的轨道并不服从正则 Hartree - Fock 方程式：

$$\hat{F} \Psi_\gamma = \varepsilon_\gamma \Psi_\gamma \tag{3-200}$$

此方程式可如下导出，考虑占据轨道的线性变换：

$$\phi_\lambda = \sum_\gamma^{occ} L_{\lambda\gamma}^{-1} \Psi_\gamma \tag{3-201a}$$

其逆变换为

$$\Psi_\gamma = \sum_\lambda^{occ} L_{\gamma\lambda}^{-1} \phi_\lambda \tag{3-201b}$$

将它们代入(3 - 200) 式，得

$$\sum_\lambda^{occ} L_{\gamma\lambda}^{-1} \hat{F} \phi_\lambda = \varepsilon_\gamma \sum_\lambda^{occ} L_{\gamma\lambda}^{-1} \phi_\lambda \tag{3-202a}$$

此即 $\hat{F} \phi_\mu = \sum_{\lambda,\gamma}^{occ} L_{\mu\gamma} \varepsilon_\gamma L_{\gamma\lambda}^{-1} \phi_\lambda$ (3-202b)

由定义引入全 ε 矩阵，有

$$\varepsilon_{\mu\lambda} = \sum_{\gamma} L_{\mu\gamma}\varepsilon_{\gamma} L_{\gamma\lambda}^{-1} \tag{3-203}$$

于是(3 - 202b)式化为

$$\hat{F}\phi_\mu = \sum_\lambda^{occ} \varepsilon_{\mu\lambda}\phi_\lambda \tag{3-204}$$

此乃对于占据轨道的 Hartree - Fock 方程式的一般形式。此结果很重要,因为由此可对 Hartree - Fock 方法有更深层的认识。由上可见,Brillouin 定理只是要求 Fock 矩阵中的占据—空轨道块为零。这一要求已被(3 - 204)式满足了,上式描述 $\hat{F}$ 将一占据轨道 MO 变换到一新的轨道,它是 $\hat{F}$ 从占据的子空间并未将其带离占据 MO,即占据子空间是 $\hat{F}$ 的不变子空间。

上述考虑表明在多电子体系中单个的分子轨道是没有直接的物理意义的。此点对于基态是对的,而对于激发的或电离态正则 MO 的含意就更突出(见 Koopmans 定理)。

Hartree - Fock 波函数对于酉变换的不变性也是显然的。在第一量子化理论中利用行列式的性质可以表明这种不变性,这里用二次量子化来证明它。

因为任何酉变换均可由相继(连续)的 2—2 次转动达到,所以如下表示是充分的:

$$|HF\rangle = \hat{U}_{ik}|HF\rangle \tag{3-205}$$

式中 $\hat{U}_{ik}$ 是作用于 MO i 与 k 的 2—2 转动。$\hat{U}_{ik}$ 可用如下矩阵表出:

$$U_{ik} = \begin{bmatrix} \cos\phi & \cos\phi \\ -\sin\phi & \sin\phi \end{bmatrix} \tag{3-206}$$

式中 ϕ 是旋转"角"度,将(3 - 205)的自旋轨道显式写出:

$$\Psi_1^+ \cdots \Psi_i^+ \cdots \Psi_k^+ \cdots \Psi_n^+ |0\rangle = \Psi_1^+ \cdots {\Psi'}_i^+ \cdots {\Psi'}_k^+ \cdots \Psi_N^+ |0\rangle \tag{3-207}$$

式中 ${\Psi'}_i^+ = \cos\phi\, \Psi_i^+ + \sin\phi\, \Psi_k^+ \tag{3-208a}$

$${\Psi'}_k^+ = -\sin\phi\, \Psi_i^+ + \cos\phi\, \Psi_k^+ \tag{3-208b}$$

将此转动代入(3 - 207)式右边,结果得出:

$$\Psi_1^+ \cdots (\cos\phi\, \Psi_i^+ + \sin\phi\, \Psi_k^+) \cdots (-\sin\phi\, \Psi_i^+ + \cos\phi\, \Psi_k^+) \cdots \Psi_N^+ |0\rangle$$

$$=-\cos\phi\sin\phi\Psi_1^+\cdots\Psi_i^+\cdots\Psi_i^+\cdots\Psi_N^+\mid 0\rangle+\cos^2\phi\Psi_1^+\cdots$$
$$\Psi_k^+\cdots\Psi_N^+\mid 0\rangle-\sin^2\phi\Psi_1^+\cdots\Psi_i^+\cdots\Psi_k^+\cdots\Psi_N^+\mid 0\rangle+$$
$$\sin\phi\cos\phi\Psi_1^+\cdots\Psi_k^+\cdots\Psi_k^+\cdots\Psi_N^+\mid 0\rangle \tag{3-209}$$

上式中第一与第四两项为零，因为 Ψ_i^+ 与 Ψ_k^+ 分别出现两次。

将第三项中 Ψ_i^+ 与 Ψ_k^+ 调换位置"−"改为"+"后，并第二项相加，得到：

$$(\cos^2\phi\sin^2\phi)\Psi_1^+\cdots\Psi_i^+\cdots\Psi_k^+\cdots\Psi_N^+\mid 0\rangle=\mid HF\rangle \tag{3-210}$$

此恰好与(3-205)式左边的相同，故 $\mid HF\rangle$ 在酉变换下的不变性得证。

占据 MO 的变换自由度给出将其定域于空间某一区域的可能性，这将导致与经典化学期望（键、独电子对等）相应的狭窄空间内。今已提出若干个定域化判据，它都与特定的酉变换有关。

由上考虑可见，对于 MO 作为变换自由度的结果是 Hartree‑Fock 波函数的反对称性。它与 $F_{\alpha^*}=0$ 条件是一致的，它乃 Brillouin 定理的扩展的形式。后者在后 Hartree‑Fock 计算中有重要作用，此点后面还将述及。

第四章 二次量子化方法的应用（Ⅱ）

§4-1 多体微扰理论

二次量子化公式是可能最广泛应用于多电子体系的微扰理论问题的。这是由于为省去冗繁的推导必须去找到可行的工作公式，特别是对 PT 较高级的情形。

简要回顾一下微扰理论与多体近似基本概念，先看非简并的 Rayleigh‐Schrödinger 微扰理论。考虑定态 Schrödinger 方程式（对于基态的）：

$$\hat{H}\Psi = E\Psi \qquad (4-1)$$

一般来说，求解是个艰巨任务，然而假定 $\hat{H}$ 由如下两部分组成：

$$\hat{H} = \hat{H}^{(0)} + \hat{W} \qquad (4-2)$$

求解 $\hat{H}^{(0)}$ 的本征值问题：

$$\hat{H}^{(0)}\Psi_k^{(0)} = E_k^{(0)}\Psi_k^{(0)} \qquad (4-3)$$

是容易处理的。对全部的态（$K = 0,1,2,\cdots$），式中 $\hat{H}^{(0)}$ 称为"零级 Hamilton 算符"，$\hat{W}$ 是一个微扰。假定微扰很小，则零级的解 $\Psi_k^{(0)}$ 与 $E_k^{(0)}$

接近精确的解 Ψ_k 与 E_k 到可接受的精度。如下可以估量对于 W 的效应一级近似的改进。如果 $\{\Psi_k^{(0)}\}$ 是完备的,则精确的波函数 Ψ 可令它作为 Fourier 级数展开之,即

$$\Psi = \sum_k C_k \Psi_k^{(0)} \tag{4-4}$$

相应地,假定零级本征函数是已知的。上式中零级基态的系数常选作 $C_0 = 1_0$,于是上式化为

$$\Psi = \Psi_0^{(0)} + \sum_{k \neq 0} C_k \Psi_k^{(0)} \tag{4-5}$$

由所谓的中间归一化有:

$$\langle \Psi | \Psi_0^{(0)} \rangle = 1 \tag{4-6}$$

此式可由(4-5)式左乘 $\Psi_0^{(0)}$ 后积分之,注意到零级波函数是已归一化了的。同时假定零级集:

$$\langle \Psi_k^{(0)} | \Psi_L^{(0)} \rangle = \delta_{kL} \tag{4-7}$$

便可证明(4-6)式是成立的。

如果零级 Hamilton 算符是 Hermite 的,则以上条件是满足的。如果零级波函数 C_k 将是很小的,并可按微扰级数展开之,即:

$$C_k = \sum_{\lambda=1}^{\infty} C_k^{(\lambda)} \tag{4-8}$$

式中 $C_k^{(\lambda)}$ 是对 C_k 的 λ 一级贡献。类似地,精确的能量 E 也可按微扰级数展开之:

$$E_k = E_k^{(0)} + E_k^{(1)} + E_k^{(2)} + \cdots \tag{4-9}$$

微扰理论的目的是推导关于 $C_k^{(\lambda)}$ 与 $E^{(\lambda)}$ 的表达式。将以上公式代入 Schrödinger 方程(4-1)式中可求出关于未知量的显式。下面列出最后的结果:

$$E_0^{(1)} = \langle \Psi_0^{(0)} | \hat{W} | \Psi_0^{(0)} \rangle = W_{00} \tag{4-10a}$$

$$E_0^{(2)} = -\sum_{k \neq 0} \frac{\langle \Psi_0^{(0)} | \hat{W} | \Psi_k^{(0)} \rangle \langle \Psi_k^{(0)} | \hat{W} | \Psi_0^{(0)} \rangle}{E_k^{(0)} - E_0^{(0)}}$$

$$= -\sum_{k \neq 0} \frac{W_{0k} W_{k0}}{E_k^{(0)} - E_0^{(0)}} \tag{4-10b}$$

第四章 二次量子化方法的应用(Ⅱ)

$$E_0^{(3)} = \sum_{k_1 L} \frac{W_{0k} W_{kL} W_{L0}}{(E_k^{(0)} - E^{(0)})(E_L^{(0)} - E_0^{(0)})} -$$

$$W_{00} \sum_{k \neq 0} \frac{W_{0k} W_{k0}}{(E_k^{(0)} - E_0^{(0)})} \tag{4-10c}$$

这些公式常见于量子力学书中。如果是简并体系,则微扰展开式(4-10)将出现奇点。

(4-10)式中的二级与三级结果可以表作另一形式:

$$E_0^{(2)} = \langle \Psi_0^{(0)} | \hat{W} \hat{Q} \hat{W} | \Psi_0^{(0)} \rangle \tag{4-11a}$$

$$E_0^{(3)} = \langle \Psi_0^{(0)} | \hat{W} \hat{Q} \hat{W} \hat{Q} \hat{W} | \Psi_0^{(0)} \rangle - W_{(00)} \langle \Psi_0^{(0)} | \hat{W} \hat{Q} \hat{W} | \Psi_0^{(0)} \rangle$$

式中 $\hat{Q} = -\sum_{k \neq 0} \frac{|\Psi_k^{(0)}\rangle\langle\Psi_k^{(0)}|}{E_k^{(0)} - E_0^{(0)}}$ \tag{4-11b}

称为"消溶子"(reduced resolveait)。

多体理论的作用是求算包含多电子波函数(由轨道贡献项的)上列表达式。它们的矩阵元是由单电子函数的积分项来表达的。在量子化学应用的过程中下列几点应当清楚:

(i) 指定 Hamilton 算符;

(ii) 选择 $\hat{H}^{(0)}$;

(iii) 求解零级 Schrödinger 方程式;

(iv) 求算矩阵元 W_{Lk}。

根据(i):非相对论的 Born-Oppenheimer 多体 Hamilton 算符投影到给定基集,可以很方便地由二次量子化形式给出。为简便,假定使用的基集是正交归一化的,MBPT 计算通常是在 MO 基集上完成的。

根据(ii):零级 Hamilton 算符的选取是随意的任何一个 Hermite 算符,在原则上,都可选作 $\hat{H}^{(0)}$,为得到尽可能接近 $\hat{H}$ 的与为使合适的微扰级数的收敛性质。另一方面,$\hat{H}^{(0)}$ 尽可能简单,因为容易使其对角化与得到本征函数的完全集。在使这两个冲突的要求中达到实际的平衡去选取 $\hat{H}^{(0)}$,如可选 Fock 算符:

$$\hat{H}^{(0)} = \hat{F} = \sum_i \varepsilon_i \Psi_i^+ \Psi_i^- \tag{4-12}$$

它是在以分子自旋轨道 Ψ_i 与轨道能 ε_i 为项的。在这种选取下，微扰算符 $\hat{W}$ 描述电子相关（Hartree-Fock 近似的误差）与微扰计算的目标是去改善 HF 能量使它接近 Schrödinger 方程式的精确解（在相同基集下）。这就是谓为 Mφller-plesset 分割（M-P. Partitioning）。如果分子可很好地由单行列式函数描述，则 Hartree-Fock 方法将是可接受的近似（在很多情况下）。

根据(iii)：承认(4-12)式的分割，则零级方程式的解包含 Hartree-Fock 问题的解，已经明显地指定了基态与多电子激发态。基态是简单的 Fermi 真空：

$$\Psi_0^{(0)} = \Psi_1^+ \Psi_2^+ \cdots \Psi_N^+ | 0 \rangle = | HF \rangle \tag{4-13}$$

激发态可按激发的电子数分类：

$$\Psi_k^{(0)} = \Psi_{k^*}^+ \Psi_i^- | HF \rangle \tag{4-14}$$

式中指标 K 表示 $i \to K^*$ 的激发。上式表示在态 Ψ_i 有一个电子湮灭了，同时它产生在 Ψ_k^* 上，后者是一个空能级。

【问题 1】试证由 (4-14) 式表示的单激发态是相互正交归一化的。

〔解〕令 Ψ_k^0 与 Ψ_L^0 为两个 $K = j \to l^*$ 和 $L = i \to k^*$ 的单激发态。

应有：$\langle \Psi_k^0 | \Psi_L^0 \rangle = S_{kL}$

又因：$\langle \Psi_k^0 | \Psi_L^0 \rangle = \langle HF | \Psi_j^+ \Psi_{l^*}^+ \Psi_{k^*}^- \Psi_i^+ | HF \rangle$

$$= \delta_{ij} \delta_{k^* l^*} = \delta_{kL}$$

同理可证 $\langle HF |$ 与 $| \Psi_k^0 \rangle$ 相互正交。

双激发态由下式表示：

$$\Psi_k^{(0)} = \Psi_{l^*}^+ \Psi_{k^*}^+ \Psi_j^- \Psi_i^- | HF \rangle \tag{4-15}$$

式中指标 $K = \begin{Bmatrix} i \to k^* \\ j \to l^* \end{Bmatrix}$

如果 $i < j$ 和 $k^* < l^*$，则它考虑了所有的双激发。这里空的产生算符的次序是不关紧要的（同样占据的湮灭算符也如此），因为它只简单地确定激发态波函数的符号。类似地，P 重激发态可以如下指定：

$$\Psi_k^{(0)} = \Psi_{k_P^*}^+ \cdots \Psi_{k_1^*}^+ \Psi_{k_P}^- \cdots \Psi_{k_1}^- | HF \rangle \tag{4-16}$$

根据(iv)：矩阵元 W_{Lk} 值的计算可以按二次量子化规则完成之（如前述）。下面给出最低级次的 PT 公式。

(0) 零级　　由(4-3)式、(4-12)式与(4-13)式有：

$$\hat{H}^{(0)} \Psi_0^{(0)} = \hat{F} \mid HF \rangle = \sum_i \varepsilon_i \Psi_i^+ \Psi_i^- \Psi_1^+ \cdots \Psi_N^+ \mid 0 \rangle$$

$$= \sum_i \varepsilon_i n_i \Psi_1^+ \cdots \Psi_N^+ \mid 0 \rangle$$

$$= \sum_i^{occ} \varepsilon_i \mid HF \rangle \tag{4-17}$$

在基态，Fermi 真空乃零级本征函数。相应的本征值是占据轨道能量之和，而不是 Hartree-Fock 能量之和。

(1) 一级贡献由(4-10a)式给出：

$$E^{(1)} = \langle HF \mid \hat{W} \mid HF \rangle$$

于是一级能量为

$$E = E^{(0)} + E^{(1)} = \langle HF \mid \hat{H}^{(0)} \mid HF \rangle + \langle HF \mid \hat{W} \mid HF \rangle$$

$$= \langle HF \mid \hat{H}^{(0)} + \hat{W} \mid HF \rangle$$

$$= \langle HF \mid \hat{H} \mid HF \rangle = E_{HF} \tag{4-18}$$

此乃 Hartree-Fock 波函数的全 Hamilton 算符的期待值，即 Hartree-Fock 电子能量。可见，使用 Møller-Plesset 分割，微扰理论的一级是对真的 HF 能量的轨道能之和的修正。

(2) 为推导二级的结果，须指定微扰算符 $\hat{W}$ 的明显形式。使用速记的产生湮灭算符记号，可写作：

$$\hat{W} = \hat{H} - \hat{H}^{(0)}$$

$$= \sum_{ik} h_{ik} i^+ k^- + \frac{1}{2} \sum_{ijkl} [ij \mid kl] i^+ j^+ l^- k^- - \sum_i \varepsilon_i i^+ i^- \tag{4-19}$$

为了导出二级公式，只需要矩阵元 W_{0K}，因为二级能量修正，(4-10b)式可写作：

$$E^{(2)} = -\sum \mid W_{0k} \mid^2 / (E_k^{(0)} - E_0^{(0)}) \tag{4-20}$$

式中指标 K 标记激发态。原则上，可以是 P 重激发态 $P = 1, 2, 3, \cdots$。

然而，易知只有 $P = 2$ 对 W_{0k} 有贡献。现在检验一下单激发态的作用。由 Brillouin 定理已知全 Hamilton 算符不含有如下矩阵元。

即：$H_{0k} = \langle \Psi_0^{(0)} | \hat{H} | \Psi_k^{(0)} \rangle = 0$

由此可得：

$$\langle \Psi_0^{(0)} | \hat{H}^{(0)} + W | \Psi_k^{(0)} \rangle = E_k \langle \Psi_0^{(0)} | \Psi_k^{(0)} \rangle + \langle \Psi_0^{(0)} | W | \Psi_k^{(0)} \rangle$$
$$= W_{0k} = 0 \qquad (4-21)$$

这里利用了零级 Schrödinger 方程（4-3）式与零级态的正交归一化性质。可知如果 K 是单激发态，则有 $W_{0k} = 0$。

今考虑 $P \geqslant 3$ 的 P 重激发。注意到微扰算符 $\hat{W}$ 最多含有 2 个电子项，见（4-19）式。所以矩阵元 W_{0k} 有如下结构：

$$W_{0k} = \sum \cdots \langle HF | i^+ j^+ l^- K^- K_P^+ \cdots K_2^+ K_1^+ K_P^- \cdots K_2^- K_1^- | HF \rangle$$

一般是，当 $P > 2$ 时上式为零。由于在上式中 P 个空的产生与湮灭算符作用在激发态上，而同时最多可由 l^- 与 k^- 湮灭两个，于是至少有 $P - 2$ 个空的残余着使得矩阵元为零。由此可知 $P \geqslant 3$ 时矩阵元为零。

总之，只有双重激发态对矩阵元 W_{0k} 有贡献。所以我们只要二级公式就够了。其中 W_{0k} 也较易计算。双重激发态可以表作

$$| \Psi_k^{(0)} \rangle = S^{*+} r^{*+} q^- p^- | HF \rangle$$

首先，由（4-19）式可知 $\hat{W}$ 的单电子部分无贡献，因为如下型的矩阵元为零。

$$\langle HF | i^+ k^+ s^{*+} r^{*+} q^- p^- | HF \rangle = 0$$

类似地有（4-19）式的最后一项（包含 HF 轨道能的）所以只须处理 $\hat{W}$ 中的双电子部分，于是（4-19）式的矩阵元为

$$W_{0k} = \frac{1}{2} \sum_{ijkl} [ij | kl]$$
$$\langle HF | i^+ j^+ l^- k^- s^{*+} r^{*+} q^- p^- | HF \rangle \qquad (4-22)$$

以上算符串的期待值可如下改写，即 $l^- k^-$ 必须湮灭空的 $s^{*+} r^{*+}$，同时 $i^+ j^+$ 必须再产生 $q^- p^-$ 收集所有可能的配对，得出：

$$\langle HF | i^+ j^+ l^- k^- s^{*+} r^{*+} q^- p^- | HF \rangle = (\delta_{ks*} \delta_{lr*} - \delta_{kr*} \delta_{ls*})(\delta_{jq} \delta_{ip} - \delta_{iq} \delta_{jp})$$

第四章 二次量子化方法的应用(Ⅱ)

将此代入(4-22)式,得出:
$$W_{0k} = \frac{1}{2}\{[pq \mid s^*r^*] - [pq \mid r^*s^*] - [qp \mid s^*r^*] + [qp \mid r^*s^*]\}$$

利用二电子积分的对称性,可将上式化为
$$W_{0k} = [pq \mid s^*r^*] - [pq \mid r^*s^*] = [pq \| s^*r^*] \quad (4-23)$$

这里用了反对称化积分。

二级微扰公式的分母中的激发能可以由改变轨道能的求和得出来,由于激发改变了轨道的占据:
$$E_k^{(0)} - E_0^{(0)} = \sum_i n_i^k \varepsilon_i - \sum_i n_i^0 \varepsilon_i = \varepsilon_r^* + \varepsilon_s^* - \varepsilon_p - \varepsilon_q \quad (4-24)$$

式中 n_i^k 是分子处于态 K 时轨道 i 中的占据数。

将(4-23)式与(4-24)式代入(4-20)式,得出:
$$E^{(2)} = -\sum_{pqr^*s^*} \frac{|[pq \| s^*r^*]|^2}{\varepsilon_r^* + \varepsilon_s^* - \varepsilon_p - \varepsilon_q} \quad (4-25)$$

求和遍及双重激发态 K,已经由对于包含双电子激发的轨道的求和所替代了。上式是在自旋轨道下相关能(correlation energy)的二级 Møller-Plesset 公式。

【问题2】试证下式
$$E^{(2)} = -2\sum_{pqr^*s^*} \frac{[pq \mid r^*s^*]([pq \mid r^*s^*] - [pq \mid s^*r^*])}{\varepsilon_{r^*} + \varepsilon_{s^*} - \varepsilon_p - \varepsilon_q} \quad (4-26)$$

与(4-25)式是等价的。

〔解〕利用双电子积分的对称性,(4-25)式的分子可以写作:
$$|[pq \| sr]|^2 = [pq \mid sr][pq \mid sr]$$
$$= ([pq \mid sr] - [pq \mid rs])([pq \mid sr] - [pq \mid rs])$$
$$= [pq \mid sr][pq \mid sr] - [pq \mid rs][pq \mid sr] -$$
$$[pq \mid sr][pq \mid rs] + [pq \mid rs][pq \mid rs]$$

将此代入(4-25)式后利用求和指标的交换 $r \leftrightarrow s$,则第一项便给出 (4-26)式。

所得到的公式还可写成易于计算机程序化的形式。对于(4-26)式的分子部分表作
$$[pq \mid r^*s^*][pq \mid r^*s^*]$$
$$= [PQ \mid R^*S^*][PQ \mid R^*S^*]\delta_{\sigma_p\sigma_r^*}\delta_{\sigma_q\sigma_s^*}$$

按指标 $\sigma_p \sigma_q \sigma_{r^*}$ 与 σ_{s^*} 求和，可得因子 4。 (4-27)

交换全部的自旋指标后，得：

$$[pq \mid r^* s^*][pq \mid s^* r^*] = [PQ \mid R^* S^*][PQ \mid S^* R^*]$$
$$\delta_{\sigma_p \sigma_{r^*}} \delta_{\sigma_q \sigma_s} \delta_{\sigma_p \sigma_{s^*}} \delta_{\sigma_q \sigma_{r^*}} \quad (4-28)$$

对全部自旋指标求和得出因子 2，于是对于相关能的二级 Møller-Plesset 公式（空间轨道）为

$$E^{(2)} = -4 \sum_{PQR^*S^*} \frac{[PQ \mid R^* S^*](2[PQ \mid R^* S^*] - [PQ \mid S^* R^*])}{\varepsilon_{R^*} + \varepsilon_{S^*} - \varepsilon_P - \varepsilon_Q} \quad (4-29)$$

与上相应的图如下：

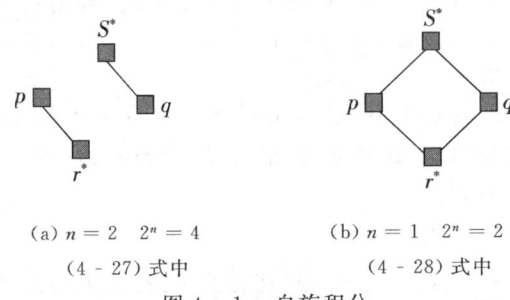

(a) $n = 2 \quad 2^n = 4$ (b) $n = 1 \quad 2^n = 2$
(4-27) 式中   (4-28) 式中

图 4-1 自旋积分

【问题 3】推导对相关能的三级贡献式（在自旋轨道下）。

〔解〕$E^{(3)}$ 由 (4-10c) 式给出。这里须要求出 W_{KL}, W_{ok}, W_{Lo} 等积分，KL 为激发态指标。由于 W_{ok} 已在 $E^{(2)}$ 中求过了。这里只须计算 W_{Lo} 与 W_{KL}。

而此新的矩阵元 W_{KL} 仍然只要求在双重激发态之间计算之。

令：$K = \begin{cases} i \to p^* \\ j \to q^* \end{cases} \quad L = \begin{cases} k \to r^* \\ l \to s^* \end{cases}$

则 W_{KL} 可写作：$W_{KL} = \langle HF \mid i^+ j^+ p^{*-} q^{*-} \hat{W} s^{*+} r^{*+} l^- k^- \mid HF \rangle$。

因微扰算符 $\hat{W}$ 只对双电子项有贡献，所以单电子项的矩阵元为零，而双电子项 $\hat{W}_2$ 可以写作：

第四章 二次量子化方法的应用（Ⅱ）

$$\hat{W}_2 = \frac{1}{2}\sum_{\mu\nu\lambda\sigma}[\mu\nu\mid\lambda\sigma]\mu^+\nu^+\sigma^-\lambda^- \equiv \sum_{\substack{\mu<\nu\\\lambda<\sigma}}[\mu\nu\mid\lambda\sigma]\mu^+\nu^+\sigma^-\lambda^-$$

这里略去进一步的推算，最后结果是：

$$E^{(3)} = E_A^{(3)} + E_B^{(3)} + E_C^{(3)}$$

式中：

$$E_A^{(3)} = \sum_{\substack{abc\\rst}} \frac{(2[ab\mid rs]-[ab\mid sr])(2[bc\mid st]-[bs\mid ct])(-2[ac\mid rt]-[ac\mid tr])-3[ab\mid sr][bs\mid ct][ac\mid tr]}{(\varepsilon_r+\varepsilon_s-\varepsilon_a-\varepsilon_b)(\varepsilon_r+\varepsilon_t-\varepsilon_a-\varepsilon_c)}$$

$$E_B^{(3)} = \sum_{\substack{ab\\rstu}} \frac{[ab\mid rs][rs\mid tu](2[ab\mid rs]-[ab\mid ut])}{(\varepsilon_r+\varepsilon_s-\varepsilon_a-\varepsilon_b)(\varepsilon_t+\varepsilon_u-\varepsilon_a-\varepsilon_b)}$$

$$E_C^{(3)} = \sum_{\substack{abcd\\rs}} \frac{[ab\mid rs][ab\mid cd](2[cd\mid rs]-[dc\mid rs])}{(\varepsilon_r+\varepsilon_s-\varepsilon_a-\varepsilon_b)(\varepsilon_r+\varepsilon_b-\varepsilon_c-\varepsilon_d)}$$

式中 a,b,c 与 d 为占据轨道；r,s,t 与 u 为空轨道。以上各式与图解法结果一致。

这里顺便简单说明一下微扰理论（PT）的图形方法概要。

它的基础思想是，一般的 PT 公式的结构可以由多电子波函数（4-11）为项表述之，它明确地确定了相应轨道表述的结构。这种一对一的映射在一般 PT 结果与图形之间，同样在图形与轨道之间建立起来。如下：

图 4-2

一旦建立起这种关联，则 PT 图形就可以直接建造，按其结果，能够容易地转变为轨道形式。于是，就提供了导出轨道表式的有效工具。特别是对于更高级次的，直接做法常用在不易做出的时候。

图 4-3，给出二级图形的建造，首先以一个黑点有两条箭头交叉穿过的图形表示二电子算符 $\hat{W}$。由于二级 PT 公式（4-11a）式有两个 $\hat{W}$ 算符，所以用图 4-3 中（b）表示之。图形中两个黑点可是垂直或水平排列

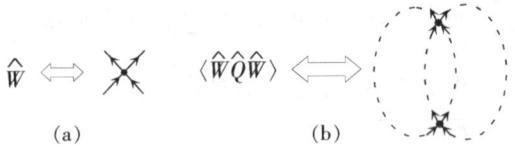

(a) 相互作用算符　　　(b) 连接两个算符

图 4-3　相关能的二级贡献

着。将两点箭头连接起来成一完整的连线。它可以表作更有吸引力的样子（图 4-4）。

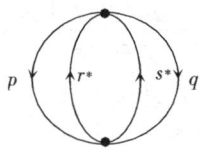

图 4-4　二级图形

反过来可以由图形得出公式。沿箭头线标记占据轨道同时连箭头方向的线表示空轨道。一个线集代表 $\hat{W}$ 的矩阵元。更为明确的是，它是一个反对称化积分 $[pq \| s^* r^*][s^* r^*]$ 对全部指标的求和。图形苛载了所有符号，相对的能量分母与因子 $1/2^n$（n 是在同一项处进出的线对数目）。对于图 4-4 中二级图形，n 等于 2，所以因子是 $1/4$。求和限于 $p < q$ 和 $r^* < s^*$（在 4-25 式）。

三级公式（4-11b）的图形表示要求上下列出三个黑点，对应于（4-11b）式中的三个 $\hat{W}$ 算符。画出所有可能的连接线，得出三个图形（见图 4-5，参看问题 2）。它们代表相关能和三个修正项。

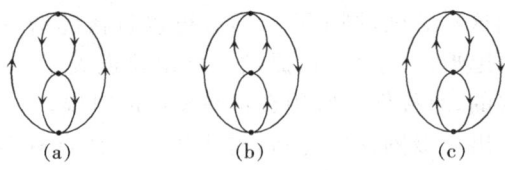

图 4-5　相关能的三级贡献

上列属于 Hugenholg 图形，还有其他的图形表示方法这里从略。

§4-2 非正交轨道的二次量子化

今将二次量子化方法推广于非正交基集。

1. 反交换规则

与二次量子化有关的基轨道的主要特征是，自共轭关系(adjoint relation)：

$$(\hat{a}_i^+)^+ = \hat{a}_i \tag{4-30}$$

式中 $\hat{a}_i$ 是真的湮灭算符，满足如下反交换规则：

$$[\hat{a}_i^+, \hat{a}_k]_+ = \delta_{ik} \tag{4-31}$$

在处理矩阵元（当需要将产生算符转换为湮灭算符）时，反交换规则是很重要的。

由前述（见第二章）已知(4-30)式与(4-31)式仅当所用轨道是正交归一化时才成立：

$$\langle i | k \rangle = \delta_{ik} \tag{4-32}$$

因此，二次量子化分式在下二种情况中可以推广于非正交归一化基情形：即保持(4-30)式的自共轭关系或者简单的反交换规则[(4-31)式]。前者交换规则变得更为复杂，而后者情形湮灭算符不与对应的产生算符共轭（邻接, adjoints）。

首先，如果保持(4-30)式，看反交换规则的推广。由于即将出现的区别，今将在非正交归一化自旋轨道集$\{X\}$的产生电子的产生算符记作X_K^+，则对于非正交归一集$\{x\}$有：

$$\langle X_i | X_k \rangle = S_{ik} \neq \delta_{ik} \tag{4-33}$$

式中 S 是重迭矩阵。

为推导算符 X_i^+ 与它的自共轭(adjoints) $X_i^- = (X_i^+)^+$ 的交换规则，

假定有第二个正交归一化自旋轨道集存在。这一辅助的集的引入恰好是为了推导与不需要明显的轨道的正交归一化。以 Ψ_i 记此正交归一化函数。这些轨道是可以 Löwdin 对称的正交归一化连续的交迭(overlapping)集：

$$\Psi_i = \sum_l S_{il}^{-\frac{1}{2}} X_l \tag{4-34}$$

式中 $S^{-\frac{1}{2}}$ 是重迭矩阵 S 的平方根之逆。将上式代入(4-32)式,利用(4-33)式,可证集 $\{\Psi\}$ 是已正交归一化了的。Ψ_i 称为"Löwdin 轨道"。

由于集 $\{\Psi\}$ 是正交归一化的故可以按一般方法将其二次量子化之。例如,有如下各关系成立：

$$\Psi_i^+ \Psi_k^+ + \Psi_k^+ \Psi_i^+ = 0 \tag{4-35a}$$

$$\Psi_i^- \Psi_k^- + \Psi_k^- \Psi_i^- = 0 \tag{4-35b}$$

$$\Psi_i^+ \Psi_k^- + \Psi_k^- \Psi_i^+ = \delta_{ik} \tag{4-35c}$$

式中 Ψ_i^+ / Ψ_i^- 是 Löwdin 基下的产生／湮灭算符。显然(4-34)式的 Löwdin 正交归一化的逆变换由下列公式给出：

$$X_l = \sum_i S_{li}^{\frac{1}{2}} \Psi_i \tag{4-36}$$

对于相应的产生／湮灭算符有同样的变换保持着：

$$\Psi_i^+ = \sum_l S_{il}^{-\frac{1}{2}} X_l^+ \qquad \Psi_i^- = \sum_l S_{il}^{-\frac{1}{2}} X_l^- \tag{4-37a}$$

$$X_l^+ = \sum_i S_{li}^{\frac{1}{2}} \Psi_i^+ \qquad X_l^- = \sum_i S_{li}^{\frac{1}{2}} \Psi_i^- \tag{4-37b}$$

在非正交集 $\{X\}$ 下的算符的交换规则可按常法导出,即在 Löwdin 基代入以上逆变换式和利用交换规则,便可得出

$$[X_l^+, X_n^+]_+ = \sum_{ik} S_{il}^{\frac{1}{2}} S_{kn}^{\frac{1}{2}} [\Psi_i^+ \Psi_k^+]_+ = 0 \tag{4-38a}$$

类似地,有：

$$[X_l^-, X_n^-]_+ = 0 \tag{4-38b}$$

还有：

$$[X_l^+, X_n^-]_+ = \sum_{ik} S_{il}^{\frac{1}{2}} S_{nk}^{\frac{1}{2}} [\Psi_i^+, \Psi_k^-]_+ = \sum_{ik} S_{il}^{\frac{1}{2}} S_{nk}^{\frac{1}{2}} \delta_{ik}$$

作出求和后,得到：

$$[X_l^+ X_n^-]_+ = S_{nl} \tag{4-38c}$$

由上可见,产生算符 X^+ 与湮灭算符 X^- 的反对易特征,在非正交归一基集中也是相同的,只是 X^+ 与 X^- 的由(4-38c)式确定。

(4-38)式的结果是很重要的,即算符 X^- 不再被当作真的湮灭算符,相对于算符 X^+ 而言我们不能变换一湮灭与一产生算符,尽管它们具有不同的标号,这将导致求算矩阵元时严重的复杂性。第一件事是注意常用的如下型行列式:

$$|D\rangle = X_N^+ \cdots X_2^+ X_1^+ |0\rangle \tag{4-39}$$

不是归一化的,即:

$$\langle D|D\rangle = \langle 0| X_1^- X_2^- \cdots X_N^- X_N^+ \cdots X_2^+ X_1^+ |0\rangle \neq 1 \tag{4-40}$$

这点由如下 2×2 为例可以说明:

$$\langle D|D\rangle = \langle 0| X_1^- X_2^- X_2^+ X_1^+ |0\rangle$$
$$= S_{22}\langle 0| X_1^- X_1^+ |0\rangle - \langle 0| X_1^- X_2^+ X_2^- X_1^+ |0\rangle$$
$$= S_{22}S_{11} - \langle 0|(S_{12} - X_2^+ X_1^-)(S_{21} - X_1^+ X_2^-)|0\rangle$$
$$= S_{22}S_{11} - S_{12}S_{21} \neq 1 \tag{4-41}$$

这里应用了反对易规则[(4-38c)式]和 X^- 作用一真空态为零,尽管是非正交归一基情形(这是因为 X^- 算符乃是 Ψ^- 的线性结合)。

【问题1】试导出行列式函数[(4-39)式]的归一化因子。

〔解〕其平方形式为

$$N^2 = \langle 0| \Psi_1^- \Psi_2^- \cdots \Psi_N^- \Psi_N^+ \cdots \Psi_2^+ \Psi_1^+ |0\rangle$$

式中 $\Psi_i^- \Psi_k^+ + \Psi_k^+ \Psi_i^- = S_{ik}$

交换 Ψ_N^- 与 Ψ_N^+,得:

$$N^2 = S_{NN}D_{NN} - \langle 0| \Psi_1^- \Psi_2^- \cdots \Psi_{N-1}^- \Psi_N^+ \Psi_N^- \Psi_{N-1}^+ \cdots \Psi_2^+ \Psi_1^+ |0\rangle$$

式中 D_{NN} 不是两行列式的重迭,其中无 Ψ_N。

交换第二项中的 Ψ_N^- 与 Ψ_{N-1}^+,得出:

$$N^2 = S_{NN}D_{NN} - S_{N,N-1}D_{N,N-1} + \langle 0| \Psi_1^- \Psi_2^- \cdots \Psi_{N-1}^- \Psi_N^+ \Psi_{N-1}^+ \Psi_N^- \Psi_{N-2}^+ \cdots \Psi_2^+ \Psi_1^+ |0\rangle$$

式中 $D_{N,N-1}$ 是二行列式的重迭,其中左矢无 Ψ_N,右矢无 Ψ_{N-1}。继续此过程使 Ψ_N^- 移至左边:

$$N^2 = S_{NN}D_{NN} - S_{N,N-1}D_{N,N-1} + S_{N,N-2}D_{N,N-2} + \cdots S_{N,1}D_{N,1}$$

此式是如下行列式按最后一行的展开式:

$$N^2 = det \mid S \mid = \begin{vmatrix} S_{11} & S_{12} & \cdots & S_{1N} \\ \vdots & & & \vdots \\ S_{N1} & S_{N2} & \cdots & S_{NN} \end{vmatrix}$$

这点由二电子情形得到验证了。

在求算其他矩阵元时,对于非正交归一化基也会遇到类似的困难,有时还相当麻烦。这里对于非正交归一化基的二次量子化再介绍另一种可能的推广,它是去掉自共轭关系同时保留原始的反交换规则。

今从引入非正交归一化基的产生算符开始。然而,湮灭算符不再是 X^+ 的自共轭(邻接,adjoints)定义,它服从常用的反交换规则。为避免混淆,以 $\widetilde{X}_k^-$ 记之,即定义:

$$[X_i^+ \widetilde{X}_k^-] = \delta_{ik} \tag{4-42}$$

关于 $\widetilde{X}_k^-$ 与 X_k^- 的关系可如下找出,假定:

$$\widetilde{X}_k^- = \sum_l L_{kl} X_l^- \tag{4-43}$$

即取 $\widetilde{X}_k^-$ 为 X_k^- 的线性结合。

将上式代入(4-42)式中,得出:

$$[X_i^+, \widetilde{X}_k^-] = \sum_l L_{kl}[X_i^+, X_l^-] = \sum_l L_{kl} S_{li} = \delta_{ik}$$

可知 $L = S^{-1}$,于是得出:

$$\widetilde{X}_k^- = \sum_l S_{kl}^- X_l^- \tag{4-44}$$

由此,真湮灭算符与其共轭的产生算符的关联是经过重迭矩阵之逆的变换。由于算符 $\widetilde{X}_k^-$ 是 X_k^- 的线性结合,可知如下反交换性质仍保持。

$$[\widetilde{X}_k^- \widetilde{X}_k^-] = 0 \tag{4-45}$$

应用算符 $\widetilde{X}_k^-$ 的优点是可以使用正交归一化情形的所有导出的结果。另一方面,事实上在无自共轭关系时构造左矢波函数要麻烦些,只能利用如下逆变换:

$$X_k^- = \sum_l S_{kl} \widetilde{X}_l^- \tag{4-46}$$

作为例子,还是用二电子行列式来验证一下:

$$\langle D \mid D \rangle = \langle 0 \mid X_1^- X_2^- X_2^+ X_1^+ \mid 0 \rangle$$

将算符 X_1^- 与 X_2^- 按(4-46)式展开之,得出:

$$\langle D \mid D \rangle = \sum_{lm} S_{1l} S_{2m} \langle 0 \mid \widetilde{X}_l^- \widetilde{X}_m^- X_2^+ X_1^+ \mid 0 \rangle$$
$$= \sum_{lm} S_{1l} S_{2m} (\delta_{m2} \delta_{l1} - \delta_{m1} \delta_{l2})$$
$$= S_{11} S_{22} - S_{12} S_{21} \qquad (4-47)$$

式中期待值按常法求算，它服从固有的反交换规则[(4－42)式]。注意，两种方法得出相同的结果(4－41)式，说明它们是等价的。

【问题2】试用算符 $\widetilde{X}_k^-$ 推证 N－电子行列式波函数的非归一化。

〔解〕$N^2 = \langle 0 \mid X_1^- X_2^- \cdots X_N^- X_N^+ \cdots X_2^+ X_1^+ \mid 0 \rangle$
$$= \sum_{i_1 i_2 \cdots i_N} S_{i_1,1} S_{i_2,2} \cdots S_{i_N,N} \langle 0 \mid \widetilde{X}_{i_1}^- \widetilde{X}_{i_2}^- \cdots \widetilde{X}_{i_N}^- X_N^+ \cdots X_2^+ X_1^+ \mid 0 \rangle$$

式中集 $\{i_1 i_2 \cdots i_N\}$ 按 $\{1,2,\cdots,N\}$ 的偶（或奇）置换得出矩阵元为非零(1 或 －1)结果，于是：
$$N^2 = \sum_p (-1)^p S_{p_1,1} S_{p_2,2} \cdots S_{p_N,N} = det \mid S \mid$$

此与问题1中的结果相同。

易知，如果如下方程式满足：
$$\widetilde{X}_i = \sum_l S_{li}^{-1} X_l \qquad (4-48)$$

则有如下关系成立：
$$\langle \widetilde{X}_i \mid X_k \rangle = \delta_{ik} \qquad (4-49)$$

这种双正交性(bi-orthogond)向量常在固体物理学中使用。它在二次量子化中的优点后面还将说明之。

2. 非正交归一表象中的 Hamilton 量

为了得到在非正交归一表象中二次量子化 Hamilton 量，可以按照寻求反交换规则(上节)类似的办法进行，即引入辅助的正交归一化集 $\{\Psi\}$，结果可以得到
$$\hat{H} = \sum_{ik} h_{ik} \Psi_i^+ \Psi_k^- = \frac{1}{2} \sum_{ijkl} [ij \mid kl] \Psi_i^+ \Psi_j^+ \Psi_l^- \Psi_k^- \qquad (4-50)$$

再将变换(4－37)式代入，得出：
$$\hat{H} = \sum_{\substack{ik \\ pq}} h_{ik} S_{pi}^{-\frac{1}{2}} S_{kp}^{-\frac{1}{2}} X_p^+ X_q^- +$$

$$\frac{1}{2}\sum_{\substack{ijkl\\pqrs}}[ij\mid kl]S_{pi}^{-\frac{1}{2}}S_{qj}^{-\frac{1}{2}}S_{kr}^{-\frac{1}{2}}S_{ls}^{-\frac{1}{2}}X_p^+X_q^+X_r^-X_s^- \qquad (4-51)$$

此形式的 Hamilton 量不是很有用,因为积分是对辅助基进行的,所以应再变换回到初始轨道:

$$h_{ik}=\langle\Psi_i\mid\hat{h}\mid\Psi_k\rangle=\sum_{ab}S_{ia}^{-\frac{1}{2}}S_{bk}^{-\frac{1}{2}}\langle X_a\mid\hat{h}\mid X_b\rangle$$

$$=\sum_{ab}S_{ia}^{-\frac{1}{2}}h_{ab}S_{bk}^{-\frac{1}{2}} \qquad (4-52a)$$

类似地,对双电子积分有:

$$[ij\mid kl]=\sum_{abcd}S_{ia}^{-\frac{1}{2}}S_{jb}^{-\frac{1}{2}}[ab\mid cd]S_{ck}^{-\frac{1}{2}}S_{dl}^{-\frac{1}{2}} \qquad (4-52b)$$

将(4-52)式代入(4-51)式中,对指标 i,k(单电子项)与 i,j,k,l(二电子项)求和,将得出 S^{-1} 矩阵,如 $\sum_i S_{pi}^{-\frac{1}{2}}S_{ia}^{-\frac{1}{2}}=S_{pa}^{-1}$。

于是,对 Hamilton 量(4-51)式取如下形式:

$$\hat{H}=\sum_{pqab}S_{pa}^{-1}h_{ba}S_{bq}^{-1}X_p^+X_q+$$

$$\frac{1}{2}\sum_{\substack{pqrs\\abcd}}S_{pa}^{-1}S_{qb}^{-1}[ab\mid cd]S_{cs}^{-1}S_{dr}^{-1}X_p^+X_q^+X_r^-X_s^- \qquad (4-53)$$

这里全部指标是对非正交归一化基的。结果,上式可以看作在一重迭基集上的 Hamilton 量的二次量子化表示。由于它含有多达八个求和指标,所以是很复杂的。

此 Hamilton 量的等价形式还有几种,如按 S^{-1} 的某些指标求和。当将积分中的全部左矢指标与全部湮灭算符变换到倒空间时,可得出一种较方便的形式:

$$\hat{H}=\sum_{pb}h_{\widetilde{pb}}X_p^+\widetilde{X}_b^-+\frac{1}{2}\sum_{pqcd}[\widetilde{pq}\mid cd]X_p^+X_q^+\widetilde{X}_d^-\widetilde{X}_c^- \qquad (4-54)$$

式中湮灭算符 $\widetilde{X}^-$ 是按(4-44)式引入的和左矢的变换定义如下:

$$h_{\widetilde{pb}}=\sum_a S_{pa}^{-1}h_{ab} \qquad (4-55a)$$

和 $[\widetilde{pq}\mid cd]=\sum_{ab}S_{pa}^{-1}S_{qb}^{-1}[ab\mid cd] \qquad (4-55b)$

(4-54)式 Hamilton 量在形式上与(4-50)式正交归一基的二次量

第四章 二次量子化方法的应用（Ⅱ）

子化非常相似。实际上，由于保留(4-42)式反交换规则，所以可以作类似的处理。主要不同是(4-54)式中的积分是不对称的，即：

$$h_{\widetilde{p}b} \neq h_{\widetilde{b}p} \tag{4-56a}$$

和$[\widetilde{pq} \mid cd] \neq [\widetilde{cd} \mid pq] \tag{4-56b}$

而总 Hamilton 量自然是 Hermite 的。这是可能的，因为 $\widetilde{X}_p^-$ 并不是 X_p^+ 的自共轭。当考虑(4-54)式分解时应特别注意，因为其中个别的项不是 Hermite 的。

如果保持所有的积分不变，但是产生算符变换为它的逆空间时，则 Hamilton 量将具如下形式：

$$\hat{H} = \sum_{ab} h_{ab} \widetilde{X}_a^+ \widetilde{X}_b^- + \frac{1}{2} \sum_{abcd} [ab \mid cd] \widetilde{X}_a^+ \widetilde{X}_b^+ \widetilde{X}_d^- \widetilde{X}_c^- \tag{4-57}$$

【问题 3】试导出 $\widetilde{X}_i^-$ 与 $\widetilde{X}_k^+$ 的交换规则，并证明 $\widetilde{X}_k^-$ 是 $\widetilde{X}_k^+$ 的自共轭。

〔解〕(a) 交换子如下：

$$[\widetilde{X}_i^- \widetilde{X}_k^+] = \sum_l S_{li}^{-1} [X_l^-, \widetilde{X}_k^+] = \sum_l S_{li}^{-1} \delta_{kl} = S_{ik}^{-1}$$

(b) 由相应的定义，可导出 $\widetilde{X}_k^-$ 的自共轭：

$$(\widetilde{X}_k^-)^+ = \sum_l (S_{kl}^{-1} X_l^-)^+ = \sum_l S_{lk}^{-1} (X_l^-)^+ = \sum_l S_{lk}^{-1} X_l^+ = \widetilde{X}_k^+$$

证毕。

(4-57)形式的 Hamilton 量的缺点是相关的交换规则复杂，优点是式中每一项都是 Hermite 的和积分都是对初始基集进行的。(4-57)式适合去指定能量表达式：

$$E = \langle \hat{H} \rangle = \sum_{ab} h_{ab} P_{ba} + \frac{1}{2} \sum_{abcd} [ab \mid cd] \Gamma_{abcd} \tag{4-58}$$

式中 $\quad P_{ba} = \langle \widetilde{X}_a^+ \widetilde{X}_b^- \rangle \tag{4-59a}$

与 $\Gamma_{cdab} = \langle \widetilde{X}_a^+ \widetilde{X}_b^+ \widetilde{X}_d^- \widetilde{X}_c^- \rangle \tag{4-59b}$

分别是一级与二级密度矩阵的表示。

应注意矩阵 P 的性质与正交归一表象的不同。后者，它的迹给出电子数，在非正交归一基中得出：

$$T_r(PS) = N \tag{4-60}$$

证明如下：

$$T_r(PS) = \sum_{m\gamma} P_{m\gamma} S_{\gamma m} = \sum_{m\gamma} \langle \widetilde{X}_r^+ \widetilde{X}_m^- \rangle S_{\gamma m}$$
$$= \sum_{m\gamma\lambda} S_{\lambda\gamma}^{-1} \langle X_\lambda^+ \widetilde{X}_m^- \rangle S_{\gamma m}$$
$$= \sum_m \langle X_m^+ \widetilde{X}_m^- \rangle = \sum_m n_m = N \tag{4-61}$$

还可以导出几种不同的表达式。它们虽然是等价的,但是通常最常用的还是(4-54)式。

3. 扩展的 Hückel 理论

Hoffmann 于 1966 年建立了扩展 Hückel 理论(EHMO 或 EHT)。它是作为一种半经验的方法将 Hückel 的 π-电子近似推广到全价电子水平。由于此模型明显地包含 AO 间的重迭,它是对非正交归一二次量子化的很好的练习。EHMO Hamilton 量可导出如下:由于它是单电子 Hamilton 算符,可写作:

$$\hat{H}^{EHT} = \sum_{m\gamma} h_{\tilde{m}\gamma} X_m^+ \widetilde{X}_\gamma^- = \sum_{m\gamma\lambda} S_{m\lambda}^{-1} h_{\lambda\gamma} X_m^+ \widetilde{X}_\gamma^- \tag{4-62}$$

式中(∼)表示倒空间。求和指标遍及价壳层中所有的原子自旋轨道。对于空间轨道,可写作:

$$\hat{H}^{ENT} = \sum_{mn} h_{\tilde{m}n} \sum_\sigma X_{m\sigma}^+ \widetilde{X}_{n\sigma}^- = \sum_{mnl} S_{ml}^{-1} h_{ln} \sum_\sigma X_{m\sigma}^+ X_{n\sigma}^- \tag{4-63}$$

式中单电子积分 h_{ln} 参量化如下:

$$h_{ln} = \begin{cases} \alpha_n & \text{如果 } l = n \\ \dfrac{1}{2} K(\alpha_l + \alpha_n) S_{ln} & \text{如果 } l \neq n \end{cases} \tag{4-64}$$

式中 α_n 是 AOX_n 的经验电离势,K 是一经验常数,$1 < K < 2$,常取 $K = 1.75$。

对于同原子系 α_n 的值相同。

如果取 $K = 1$,则(4-64)中积分

$$h_{ln} = \alpha S_{ln}$$

于是

$$\hat{H}^{EHT} = \alpha \sum_{mnl} S_{ml}^{-1} S_{ln} \sum_\sigma X_{m\sigma}^+ \widetilde{X}_{n\sigma}^- = \alpha \sum_{m\sigma} X_{m\sigma}^+ \widetilde{X}_{m\sigma}^-$$

显然，这是个不好的模型，因为任何行列式函数
$$X_1^+ X_2^+ \cdots X_N^+ \mid 0\rangle$$
都是 $\hat{H}^{\mathrm{EHT}}$ 的本征函数。这意味着用此 Hamilton 量不能描述相互作用。

另一方面，当精心选取参量，它可以描述轨道间相互作用的许多层面，已成为应用量子化学中标准工具之一。

$\hat{H}^{\mathrm{EHT}}$ (4-63) 式的对角化，包含积分 h_{mn}^v 的非对称矩阵的对角化得出：

$$\sum_n h_{\widetilde{mn}} C_{kn} = \varepsilon_k C_{km} \tag{4-65}$$

式中 C_{kn} 非对称的 Hamilton 矩阵的本征向量 K 的成分 n，由一正交变换可得出：

$$\sum_{np} S_{mp}^{-1} h_{pn} C_{kn} = \varepsilon_k C_{km}$$

上式改写如下：

$$\sum_n h_{qn} C_{kn} = \varepsilon_k \sum_m S_{qm} C_{km} \tag{4-66}$$

此乃在非正交归一制下的矩阵本征值向量的标准形式，系数 C_{kn} 可归一化如下：

$$\sum_{qn} C_{kq} S_{qn} C_{Ln} = \delta_{kL} \tag{4-67}$$

以 MO 为项，$\hat{H}^{\mathrm{EHT}}$ 的对角化：

$$\hat{H}^{\mathrm{EHT}} = \sum_k \varepsilon_k \Psi_k^+ \Psi_k^- \tag{4-68}$$

式中 MO 产生与湮灭算符定义如下：

$$\Psi_{k\sigma}^+ = \sum_m C_{km} X_{m\sigma}^+ \tag{4-69a}$$

与 $\Psi_{k\sigma}^- = \sum_q C_{kq} X_{q\sigma}^- = \sum_{qn} C_{kq} S_{qn} \widetilde{X}_{n\sigma}^- \tag{4-69b}$

【问题 4】试证 (4-68) 式。

〔解〕用 (4-69) 式，以 C_{pk}^{-1} 左乘 (4-65) 式，对所有 K 求和，得出：

$$h_{\widetilde{mp}} = \sum_k \varepsilon_k C_{km} C_{pk}^{-1}$$

再由归一化条件(4-67)式得：
$$h_{\widetilde{mp}} = \sum_{kn} \varepsilon_k C_{km} S_{pn} C_{kn}$$

将此代入(4-63)式,得到：
$$\hat{H}^{\text{EHT}} = \sum_{mp} h_{\widetilde{mp}} \sum_{\sigma} X_{m\sigma}^+ \widetilde{X}_{p\sigma}^- = \sum_{k} \varepsilon_k \sum_{mpn} C_{km} S_{pn} C_{kn} \sum_{\sigma} X_{m\sigma}^+ \widetilde{X}_{p\sigma}^-$$

由(4-69)式,便可导出(4-68)式。

单电子分子自旋轨道是 $\hat{H}^{\text{EHT}}$ 的本征函数。

MO Fermi 算符的交换规则可以(4-69)式计算之：
$$[\Psi_k^+, \Psi_L^-] = \sum_{mq} C_{km} C_{Lq} [X_m^+, X_q^-] = \sum_{mq} C_{km} C_{Lq} S_{mq} = \delta_{kL} \quad (4-70)$$

这里使用了(4-67)式归一化条件。由此可见 MO 算符本性是反交换的。这是很自然的,因为 Hamilton 量是 Hermite 的,它的本征向量形成一正交归一化集,不论如何它们都可由非正交制系展开之。EHT Hamilton 量的 N-电子本征函数是通常的行列式,这点容易由自旋轨道去验证它：

$$\hat{H}^{\text{EHT}} \Psi \sum_k = \varepsilon_k \Psi_k^+ \Psi_k^- \Psi_N^+ \cdots \Psi_2^+ \Psi_1^+ | 0 \rangle$$
$$= \sum_k \varepsilon_k \Psi_k^+ \Psi_k^- | HF \rangle = \sum_k \varepsilon_k n_k | HF \rangle = E\Psi \quad (4-71)$$

式中
$$E = \sum_k \varepsilon_k n_k \quad (4-72)$$

是在 EHMO 近似中的总能量。

§4-3 二次量子化与 Hellmann-Feynman 定理

1. 概 述

前各章节主要从形式(公式化)观点讨论了二次量子化方法的优点。现在将从另一观点举例说明二次量子化结果的一些不同的表述与应用。

下面讨论的例子有些特殊，就是 Hellmann-Feynman 定理。它是关于能量的一级微分，是分子几何构型的优化、基轨道的阐明等领域中的主要论题。

由量子力学已知，Hellmann-Feynman 定理指出：

如果有 $\hat{H}\Psi = E\Psi$ (4-73)

则下等式成立：

$$\frac{\partial E}{\partial R} = \langle \Psi | \frac{\partial \hat{H}}{\partial R} | \Psi \rangle \quad (4-74)$$

式中 R 是 Hamilton 量的任一参量。方程(4-74)式常写作：

$$\delta E = \langle \Psi | \delta \hat{H} | \Psi \rangle \quad (4-75)$$

式中 δ 代表无穷小改变。(4-73)式是(4-74)式的充分但非必要的条件，不只是精确波函数（$\hat{H}$ 的本征函数）满足 Hellmann-Feynman 定理，某些变分波函数也满足此定理。

真的 Hartree-Fock 波函数可以作为这种例子。虽然 Hartree-Fock 方程式很难精确地求解，包含不管是完全的数值解还是向完全基集的展开。由截短基的 Hartree-Fock 计算得出的波函数违反 Hellmann-Feynman 定理。对于有限基的 $\hat{H}$ 的全 CI 解也同样。

令人感兴趣的是找到理论公式去扩大该定理的应用范围，如何利用二次量子化的优点在此架构内找到模型 Hamilton 量，它使按有限的轨道基展开的量子化学波函数形式上服从 Hellmann-Feynman 定理。

考虑一近似波函数 Ψ^A，它违反 H-F 定理，所以在能量变分中出现"波函数力"项：

$$\delta E = \langle \Psi^A | \delta \hat{H} | \Psi^A \rangle +$$
$$\langle \delta \Psi^A | \hat{H} | \Psi^A \rangle + \langle \Psi^A | \hat{H} | \delta \Psi^A \rangle \quad (4-76)$$

假定 $\langle \Psi^A | \Psi^A \rangle = 1$ 和 $\langle \Psi^A | \delta \Psi^A \rangle = 0$。上式第一项是 Hellmann-Feynman 力，第二、三项为波函数力。如果 $\hat{H}$ 是通常的 Hamilton 量，由第一量子化与 H-F 定理，只有电子-核吸引势 V_{en} 有贡献，即：

$$\frac{\partial \hat{H}}{\partial R} = \frac{\partial}{\partial R}[\hat{T} - \tilde{V}_{en} + \tilde{V}_{ee}] = -\frac{\partial}{\partial R}V_{en}$$

因为动能算符 $\hat{T}$ 与电子－电子排斥势 V_{ee} 均与核坐标 R 无关,而 δE 中的 $\langle \hat{T} \rangle$ 与 $\langle \hat{V}_{ee} \rangle$ 仍须考虑(4-76)式中的波函数力。

可是,在二次量子化公式中就完全不同了,在此框架内 Hamilton 量是由单电子与双电子积分(关于基轨道的)定义的,并且任何这种积分(包括动能与电子排斥能)可以与核坐标有关。因而二次量子化 Hamilton 量的微分包含了动能与二电子积分的导数。这里并不是波函数所致,但是可将此效应包含在模型 Hamilton 量内。另一方面没有波函数的变分直接从基轨道的变分中浮现出来。二次量子化波函数是一个代数的实体,参看占据数表象,它只能是 0 或 1,没有任何几何变化的余地。如果产生与湮灭算符的反交换是严格的,则在粒子数表象抽象的 Hilbert 空间占据数改变了,它可以看作相同的,甚至如果物理轨道在移动(改变)。因此,真的 Fermi 子算符是无须改变的。它的代数学性质可由相关的交换规则确定之,是与体系或基轨道的本质无关系的。算符的这些反交换性质在变分之前与以后是一样的。

例如,有限基展开的全 CI 波函数不满足 H-F 定理,然而它是二次量子化模型 Hamilton 算符的精确的本征函数。所以它满足形式上的 H-F 定理。由此得知二次量子化型的 Hamilton 算符提供了一个适当的模型 Hamilton 算符 $\hat{H}^M$,对此 Hellmann-Feynman 定理在形式上得以满足,即有:

$$\delta E = \langle \Psi^A | \delta \hat{H}^M | \Psi^A \rangle \qquad (4-77)$$

它同样适合任意的变分波函数。它已实现了通常对全基集的 H-F 定理(4-74)式的作用。

下几节中将简单导出能量梯度,使用 H-F 定理(4-77)式对于有限基的情形。

2. 正交基集的能量变分

在正交化基集下的二次量子化 Hamilton 量如下:

$$\hat{H} = \sum_{\mu\gamma} h_{\mu\gamma} \Psi_\mu^+ \Psi_\gamma^- + \frac{1}{2} \sum_{\mu\gamma\lambda\sigma} [\mu\gamma \mid \lambda\sigma] \Psi_\mu^+ \Psi_\gamma^+ \Psi_\sigma^- \Psi_\lambda^- \qquad (4-78)$$

按上节，Hamilton 算符的变分结果是：

$$\delta\hat{H} = \sum_{\mu\gamma} \delta h_{\mu\gamma} \Psi_\mu^+ \Psi_\gamma^- + \frac{1}{2} \sum_{\mu\gamma\lambda\sigma} \delta[\mu\gamma \mid \lambda\sigma] \Psi_\mu^+ \Psi_\gamma^+ \Psi_\delta^- \Psi_\lambda^- \qquad (4-79)$$

式中 $\delta h_{\mu\gamma}$ 与 $\delta[\mu\gamma \mid \lambda\sigma]$ 是单电子的与双电子积分的变分。使用 H-F 定理(4-77)式，得出能量变分是：

$$\begin{aligned}
\delta E &= \langle \Psi \mid \delta\hat{H} \mid \Psi \rangle \\
&= \sum_{\mu\gamma} \delta h_{\mu\gamma} \langle \Psi_\mu^+ \Psi_\gamma^- \rangle + \sum_{\mu\gamma\lambda\sigma} \delta[\mu\gamma \mid \lambda\sigma] \langle \Psi_\mu^+ \Psi_\gamma^+ \Psi_\sigma^- \Psi_\lambda^- \rangle \\
&= \sum_{\mu\gamma} \delta h_{\mu\gamma} P_{\gamma\mu} + \frac{1}{2} \sum_{\mu\gamma\lambda\sigma} \delta[\mu\gamma \mid \lambda\sigma] \Gamma_{\alpha\mu\gamma}
\end{aligned} \qquad (4-80)$$

式中 P 与 Γ 为通常的一级与二级密度矩阵。上式给出正交化基集的梯度公式。它在 MO 基是正确的，如 AO 明显地正交归一化。例如，按 Löwdin 的手续，如果 AO 间的重迭被忽略（NDO 方法）则对于 AO 基也是有效的。

3. 能量变分 —— 非正交基集

在自旋轨道的重迭的基，Hamilton 算符取如下形式〔(4-54)式〕：

$$\hat{H}^M = \sum_{\mu\gamma} h_{\tilde{\mu}\gamma} X_\mu^+ \widetilde{X}_\gamma^- + \frac{1}{2} \sum_{\mu\gamma\lambda\sigma} [\widetilde{\mu}\widetilde{\gamma} \mid \lambda\sigma] X_\mu^+ X_\gamma^+ \widetilde{X}_\sigma^- \widetilde{X}_\lambda^- \qquad (4-81)$$

取变分，得：

$$\delta\hat{H}^M = \sum_{\mu\gamma} \delta h_{\tilde{\mu}\gamma} X_\mu^+ X_\gamma^- + \frac{1}{2} \sum_{\mu\gamma\lambda\sigma} \delta[\widetilde{\mu}\widetilde{\gamma} \mid \lambda\sigma] X_\mu^+ X_\lambda^+ \widetilde{X}_\sigma^- \widetilde{X}_\lambda^- \qquad (4-82)$$

将上式代入 H-F 定理(4-77)式中，得出作为期待值的电子能量的变分为

$$\delta E^M = \sum_{m\gamma} \delta h_{\widetilde{m\gamma}} \langle X_m^+ \widetilde{X}_\gamma^- \rangle + \frac{1}{2} \sum_{m\gamma\lambda\sigma} \delta[\widetilde{m\gamma} \mid \lambda\sigma] \langle X_m^+ X_\gamma^+ \widetilde{X}_\sigma^- \widetilde{X}_\lambda^- \rangle \qquad (4-83)$$

为了将上式表作更显而易见的形式，须解决两个问题：

第一、产生／湮灭算符的期待值必需是以第一与第二级密度矩阵，即以 P 与 Γ 为项表出的。这点可如下做到：

$$\langle X_m^+ \widetilde{X}_\gamma^- \rangle = \sum_\lambda S_{\lambda m} \langle \widetilde{X}_\lambda^+ \widetilde{X}_\gamma^- \rangle = \sum_\lambda P_{\gamma\lambda} S_{\lambda m}$$

式中一级密度矩阵元是根据(4-59)式引入的。使用类似的变换还可引入二级密度矩阵 Γ。于是可以写作：

$$\langle X_m^+ \widetilde{X}_\gamma^- \rangle = \sum_\lambda P_{\gamma\lambda} S_{\lambda m} \qquad (4-84a)$$

$$\langle X_m^+ X_\gamma^+ \widetilde{X}_\sigma^- \widetilde{X}_\lambda^- \rangle = \sum_{\eta\tau} \Gamma_{\alpha\lambda\eta\tau} S_{\eta m} S_{\tau\gamma} \qquad (4-84b)$$

第二、(4-83)式中积分的变分要取它的左矢指标中 S^{-1} 变换去计算之。这点，用矩阵符号是容易的。对于单电子积分给出：

$$\delta(S^{-1} h) = \delta S^{-1} h + S^{-1} \delta h \qquad (4-85)$$

式中 δS^{-1} 是重迭矩阵之逆的变分，可由如下关系得到：

$$SS^{-1} = 1$$

所以有 $\delta SS^{-1} + S\delta S^{-1} = 0 \qquad (4-86)$

于是 $\delta S^{-1} = -S^{-1}\delta SS^{-1} \qquad (4-87)$

又(4-85)式中的成分：

$$\delta h_{\widetilde{m\gamma}} = \sum_\eta [\delta S_{\mu\eta}^{-1} h_{\eta\gamma} + S_{\mu\eta}^{-1} \delta h_{\eta\gamma}] \qquad (4-88)$$

式中 $\delta S_{\mu\eta}^{-1} = -\sum_{x e} S_{\mu x}^{-1} \delta S_{xe} S_{e\eta}^{-1} \qquad (4-89)$

类似地，对于 S^{-1} 变换二电子积分的变分给出：

$$\delta[\widetilde{\mu\gamma} \mid \lambda\sigma] = \sum_\eta (\delta S_{\mu\eta}^{-1} S_x^{-1}[\eta\tau \mid \lambda\sigma] + S_{\mu\eta}^{-1} \delta S_x^{-1}[\eta\tau \mid \lambda\sigma] +$$
$$S_{\mu\eta}^{-1} S_x^{-1} \delta[\eta\tau \mid \lambda\sigma]) \qquad (4-90)$$

就这样地已将此问题归结为初始 AO 积分的变分 $\delta S_{\mu\gamma}, \delta h_{m\gamma}$ 和 $\delta[\mu\gamma \mid \lambda\sigma]$，这些都可解析地算出。由(4-87)~(4-90)式，则(4-82)式能量的一级变分化为

$$\delta E = -\sum_{\mu\gamma\lambda\sigma} \delta S_{\mu\gamma} S_{\gamma\lambda}^{-1} h_{\lambda\sigma} P_{\sigma\mu} + \sum_{\mu\gamma} \delta h_{\mu\gamma} P_{\gamma\mu} -$$
$$\frac{1}{2} \sum_{\mu\gamma\lambda\sigma e\iota} \delta S_{\mu\gamma} S_{\gamma\lambda}^{-1} [\lambda\sigma \mid \rho\tau] \Gamma_{e\rho\mu\sigma} - \frac{1}{2} \sum_{m\gamma\lambda\sigma ez} \delta S_{m\gamma} S_{\gamma\lambda}^{-1} [\sigma\lambda \mid \rho\tau] \Gamma_{zem\sigma} +$$
$$\frac{1}{2} \sum_{m\gamma\lambda\sigma} \delta[m\gamma \mid \lambda\sigma] \Gamma_{\alpha\lambda m\gamma} \qquad (4-91)$$

4. SCF 梯度公式

上节得出的梯度公式(4-91)式是假定所用的波函数满足形式

Hellmann‐Feynman 定理的，并且是采用了二次量子化表示。现在讨论一下它的一种特殊情形，即所用的是 SCF 波函数时的梯度公式。当考虑到 SCF 波函数的单行列性质可以引入某些简化，即：

$$\Gamma_{\sigma\lambda m\gamma} = P_{\sigma\gamma}P_{\lambda\mu} - P_{\sigma m}P_{\lambda\gamma} \tag{4-92}$$

由此(4‐91)式可以表示成：

$$\delta E = \sum_{m\gamma}\delta h_{m\gamma}P_{\gamma m} + \frac{1}{2}\sum_{m\gamma\lambda\sigma}\delta[m\gamma \mid \lambda\sigma](P_{\lambda m}P_{\sigma\gamma} - P_{\lambda\gamma}P_{\sigma\mu}) - \sum_{m\gamma\lambda\sigma}F_{m\gamma}P_{\gamma\lambda}\delta S_{\lambda\sigma}S_{\sigma m}^{-1}$$

式中 F 是 Fock 算符，由单行列式密度矩阵 P 与 SCF 条件，上式最后一项可以写作：

$$-\sum_{m\gamma}\sum_{i}^{occ}\epsilon_i C_{im}C_{i\gamma}^*\delta S_{\gamma m} \tag{4-93}$$

式中 ϵ_i 是轨道能。引入能量权重密度矩阵 W：

$$W_{m\gamma} = \sum_{i}^{occ}\epsilon_i C_{im}C_{i\gamma}^* \tag{4-94}$$

则 SCF 梯度公式取如下形式：

$$\delta E = \sum_{m\gamma}\delta h_{m\gamma}P_{\gamma m} + \frac{1}{2}\sum_{m\gamma\lambda\sigma}\delta[m\gamma \mid \lambda\sigma](P_{\lambda m}P_{\sigma\gamma} - P_{\lambda\gamma}P_{\sigma m}) - \sum_{m\gamma}W_{m\gamma}\delta S_{\gamma m} \tag{4-95}$$

式中前两项描述电子能量因单电子与双电子积分的改变的变分；最后是关于重迭效应的。

类似做法，如果指定(4‐91)式中的一级与二级密度矩阵 P 与 Γ 时，可以得出对于其他类型变分波函数的实用的梯度公式。

§4‐4 分子间相互作用

现在考虑两个多电子体系间的相互作用问题。与前面各节不同的是这里二次量子化方法将对问题的物理洞悉作出贡献。

关于两个分子间的相互作用已有数种理论作出描述(例如 Hirschfelder, 1967; Salem, 1968; pullman, 1978; Hayes Stone, 1983; Van lenthe, 1987;等等),但都未达到完满的程度。它们的主要目的是找到对相互作用能的好的评估:

$$\Delta E = E^{AB} - (E^A + E^B) \tag{4-96}$$

式中 E^A 与 E^B 是单个分子 A 与 B 的精确能量,E^{AB} 是超分子(例如分子络合体)的精确能量。理论上,这些量是可以从相应体系的 Schrödinger 方程式的精确解得出(在非相对论的 Born-Oppenimer 模型范围)。这需要 Hamilton 量 $\hat{H}^A$, $\hat{H}^B$ 与 $\hat{H}^{AB}$ 的定义,掌握这些也是一种挑战。如果使用近似的模型 Hamilton 算符,这些都无什么特别的。二次量子化方法将帮助我们弄清这些。

1. 相互作用算符

分子间相互作用问题可以从两边去讨论之。单体的融合(A + B→AB)生成络合体或者超分子分裂(AB→A + B)。按融合图像,第一步是由孤立体系的 Hamilton 算符构造体系零级 Hamilton 算符 $\hat{H}^{(0)}$:

$$\hat{H}^{(0)} = \hat{H}^A + \hat{H}^B \tag{4-97}$$

算符 $\hat{H}^{(0)}$ 描述一个假想的超体系,其中组分之间尚无相互作用。虽然上式常常被引用,但这是一种不严格的写法,因为 $\hat{H}^A$ 与 $\hat{H}^B$ 是不同体系的 Hamilton 算符,分属于不同的 Hilbert 空间 H^A 与 H^B。更严格地,$\hat{H}^{(0)}$ 应表作两个有效算符之和:

$$\hat{H}^{(0)} = \hat{H}^A_{eff} + \hat{H}^B_{eff} \tag{4-98a}$$

式中 $\hat{H}^A_{eff}$ 与 $\hat{H}^B_{eff}$ 定义为如下直积:

$$\hat{H}^A_{eff} = \hat{H}^A \otimes \hat{I}^B \quad \hat{H}^B_{eff} = \hat{I}^A \otimes \hat{H}^B \tag{4-98b}$$

式中 $\hat{I}^A$ 与 $\hat{I}^B$ 表示 Hilbert 空间 H^A 与 H^B 中的单位算符。算符 $\hat{H}^{(0)}$ 定义在两个 Hilbert 空间 H^A 与 H^B 的直积空间。

第四章 二次量子化方法的应用(Ⅱ)

下一步是接通 A 与 B 之间的相互作用。相互作用 Hamilton 算符 $\hat{W}$ 与两个体系的动力学变量联结,可选择这种被微扰的 Hamilton 算符作为超体系的 Hamilton 量:

$$\hat{H}^{AB} = \hat{H}^{(0)} + \hat{W} \qquad (4-99)$$

(4-94)式的不充足(不适当)性可由二次量子化来说明之。引入单电子函数的完全集,由前述二次量子化基础的朴素的应用,可得出如下各式:

$$\hat{H}^{A} \approx \sum_{ik} T_{ik} i^{+} k^{-} + \sum_{ik} U^{A}_{ik} i^{+} k^{-} +$$
$$\frac{1}{2} \sum_{ijkl} [ij \mid kl] i^{+} j^{+} l^{-} k^{-} \qquad (4-100a)$$

$$\hat{H}^{B} \approx \sum_{ik} T_{ik} i^{+} k^{-} + \sum_{ik} U^{B}_{ik} i^{+} k^{-} +$$
$$\frac{1}{2} \sum_{ijkl} [ij \mid kl] i^{+} j^{+} l^{-} k^{-} \qquad (4-100b)$$

$$\hat{H}^{AB} \approx \sum_{ik} T_{ik} i^{+} k^{-} + \sum_{ik} U^{AB}_{ik} i^{+} k^{-} +$$
$$\frac{1}{2} \sum_{ijkl} [ij \mid kl] i^{+} j^{+} l^{-} k^{-} \qquad (4-100c)$$

式中 T 是动能;U^A,U^B 与 U^{AB} 各为来自体系 A,B 与 AB 的核的吸引能。(4-100c)式减去(4-100a)式与(4-100b)式,并按 $\hat{W} = \hat{H}^{AB} - (\hat{H}^{A} + \hat{H}^{B})$ 可得出相互作用 Hamilton 算符 $\hat{W}$。由此将导致一个完全错误的表示式,它具有负的动能与电子间排斥项。这种误差出自二次量子化 Hamilton 算符,绝不应当将属于不同体系的项进行加或减。对于物理上不同的体系处理二次量子化 Hamilton 算符应当特别小心,它不能证明(4-100)式中使用的是相同的 Fermi 算子(对于体系 A,B 与 AB)。

在二次量子化表象中 $\hat{H}^{(0)}$ 与 $\hat{W}$ 的定义也是完全不同于(4-98)式的。对于体系 $A_1 B$ 使用不同的 Fermi 算符集包括不同的标记这些子体系的轨道集。非相互作用的超体系 Hamilton 算符是孤立的 Hamilton 算符的直和:

$$\hat{H}^{(0)} = \hat{H}^A \oplus \hat{H}^B \tag{4-101}$$

可图示如下：

$$\begin{bmatrix} \hat{H}^A & O \\ O & \hat{H}^B \end{bmatrix} \qquad \begin{bmatrix} \hat{H}^A & \hat{W} \\ \hat{W} & \hat{H}^B \end{bmatrix}$$

(a) 无作用　　　　　　(b) 有相互作用

图 4-6　两 Hamilton 算符 $\hat{H}^A$ 与 $\hat{H}^B$ 的直和

下面给出相互作用 Hamilton 量的传统形式，在 L_2 空间有：

$$\hat{H}^{AB} = \sum_i T_i - \sum_{ia} \frac{Z_a}{R_{ia}} + \sum_{i>j} \frac{1}{R_{ij}} \tag{4-102a}$$

式中指标 i 与 j 遍及体系 AB 中的全部电子。对于体系 A：

$$\hat{H}^A = \sum_{i \in A} T_i - \sum_{\substack{i \in A \\ a \in A}} \frac{Z_a}{R_{ia}} + \sum_{\substack{i>j \\ (ij \in A)}} \frac{1}{R_{ij}} \tag{4-102b}$$

对于 $\hat{H}^B$ 有类似的式子。相互作用算符常写作如下形式：

$$\hat{W} = \hat{H}^{AB} - \hat{H}^A - \hat{H}^B$$
$$= -\sum_{\substack{i \in A \\ a \in B}} \frac{Z_a}{R_{ia}} - \sum_{\substack{i \in B \\ a \in A}} \frac{Z_a}{R_{ia}} + \sum_{\substack{i \in A \\ i \in B}} \frac{i}{R_{ij}} \tag{4-103}$$

这里已去掉了动能部分。以上相互作用算符可普遍应用，但是在 L_2 表象中它已远远不是严密的。它包含了电子的分割：每一个电子被指定或者属于 A 或者属于 B，如由符号 $i \in A$ 或 $i \in B$ 标记的。因为电子是不可区分的，像这样的区别是量子力学基本原理所不允许的，所以严格来说相互作用算符的 (4-103) 式的形式只能作为相互作用的模型来考虑，尽管它是一个好的模型。它是基于粒子定域在 A 或 B 所呈现的 Coulomb 势时 A 与 B 相互作用的图像的。电子的定域化在理论上乃是有问题的。

这个问题在分解图像中差不多已很好地被研究过了，那里考虑的是络合体分解为分子 A 与 B。此时目的是找出总 Hamilton 量分割成无相作

用部分与一个微扰 $\hat{W}$：

$$\hat{H}^{AB} = \hat{H}^{(0)} + \hat{W}$$

分解过程 AB→A + B 可以描述为一个物理离解导致势能曲线 $E(R)$，R 是 A 和 B 的核间距离。于是超体系的 Hamilton 算符与参量 R 有关：

$$\hat{H}^{AB} = \hat{H}^{AB}(R) \tag{4-104}$$

零级 Hamilton 算符描述未相互作用的子体系，它可定义为

$$\hat{H}^{(0)} = \lim_{R\to\infty} \hat{H}^{AB}(R) \tag{4-105}$$

显然，$\hat{H}^{(0)}$ 是描述解离了的物种的。$\hat{H}^{(0)}$ 与 $\hat{H}^{AB}$ 都是定义在相同的 Hilbert 空间，这点是很重要的。电子－核的吸引势 $U(R)$：

$$U(R) = \sum_i U_i(R) = -\sum_i \sum_a \frac{Z_a}{|R_i - R_a|} \tag{4-106}$$

于是(4-105)式可以表作：

$$\hat{H}^{(0)} = \hat{H}(\infty) = \sum_i T_i + \sum_i U_i(\infty) + \sum_{i<j} \frac{1}{R_{ij}} \tag{4-107}$$

则相互作用算符由下式给出：

$$\hat{W} = \hat{H}(R) - \hat{H}(\infty) = \sum_i [U_i(R) - U_i(\infty)]$$

$$= -\sum_i \sum_a Z_a \left[\frac{1}{|R_i - R_a^0|} - \frac{1}{|R_i - R_a^\infty|} \right] \tag{4-108}$$

式中 R^0 是双聚体中核坐标，而 R^∞ 是它们处于离解状态时的几何构型。此算符已含单电子项与(4-103)式中的完全不同。这里出现了佯谬（怪事，paradox），对于 $\hat{W}$ 要么是罕见的(4-108)式，要么是比较熟悉的(4-103)式。(这又与量子力学的电子不可区分性有违)对此在二次量子化表述中就可以得到化解，因为在此法构架内保证了不对电子作人为分类的可能性与必要性。它给出的超体系的 Hamilton 算符如下：

$$\hat{H}^{AB} = \sum_{ik} T_{ik} \Psi_i^+ \Psi_k^- + \sum_{ik} U_{ik}^{AB} \Psi_i^+ \Psi_j^- +$$

$$\frac{1}{2} \sum_{ijke} [ij \mid ke] \Psi_i^+ \Psi_j^+ \Psi_e^- \Psi_k^- \tag{4-109}$$

上式与 R 有关。关于单电子基函数的选择有两种可能性：

(i) 基础的基集是固定的，即基函数 Ψ 的定域化不随 R 改变。

(ii) 基轨道的分类不论是属于 A 还是 B，它们都随着子体系一块解离（轨道跟随，orbital following）

情况(i)，如果基 $\{\Psi\}$ 在严格的数字意义上是完全的，它是有意义的，但这实际上很难做到。情况(ii)的缺点是基函数随 R 改变，从而导致一系列误差。

核对方案(i)中的相互作用算符，由(4-105)式容易求出解离体系的 Hamilton 算符。由于轨道不随 R 改变只是核一电子吸引积分 U^{AB} 在改变：

$$\hat{H}^{(0)} = \sum_{ik} T_{ik} \Psi_i^+ \Psi_k^- + \sum_{ik} U_{ik}^{AB}(\infty) \Psi_i^+ \Psi_k^- + \frac{1}{2} \sum_{ijkl} [ij \mid kl] \Psi_i^+ \Psi_j^+ \Psi_l^- \Psi_k^- \tag{4-110}$$

结果得出相互作用算符如下：

$$\hat{W} = \hat{H}^{AB} - \hat{H}^{(0)} = \sum_{ik} [U_{ik}^{AB}(R) - \sum_{ik} U_{ik}^{AB}(\infty)] \Psi_i^+ \Psi_k^- \tag{4-111}$$

这已略去了动能项，但是发现有些奇怪的结果，即未有电子—电子排斥项出现。它等价于(4-108)式。

二次量子化推导极为重要是因为它告诉我们空间固定的单电子基函数的完全集在推导相互作用算符时是必要的。所以不能期待上式的 $\hat{W}$ 在实际情形中是个适合的微扰算符，余下的要看(4-103)式是不是相互作用算符的常用形式，尽管由于人为区分电子引起表现不一贯性，但它还是导致正确的结果。这点可由将其写成轨道的形式得到验证。它可以直接与更实际的二次量子推导对比。下面考虑二次量子化 Hamilton 算符分解为零级的与一级微扰部分，后者等同于分子 A 与 B 间的相互作用并且在此条件下核对多体微贡得出的结果与(4-103)式类似。

为简捷起见，假定重迭效应可以忽略和轨道是正交归一化的。此时超体系的 Hamilton 算符由(4-100c)式给出。根据分子所属的 Hamilton 算符，由轨道的分解而分为

$$\hat{H}^{AB} = \hat{H}^A + \hat{H}^B + \hat{W} \tag{4-112}$$

式中：

$$\hat{H}^A = \sum_{ik \in A}(T_{ik} + U_{ik}^A)\Psi_i^+\Psi_k^- +$$
$$\frac{1}{2}\sum_{ijke \in A}[ij \mid ke]\Psi_i^+\Psi_j^+\Psi_e^-\Psi_k^- \quad (4-113a)$$

$$\hat{H}^B = \sum_{ik \in B}(T_{ik} + U_{ik}^B)\Psi_i^+\Psi_k^- +$$
$$\frac{1}{2}\sum_{ijke \in B}[ij \mid ke]\Psi_i^+\Psi_j^+\Psi_e^-\Psi_k^- \quad (4-113b)$$

$$\hat{W} = \sum_{\substack{i \in A \\ k \in B}}(T_{ik} + U_{ik}^{AB})\Psi_i^+\Psi_k^- +$$
$$\sum_{\substack{i \in B \\ k \in A}}(T_{ik} + U_{ik}^{AB})\Psi_i^+\Psi_k^- +$$
$$\sum_{ik \in A}U_{ik}^B\Psi_i^+\Psi_k^- + \sum_{ik \in B}U_{ik}^A\Psi_i^+\Psi_k^- + \{二电子项\} \quad (4-113c)$$

可以看出动能矩阵的非对角块在微扰时出现了。同时，这是轨道分解的自然的结果(图 4-7)，这与通常的 L_2 空间的 $\hat{W}$ 形式(4-103)是不一致的，因为后者全不含有动能积分。在(4-113c)式出现 $U_{ik}^{AB}, i \in A, k \in B$ 型积分也是有一些不合逻辑的，同时后两个单电子项是有清楚的物理意义的。它们是描述在体系 A 与 B 间电子与核的吸引作用的。可以看出，不论是固定基的(4-108)式还是轨道跟随的情形(4-113)式的二次量子化相互作用算符都证实(支持)常用模型 Hamilton 算符(4-103)式。

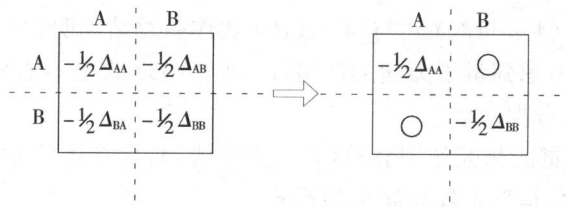

图 4-7 动能矩阵的非对角块在轨道方案中产生相互作用

后来有人使用了 BSSE(basis set superposition error)——自由矩阵，动能可以完全分解为分子内贡献与无相互作用部分，结果与(4-

103)式的模型 Hamilton 量一致。对超分子 Hamilton 量(4-109)式进行类似分析,在每一有关部分代入 BSSE-自由积分,便可得出:

$$\hat{H} = \hat{H}^A + \hat{H}^B + \hat{W} + \{BSSE\} \qquad (4-114)$$

式中 $\hat{H}^A$ 与 $\hat{H}^B$ 定义如下:

$$\hat{H}^A = \sum_{ik \in A}(T_{ik} + U_{ik}^A)\Psi_i^+\Psi_k^- +$$
$$\frac{1}{2}\sum_{ijkl \in A}[ij \mid kl]\Psi_i^+\Psi_j^+\Psi_l^-\Psi_k^- \qquad (4-115a)$$

$$\hat{H}^B = \sum_{ik \in B}(T_{ik} + U_{ik}^B)\Psi_i^+\Psi_k^- +$$
$$\frac{1}{2}\sum_{ijkl \in B}[ij \mid kl]\Psi_i^+\Psi_j^+\Psi_l^-\Psi_k^- \qquad (4-115b)$$

这些算符是在双聚体基下的孤立系的有效 Hamilton 算符。对于相互作用算符可得出如下结果:

$$\hat{W} = \sum_{i \in B}\sum_{ke}S_{li}^{-1}U_{li}^A\Psi_k^+\tilde{\Psi}_i^- + \sum_{i \in A}\sum_{kl}S_{li}^{-1}U_{li}^B\Psi_k^+\Psi_i^- +$$
$$\sum_{\substack{k \in A \\ l \in B}}\sum_{\substack{ma \\ ij}}S_{im}^{-1}S_{jm}^{-1}[mn \mid kl]\Psi_i^+\Psi_j^+\tilde{\Psi}_l^-\tilde{\Psi}_k^- \qquad (4-116)$$

这是对于分子间相互作用的 BSSE-自由多体算符。上式中不同的项分别描述电子-核吸引与电子-电子排斥作用,它与 L_2 空间 Hamilton 量(4-103)式是相关的。

下面对本节讨论的两个分子间相互作用的四种算符(4-103)式、(4-108)式、(4-113c)式与(4-116)式作一总结说明:

(i) 如果考虑到量子力学的严格性,(4-103)式是不能采纳的,因为含有电子可区分性。

(ii) 更一贯的相互作用算符(4-108)式,只含有核的分解与单电子矩阵元的变化,是真正较为简单的形式。

(iii) 使用轨道展开等方法,此 Hamilton 算符是关于基集是严格完整的情形。

(iv) 在截短基模型中,双聚体 Hamilton 量由基轨道的分解而分解。动能的非对角块等积分来自相互作用,所以此模型 L_2 空间模型(i)是完

第四章 二次量子化方法的应用(Ⅱ) 187

全不同的图景。

(v)基集迭加问题的先前分析消除了全部假相互作用并且导致 $\hat{W}$ 与(i)模型一致。不论是零级部分还是微扰 $\hat{W}$ 在 Fermi 子情形是 Hermit 的，这是在 $\hat{W}$ 中的积分须用双正交归一化变换。

2. 对称性适合的微扰理论

这里"对称性"指的是按 Pauli 原理电子的置换对称性。在分子间相互作用的微扰理论中这个问题起着中心作用，因为须要保持微扰波函数的反对称性质。对称性适合的 PT 也称作"交换 PT，因为反对称性的结果改变（交换，exchang）了分子 A 与 B 间的相互作用，已建立了数种互换 PT 的公式。这里不细说明而只想讨论二次量子化对此问题的应用"。

基于二次量子化的分子间相互作用的微扰理论的多种公式的不同在于 Hamilton 算符的分解，在处理分子间重迭的方式与由 PT 所显示的 BSSE 的总数。而这三个问题又是密切相关的。

Basilevsky 与 Berenfeld(1972)，还有 Kvasnicka 等(1974)发展的多体近似方法值得注意。它们是用了 Löwdin 正交归一化基，并将双聚体的 Hamilton 算符表作如下：

$$\hat{H}^{AB} = \sum_{ik} h_{ik} \Psi_i^+ \Psi_k^- + \frac{1}{2} \sum_{ijkl} [ij \mid kl] \Psi_i^+ \Psi_j^+ \Psi_l^- \Psi_k^- \qquad (4-117)$$

式中积分已明显地换成 Löwdin 基集：

$$h_{ik} = \sum_{ab} S_{ia}^{-1/2} h_{ab} S_{bk}^{-1/2} \qquad (4-118a)$$

$$[ij \mid kl] = \sum_{abcd} S_{ia}^{-1/2} S_{jb}^{-1/2} [ab \mid cd] S_{ck}^{-1/2} S_{dl}^{-1/2} \qquad (4-118b)$$

式中指标 $a,b\cdots$ 是对初始重迭基的。Fermi 子算符 Ψ_i^+, Ψ_i^- 是对 Löwdin 基的，因而它们服从固有的反交换规则：

$$[\Psi_i^+, \Psi_k^-] = \delta_{ik} \qquad (4-119)$$

初始轨道 $\Psi_a, \Psi_b, \cdots$ 已选取分离分子时的 MO，并且 $a \in A$ 或 $a \in B$，积分 $S_{ia}^{-1/2}, h_{ik}, [ij \mid kl]$ 等都与 R(A 与 B 间距离)有关，导致(4-117)式的 Hamilton 算符与 R 有关，所以零级 Hamilton 算符可定义如下：

$$\hat{H}^{(0)} = \lim_{R \to \infty} \hat{H}(R)$$

倘若 MO 选取每一分子都是正交归一的,则重迭矩阵 S 趋于单位矩阵(当 $R \to \infty$ 时),矩阵 $S^{-1/2}$ 还原为单位矩阵。积分 h_{ik} 的矩阵和 $\llbracket ij \mid kl \rrbracket$ 也趋于未变换矩阵的直和(见图 4-8):

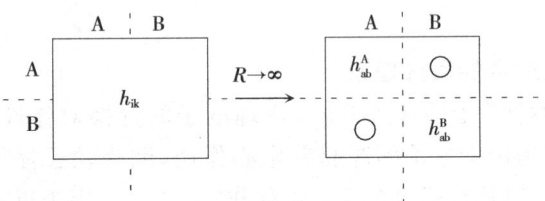

图 4-8

$$\hat{H}^{(0)} = \hat{H}^A \oplus \hat{H}^B \qquad (4-120)$$

式中算符 $\hat{H}^A$ 与 $\hat{H}^B$ 是由(4-113)式定义的。

在零级,$\hat{H}^{AB}$ 由(4-120)式的 $\hat{H}^{(0)}$ 近似,其余的近似产生微扰:

$$\hat{H}^{AB} = \hat{H}^{(0)} + \hat{W} \qquad (4-121)$$

相互作用算符由下式给出:

$$\hat{W} = \sum_{ik}(h_{ik} - h_{ik}^0)\Psi_i^+ \Psi_k^- + \frac{1}{2}\sum_{ijkl}(\llbracket ij \mid kl \rrbracket - \llbracket ij \mid ke \rrbracket)\Psi_i^+ \Psi_j^+ \Psi_k^- \Psi_k^- \qquad (4-122)$$

式中 h_{ik}^0 和 $\llbracket ij \mid kl \rrbracket^0$ 为 $R \to \infty$ 时的积分的极限值。

求算零级波函数与能量需要零级 Schrödinger 方程式的解:

$$\hat{H}^{(0)} \Psi_k^{(0)} = E_k^{(0)} \Psi_k^{(0)} \qquad (4-123)$$

由(4-120)式,有

$$\hat{H}^A \Psi_m^A = E_m^A \Psi_m^A \qquad \hat{H}^B \Psi_m^B = E_m^B \Psi_m^B \qquad (4-124)$$

这些方程式的精确的(全 CI)解是很少使用的。可以由相应的 Hartree - Fock 问题代替以上二式,将会更便利:

$$\hat{F}^A \Psi_i^A = \varepsilon_i^A \Psi_i^A \qquad \hat{F}^B \Psi_i^B = \varepsilon_i^B \Psi_i^B \qquad (4-125)$$

式中的 Fock 算符定义如下：

$$\hat{F}^A = \sum_{i \in A}^{occ} \varepsilon_i^A \Psi_i^+ \Psi_i^- \qquad \hat{F}^B = \sum_{i \in B}^{occ} \varepsilon_i^B \Psi_i^+ \Psi_i^- \qquad (4-126)$$

多电子函数与能量如下：

$$\Psi^A = \Psi_{ANA}^+ \cdots \Psi_{A2}^+ \Psi_{A1}^+ |0\rangle \qquad (4-127a)$$

$$\Psi^B = \Psi_{BNB}^+ \cdots \Psi_{B2}^+ \Psi_{B1}^+ |0\rangle \qquad (4-127b)$$

$$E^A = \sum_{i \in A}^{occ} \varepsilon_i, \quad E^B = \sum_{i \in B}^{occ} \varepsilon_i \qquad (4-128)$$

零级的，固有的反对称波函数定义如下：

$$\Psi^{(0)} = \Psi_{ANA}^+ \cdots \Psi_{A1}^+ \Psi_{B2}^+ \Psi_{B1}^+ |0\rangle \qquad (4-129)$$

零级 Hamilton 算符：

$$\hat{H}^{(0)} = \hat{F}^A + \hat{F}^B \qquad (4-130)$$

导致零级能量为

$$E^{(0)} = E^A + E^B = \sum_{i \in A \cup B}^{occ} \varepsilon_i \qquad (4-131)$$

至此，微扰理论已完全确定，零级贡献可按常法得出。

【问题 1】试求相互作用能的一级与二级贡献：

$$\Delta E^{(1)} = W_{00} \qquad \Delta E^{(2)} = \sum_k W_{0k}^2/(E_k - E_o)$$

对于相互作用算符(4-122)，使用 Møller-Plesset 类似分解(4-125)～(4-131)式。

〔解〕引入如下记号：

$$\delta h_{ik} = h_{ik} - h_{ik}^0, \delta[ij|ke] = [ij|ke] - [ij|ke]^0$$

相互作用能的一级贡献：

$$W_{00} = \langle \Psi^0 | \hat{W} | \Psi^0 \rangle$$

$$= \langle HF | \sum_{ik} \delta h_{ik} i^+ k^- | HF \rangle +$$

$$\frac{1}{2} \sum_{ijkl} \delta[ij|kl] \langle HF | i^+ j^+ l^- k^- | HF \rangle$$

$$= \sum_i^{occ} \delta h_{ii} + \frac{1}{2} \sum_{ij}^{occ} (\delta[ij|ji])$$

二级贡献：
$$E^{(2)} = -\sum_{ijk^*l^*} \frac{|\delta[ij|kl]^2|}{\varepsilon_{k^*} + \varepsilon_{l^*} - \varepsilon_i - \varepsilon_j}$$

上面讨论过的互换微扰理论的缺点是总的相互作用能遭受基集超位误差(basis let super-postion error)。为减轻这种效应 Dandey 等(1974)建议丢弃所有来自 ΔE 的贡献，包括由 A 到 B 的占据 → 空位的变换，等等。关此问题已有许多工作成果，不作介绍了。

§4-5 准粒子变换

由前述已知，二次量子化算符产生和湮灭粒子。这些算符与它的表象有关，相应地粒子可以是经典类似的，也可以是没有的。前面各章节都是处理的电子，它是真实的"物理的"粒子。而本节将讨论的是电子产生与湮灭算符的某种结合，可称之为产生"准粒子"(quasi particles)。

凝聚态物质的性质常常可以由元激发(elementary excitation)来描述之。各种物理量(能量代谢、动量等)可以指定为这些表明可作为准粒子考虑的。虽然，这些准粒子(携带荷载)的某些物理信息，但是它们不能等同于体系真实的粒子(电子、原子、分子)。

关于准粒子物理学的讨论不在本书范围之内。而准粒子的数学描述与二次量子化密切相关，因而将对此作出说明。

1. 单粒子变换

考虑一个产生与湮灭算符 $\hat{a}_k^+$ 和 $\hat{a}_k$ 的集。
这些算符的最一般的线性变换可表示如下：
$$\begin{aligned} \hat{b}^+ &= \sum_k (A_{ik}\hat{a}_k^+ + B_{ik}\hat{a}_k) \\ \hat{b} &= \sum_k (A_{ik}\hat{a}_k + B_{ik}\hat{a}_k^+) \end{aligned} \quad (4-132)$$

这些变换后的算符 $\hat{b}_i^+$ 与 $\hat{b}_i$ 是准粒子的产生与湮灭算符。关于线性变换系数 A 与 B 的各种不同的限制可得出准粒子变换的各种不同的类型。(本节所论系数 A 与 B 均为实的)

假定初始算符服从通常 Fermi 子的反交换规则：

$$[\hat{a}_k, \hat{a}_i]_+ = [\hat{a}_k^+, \hat{a}_i^+]_+ = 0$$

$$[\hat{a}_k^+, \hat{a}_i]_+ = \delta_{ki}$$

若对于变换后的算符也保持相同的规则的话，则变换(4-132)式称为"正则的"(canonical)，即

$$[\hat{b}_+, \hat{b}_i]_k = [\hat{b}_k^+, \hat{b}_i^+]_+ = 0$$

$$[\hat{b}_k^+, \hat{b}_i]_+ = \delta_{ki} \tag{4-133}$$

这些方程给出变换系数 A 与 B 的某些条件，它们可由将(4-132)式代入(4-133)式后得出：

$$\sum_j (A_{ij}B_{kj} + B_{ij}A_{kj}) = 0 \tag{4-134a}$$

$$\sum_j (A_{ij}A_{kj} + B_{ij}B_{kj}) = \delta_{ik} \tag{4-134b}$$

这些就是准粒子变换成为正则的变换的条件，这种变换的某些特殊情形，已在前面看到了。例如，如果 $B_{ik}=0$，有

$$\hat{b}_i^+ = \sum_k A_{ik} \hat{a}_k^+$$

$$\hat{b}_i = \sum_k A_{ik} \hat{a}_k \tag{4-135}$$

并且变换的正则性要求：

$$\sum_j A_{ij} A_{kj} = \delta_{ik} \tag{4-136}$$

(4-135)式并不是真正的准粒子变换，因为它恰好反映了在轨道空间上的一个变换。如果 $\hat{a}_i^+$ 产生一个电子在轨道 X_i，则 $\hat{b}_i^+$ 产生一个电子在 $X_i' = \sum_k A_{ik} X_k$ 上。(4-136)式正则条件意指变换矩阵 A 是么正(酉)的。对于非么正基集的变换，以上条件不适合，并且不能使反交换规则是不变的。

一般的准粒子变换的另一特殊情形是当系数 $A_{ik}=0$ 时。这相当于产生与湮灭算符的内交换。此时正则条件要求 B 矩阵是么(酉)正的。

上面两种极限情形的混合，有时也很有用处。此种类型的最重要的准粒子变换之一就是称为 Boguliubov 变换的应用在超流动与超电导的标准理论中。

今简要说明该变换的优点。一个由大量的相互作用粒子构成的微观体系称为"量子流体"。在量子流体理论中与准粒子打交道等同于与体系的元激发打交道。

今核对第一种情形，当所研究的准粒子是无自旋的，它服从 Bose 统计：

$$[\hat{a}_p, \hat{a}_{p'}] = [\hat{a}_p^+, \hat{a}_{p'}^+] = 0$$
$$[\hat{a}_p^+, \hat{a}_{p'}^+] = \delta pp' \tag{4-137}$$

假定准粒子的动量 P 只与量子数有关，考虑如下的模型 Hamilton 量：

$$\hat{H} = \sum_p \frac{p^2}{2m} \hat{a}_p^+ \hat{a}_p +$$
$$g \sum_p (\hat{a}_p \hat{a}_{-p} + \hat{a}_p^+ \hat{a}_{-p}^+ + 2\hat{a}_p^+ \hat{a}_p) \tag{4-138}$$

式中 m 是准粒子的有效质量，以上 $\hat{H}$ 可在弱相互作用极限下由通常的多体 Hamilton 算符导出来，并假定无外场存在和具相反动量的准粒子之间的相互作用占优势时。式中耦合参量 g 标记相互作用的强度。此 $\hat{H}$ 不能表示成保存粒子数算符的项，因为产生与湮灭算符在每项中是不相等的，由于对一 Bose 流体这是可能的。

引入算符 $\hat{a}_p^+, \hat{a}_p$ 如下变换：

$$\hat{a}_p = U_p \hat{b}_p + V_p \hat{b}_{-p}^+;$$
$$\hat{a}_p^+ = U_p \hat{b}_p^+ + V_p \hat{b}_{-p} \tag{4-139}$$

称之为"Boguliubov 变换"。对于算符 $\hat{b}_p^+ \hat{b}_p$，为了保持(4-137)式交换规则，它必须满足下条件：

$$U_p^2 - V_p^2 = 1 \tag{4-140}$$

同以上条件的 Boguliubov 变换是正规的。将(4-139)式代入(4-138)式中,得到:

$$\hat{H} = \hat{H}^0 + \sum_p \varepsilon_p \hat{b}_p^+ \hat{b}_p + \sum_p \left[(2g + \frac{p^2}{2m}) U_p V_p + g(U_p^2 + V_p^2) \right] (\hat{b}_p^+ \hat{b}_{-p}^+ + \hat{b}_p \hat{b}_{-p}) \tag{4-141}$$

式中 $\hat{H}^0$ 是常数项,此变换中的自由参量 U_p 与 V_p 可选为消除非对角项的(上式中"〔 〕"内的),于是上 Hamilton 量化为

$$\hat{H} = \hat{H}^0 + \sum_p \varepsilon_p \hat{b}_p^+ \hat{b}_p \tag{4-142}$$

式中 $\varepsilon_p = \sqrt{\dfrac{2p^2}{m}g + \dfrac{p^4}{2m^2}}$

可见 Boguliubov 变换可严格地使(4-138)式的模型 Hamilton 算符对角化。

作为另一个例子,考虑 Fermi 流体或电子气体,产生/湮灭算符服从反交换规则。现在研究如下模型 Hamilton 是:

$$\hat{H} = \sum_{p\sigma} \varepsilon_p \hat{a}_{p\sigma}^+ \hat{a}_{p\sigma} + g \sum_{pp'} \hat{a}_{p'\uparrow}^+ \hat{a}_{-p'\downarrow}^+ \hat{a}_{-p\downarrow} \hat{a}_{p\uparrow} \tag{4-143}$$

式中 σ 是自旋指标;参量 g 是表征电子—电子相互作用的耦合常数,即它描述相反自旋(↑与↓)和相反动量(p 与 $-p$)的电子之间的相互作用。此 $\hat{H}$ 在形式上与 Hubbard Hamilton 算符类似,因为电子—电子间的相互作用都是用单个耦常数表征的。它们的不同处是这里 p 与 $-p$ 态的电子间相互作用替代了定点排斥。对于负的 g 值正比 $\hat{H}$ 描述一个超电导体系,它是在 Bardeen-Cooper-Schrieffer(BCS) 理论中出现的(1957)。

下面考虑准粒子变换的 Boguliubov 变换:

$$\hat{b}_{p\downarrow} = U_p \hat{a}_{p\downarrow} + V_p \hat{a}_{-p\uparrow}^+$$
$$\hat{b}_{p\uparrow} = U_p \hat{a}_{p\uparrow} + V_p \hat{a}_{-p\downarrow}^+ \tag{4-144}$$

这些方程的自共轭(adjoints) $\hat{b}_{p\downarrow}^+$ 与 $\hat{b}_{p\uparrow}^+$ 分别如下,如果变换是正则的:

$$U_p^2 + V_p^2 = 1 \tag{4-145}$$

则其逆变换容易得出如下：

$$\hat{a}_{p\downarrow} = U_p \hat{b}_{p\downarrow} + V_p \hat{b}^+_{-p\uparrow};$$

$$\hat{b}_{p\uparrow} = U_p \hat{b}_{p\uparrow} + V_p \hat{b}^+_{-p\downarrow} \tag{4-146}$$

这个相互作用 Fermi 气体的问题是比弱相互作用的 Bose 体系更为复杂，并且(4-144)~(4-146)式的 Boguliubov 变换不能严格地将 $\hat{H}$(4-143)式对角化。虽然如此，还是要将 H 表作算符 $\hat{b}, \hat{b}^+$ 为项后变换之。结果得出：

$$\hat{H} = 2\sum_p \varepsilon_p V_p^2 + \sum_p \varepsilon_p (U_p^2 - V_p^2)(\hat{b}^+_{p\uparrow}\hat{b}_{p\uparrow} + \hat{b}^+_{p\downarrow}\hat{b}_{p\downarrow}) +$$

$$2\sum_p \varepsilon_p U_p V_p (\hat{b}^+_{p\uparrow}\hat{b}^+_{-p\downarrow} + \hat{b}_{-p\downarrow}\hat{b}_{p\uparrow}) +$$

$$g\sum_{pp'}{}' \hat{B}^+_{p'}\hat{B}_p. \tag{4-147}$$

式中 $\hat{B}_p = U_p^2 \hat{b}_{-p\downarrow}\hat{b}_{p\uparrow} - V_p^2 \hat{b}^+_{p\uparrow}\hat{b}^+_{-p\downarrow} + U_p V_p$

$$(\hat{b}_{-p\downarrow}\hat{b}^+_{-p\downarrow} - \hat{b}^+_{p\uparrow}\hat{b}_{p\uparrow})$$

假定体系是由自旋相反与动量相反的准粒子的"束缚对"建构的：

$$\hat{C}^+_p = \hat{b}^+_{p\uparrow}\hat{b}^+_{-p\downarrow} \tag{4-148}$$

能量的计算是由这种对构造的波函数来求出(4-147)式的期待值来作出的，能量公式中只有对角阵元。

$$E = 2\sum_p \varepsilon_p V_p^2 + \sum_p \varepsilon_p (U_p^2 - V_p^2)(n_{p\uparrow} + n_{p\downarrow}) - g[\sum_p U_p V_p (1 - n_{p\uparrow} - n_{p\downarrow})]^2$$

式中 $n_{p\sigma}$ 是占据数。Boguliubov 变换中的未知量 U_p 与 V_p 可以在固定占据数并考虑(4-145)式正交归一化条件使能量极小化时得出，结果如下：

$$U_p^2 = \frac{1}{2}\left[1 + \frac{\varepsilon_p}{\sqrt{\varepsilon_p^2 + \Delta^2}}\right]$$

$$U_p^2 = \frac{1}{2}\left[1 - \frac{\varepsilon_p}{\sqrt{\varepsilon_p^2 + \Delta^2}}\right]$$

式中 Δ 由内在（固有）的方程确定之：

$$1 = \frac{g}{2}\sum_p \frac{1 - n_{p\uparrow} - n_{p\downarrow}}{\sqrt{\varepsilon_p^2 + \Delta^2}}$$

对以上结果的物理意义的分析将导致对低温超电导性的阐明，但是这里不作介绍了。

(4-148)式在超电导理论中称为"Cooper对"。它也可以看作准粒子变换。

2. 双粒子变换

非线性的准粒子变换包含两个产生算符的乘积，可称为"双粒子变换"，其形式如下：

$$\Psi_i^+ = \sum_{\mu > \nu} C_{\mu\nu}^i \hat{a}_\mu^+ \hat{a}_\nu^+ ; \tag{4-149a}$$

$$\Psi_i^- = \sum_{\mu > \nu} C_{\mu\nu}^i \hat{a}_\nu \hat{a}_\mu \tag{4-149b}$$

式中 $\hat{a}_\mu^+, \hat{a}_\mu$ 是产生/湮灭电子。求和限于 $\mu > \gamma$ 是为了避免电子对的双重计算，因为按 Fermi 子反交换规则 $\mu = \gamma$ 的情形是不考虑的。

这里使用准粒子变换(4-149)式，因为它们可以描述不同的电子对方法在一个相等的基础上。

重要的是研究算符 Ψ_i^+, Ψ_i^- 的代数性质，它们是由交换规则确定的，首先要确认：

$$\Psi_i^+ \Psi_k^+ - \Psi_k^+ \Psi_i^+ = \sum_{\substack{\mu>\nu\\\lambda>\sigma}} C_{\mu\nu}^i C_{\lambda\sigma}^k [\hat{a}_\mu^+ \hat{a}_\nu^+ \hat{a}_\lambda^+ \hat{a}_\sigma^+ - \hat{a}_\lambda^+ \hat{a}_\sigma^+ \hat{a}_\mu^+ \hat{a}_\nu^+] = 0$$

即 $\quad [\Psi_i^+, \Psi_k^+]_- = 0 \tag{4-150a}$

与 $[\Psi_i^-, \Psi_k^-]_- = 0 \tag{4-150b}$

算符 Ψ^+（和 Ψ^-）变换并且描述出 Bose 准粒子。这完全是自然而然的，因为这种组分准粒子的变换包含了两个电子的同时变换，符号常无改变。

在 Ψ^- 与 Ψ^+ 之间的交换规则是较为复杂的：

$$[\Psi_i^-, \Psi_k^+] = \hat{Q}_{ik} \tag{4-151}$$

将准粒子的展开式代入,可得:
$$Q_{ik} = \sum_{\substack{\mu>v\\\lambda>\sigma}} C^i_{\mu v} C^k_{\lambda\sigma} [\hat{a}_v \hat{a}_\mu, \hat{a}^+_\lambda \hat{a}^+_\sigma]$$

算出交换子后适当调整指标的顺序,得到:
$$\hat{Q}_{ik} = \sum_{\mu>v} C^i_{\mu v} C^k_{\mu v} + \sum_{\mu\gamma v} C^i_{\mu v} C^k_{\mu\lambda} \hat{a}^+_v \hat{a}_\lambda \tag{4-152}$$

式中已引入惯例:
$$C^i_{\mu v} = - C^i_{v\mu} (\mu > \gamma) \tag{4-153}$$

由(4-152)式可看出(4-150)交换规则确实很复杂。算符 $\hat{Q}_{ik}$ 的存在妨碍了准粒子理论的发展,因为任何矩阵元的求算都是很复杂的。

然而,可以对系数 $C^i_{\mu v}$ 施加某条件结果得到准粒子的交换子 $\hat{Q}_{ik}$ 的简单形式。首先,要求由 Ψ^+_i 产生的二电子波函数形成一正交归一化基集,要求:

$$\delta_{ik} = \langle 0 | \Psi^-_i \Psi^+_k | 0 \rangle = \sum_{\substack{\mu>v\\\lambda>\sigma}} C^i_{\mu v} C^k_{\lambda\sigma} \langle 0 | v^- \mu^- \lambda^+ \sigma^+ | 0 \rangle$$

在矩阵元的求算中只标出配对与求和限制是一致的,即:
$$\sum_{\mu>v} C^i_{\mu v} C^k_{\mu v} = \delta_{ik} \tag{4-154}$$

此称为"弱正交性条件"(weak orthogonality condition)。

注意,求和遍及指标 μ 与 v,在些条件下准粒子的交换子可写作:
$$\hat{Q}_{ik} = \delta_{ik} + \sum_{\mu v \lambda} C^i_{\mu v} C^k_{\mu\lambda} \hat{a}^+_v \hat{a}_\lambda \tag{4-155}$$

此形式并不是很简单的,因为它并未消除非对角项。还可施以强正交归一化(strong orthogonality)条件:

$$\sum_\mu C^i_{\mu v} C^k_{\mu\lambda} = 0 (当 i \neq k;对于任意一 v\lambda) \tag{4-156}$$

求和只对一个指标 μ。在强正交归一性,$\hat{Q}_{ik}$ 还原为

$$\hat{Q}_{ik} = \delta_{ik} [1 + \sum_{\mu v \lambda} C^i_{\mu v} C^k_{\mu\lambda} \hat{a}^+_v \hat{a}_\lambda] \tag{4-157}$$

这是一个重要的简化。为说明这点,让我们来核对多电子波函数的归一化:

令 $\Psi = \Psi_1^+ \Psi_2^+ \cdots \Psi_N^+ |0\rangle$ \hfill (4-158)

则有 $\langle \Psi | \Psi \rangle = \langle 0 | \Psi_N^- \cdots \Psi_2^- \Psi_1^- \Psi_1^+ \Psi_2^+ \cdots \Psi_N^+ | 0 \rangle$

式中准粒子算符服从交换规则(4-151)。

如果 $\hat{Q}_{ik}$ 由(4-152)式或(4-155)式确定,则矩阵元的求算将特别困难,因为不能变换 Ψ_1^- 与 Ψ_2^+。

如果强正交性条件(4-156)式满足,则算符串可以再排序如下:

$\langle \Psi | \Psi \rangle = \langle 0 | \Psi_N^- \Psi_N^+ \cdots \Psi_2^- \Psi_2^+ \Psi_1^- \Psi_1^+ | 0 \rangle$

容易算出:

$\Psi_1^- \Psi_1^+ |0\rangle = \Psi_1^+ \Psi_1^- |0\rangle + \hat{Q}_{11} |0\rangle = |0\rangle$

因为一般地有

$\hat{Q}_{ii} |0\rangle = |0\rangle$

于是得出:

$\langle \Psi | \Psi \rangle = \langle 0 | 0 \rangle = 1$

在强正交性条件下,任何其他的矩阵元均可按类似做法求出。

3. 定域化学键理论

前节已知,在准粒子算符的数学结构中强正交归一性条件使其得到重大的简化。强正交归一性不论是作为一个辅助条件去进行变分程序还是用于 APSG 模型中都可以保持着,或者直接地从强正交归一性去构造孪(geminals)函数。

最简单的办法是用后一方案去限制准粒子在相互分开的子空间内展开:

$$\Psi_i^+ = \sum_{\substack{\mu, \nu \in i \\ (\mu > \nu)}} C_{\mu\nu}^i \hat{a}_\mu^+ \hat{a}_\nu^+ \hfill (4-159)$$

换言之,基集与相应的 Fermi 子算符是被微扰到不同的子空间并且它的展开系数严格地定域在这些子空间中的一个之内。波函数是:

$$\Psi_{\text{AP-SLG}} = \Psi_1^+ \Psi_2^+ \cdots \Psi_N^+ | 0 \rangle \hfill (4-160)$$

它描述的 $2N$-电子的体系可以称为"严格的定域化孪函数(strictly localiged geminals)的反对称化乘积"。准粒子变换(4-159)式为研究定域的双电子化学键的某些性质提供了一个方便的工具。下面将对此多体理论作些说明。

假定指(分配)为分子的每一双电子化学键的基轨道的定域子集存在。这样的基轨道可以由定域原子杂化或离中心的键函数去构造。我们不讨论基集的实际选取,这里只假定每一基函数是唯一地被指派属于分子的化学键之一。这里"化学键"一词是广义的,即凡关于体系的中心键合或其他 二 电子分子片(内壳层的,孤对)均可。

对于键 i 更普通的定域波函数是由相应的子集(4-159)式展开得出的。其中 $\hat{a}_\mu^+$ 是产生算符,它在基轨道 $X_\mu, \mu \in i$ 产生一个电子。为了导出定域方程式要确定展开系数 $C_{\mu v}^i$ 的优化值,须分析 Hamilton 算符的结构。此分析将在基轨道 X_μ (形成一正交归一化集)上作出,因而 Hamilton 算符应写作:

$$\hat{H} = \sum_{\mu v} h_{\widetilde{\mu}\widetilde{v}} \hat{a}_\mu^+ \hat{a}_v + \frac{1}{2} \sum_{\mu v \lambda \sigma} [\widetilde{\mu}\widetilde{v}|\lambda\sigma] \hat{a}_\mu^+ \hat{a}_v^+ \hat{a}_\sigma \hat{a}_\lambda \qquad (4-161)$$

式中湮灭算符 $\hat{a}_v$ 是关于倒空间的并且服从真的反交换规则。式中积分还可变换成它的左矢指标。

由于每一个基函数 X_μ 分属于特定的键,任何对基轨道的求和都能形式上由对键 i 的求和代替之和对键 i 上的轨道中心求和:

即 $\sum_\mu \equiv \sum_i \sum_{\mu \in i}$ \qquad (4-162)

这导致 Hamilton 算符的分解:

$$\hat{H} = \sum_i \hat{H}^i + \sum_{ij}{}' \hat{H}^{ij} + \sum_{ijk}{}' \hat{H}^{ijk} + \sum_{ikjl} \hat{H}^{ijkl} \qquad (4-163)$$

式中 $\sum'$ 表示无相同指标的求和。算符 $\hat{H}^i$ 是单键(one-bmd) Hamiltonian,其中的求和是只在 i 子空间内:

$$\hat{H}^i = \sum_{\mu v \in i} h_{\widetilde{\mu}v} \hat{a}_\mu^+ \hat{a}_v + \frac{1}{2} \sum_{\mu v \lambda \sigma \in i} [\widetilde{u}v|\lambda\sigma] \hat{a}_\mu^+ \hat{a}_v^+ \hat{a}_\sigma \hat{a}_\lambda \qquad (4-164)$$

这可以看作键 i 的 Hamilton 算符。除开由双正交归一化积分反映重迭效应外,它描述一个孤立的键。(4-163)式中后三项描述键间相互作用。这些相互作用 Hamiltonian 可以按(4-162)式求和指标的分解得出

第四章 二次量子化方法的应用(Ⅱ)

来,其中成对方式相互作用算符 $\hat{H}^{ij}$ 可经简单代数处理后给出,如下:

$$\hat{H}^{ij} = \sum_{\mu \epsilon i}\sum_{vj} h_{\tilde{u}\tilde{v}} \hat{a}_\mu^+ \hat{a}_v + \sum_{\mu v\lambda \epsilon i}\sum_{\sigma \epsilon i} [\tilde{u}\tilde{v}|\lambda\sigma] \hat{a}_\mu^+ \hat{a}_v^+ \hat{a}_\sigma \hat{a}_\lambda +$$

$$\sum_{\mu\lambda \epsilon i}\sum_{v\sigma \epsilon j} \left\{ \begin{matrix} [\tilde{\mu}\tilde{v}|\lambda\sigma] \\ -[\tilde{\mu}\tilde{v}|\sigma\lambda] \end{matrix} \right\} \hat{a}_\mu^+ \hat{a}_v^+ \hat{a}_\sigma \hat{a}_\lambda +$$

$$\frac{1}{2}\sum_{\mu v \epsilon i\lambda\sigma \epsilon j} [\tilde{\mu}\tilde{v}|\lambda\sigma] \hat{a}_\mu^+ \hat{a}_v^+ \hat{a}_\sigma \hat{a}_\lambda \qquad (4-165)$$

多项的物理意义是:第一项 $\hat{a}_\mu^+ \hat{a}_v$ 是在键 j 湮灭一个电子和在键之间产生一个电子,所以它描述 $j \to i$ 的电子定域化。第二与第三两项有类似的含意。第四项具有不同的含意,算符串 $\hat{a}_\mu^+ \hat{a}_v^+ \hat{a}_\sigma \hat{a}_\lambda$ 保持在键 i 和 j 中的电子数,于是它描述键间的 Coulomb 与交换相互作用与色散。最后一项,描述两个电子同时转移它与前面各效应相比有较小的重要性。

三体与四体算符 $\hat{H}^{ijk}$ 与 $\hat{H}^{ijkl}$ 的表达式均已得到,这里不作介绍了。

现在研究一下(4-159)式准粒子变换的形式理论方面,准粒子湮灭算符定义如下:

$$\widetilde{\Psi}_i^- = \sum_{\substack{\mu v \epsilon i \\ (\mu < v)}} C_{\mu v}^i \hat{\tilde{a}}_v \hat{\tilde{a}}_\mu \qquad (4-166)$$

这里算符 $\Psi_i^+(\widetilde{\Psi}_i^-)$ 是键 i 对于真空态的产生(湮灭)波函数,可以说它们产生(湮灭)一个组分粒子等同于一个双电子键。一个分子的定域化学键可以看作准粒子,它的内结构由展开系数 $C_{\mu v}^i$ 确定。

回顾这些准 Bose 算符的交换性质:

$$[\Psi_i^+, \Psi_i^+]_- = [\widetilde{\Psi}_i^- \widetilde{\Psi}_i^-]_- = 0 \qquad (4-167)$$

和由严格的定域化使强正交归一性得到保证:

$$[\widetilde{\Psi}_i^-, \Psi_i^+]_- = \widetilde{Q}_i \delta_{ik} \qquad (4-168)$$

式中算符 $\widetilde{Q}_i$ 是由(4-157)式定义的,求和遍及键 i 进行。

显然,由 Ψ_i^+ 与 $\widetilde{\Psi}_i^-$ 的定义可知,如果 $\hat{a}_\mu$ 与 $\hat{a}_\mu^+$ 不是自共轭的则它们也不是,因为基集的非正交归一性所致。因而 $\langle\Psi|\hat{\Psi}|\Psi\rangle$ 型期待值的求算是非常复杂的。然而,可以在倒空间由定义(4-160)式 AP-SLG 波函

数的配对：

$$\langle \widetilde{\Psi} | = \langle 0 | \widetilde{\Psi}_N^- \cdots \widetilde{\Psi}_2^- \widetilde{\Psi}_1^- \tag{4-169}$$

和由下广义的 Rayleigh 商定义能量函数：

$$E = \frac{\langle \widetilde{\Psi} | \hat{H} | \Psi \rangle}{\langle \widetilde{\Psi} | \Psi \rangle} \tag{4-170}$$

上型矩阵元的求算可以与正交归一化基情形同法求出。所有的二次量子化形式规则都适用。例如，由（4-167）～（4-168）式交换规则的应用，可得出：

$$\langle \widetilde{\Psi} | \Psi \rangle = \langle 0 | \widetilde{\Psi}_N^- \cdots \widetilde{\Psi}_2^- \widetilde{\Psi}_1^- \Psi_1^+ \Psi_2^+ \cdots \Psi_N^+ | 0 \rangle = 1$$

这意味着，尽管波函数 $|\Psi\rangle$ 未正交归一化，可是双正交归一化之便归一了。

只有 Ψ 是 $\hat{H}$ 的精确的本征函数时，这种极限情况下，能量泛函（4-170）式才是精确的能量值。使用近似波函数（4-169）式与对应的矩方法（method of moments）而不是变分方法。为简略起见可将（4-170）式看作广义的矩阵元。

先研究一下单键 $\hat{H}^i$ 的矩阵元：

$$\langle \widetilde{\Psi} | \hat{H}^i | \Psi \rangle = \langle 0 | \widetilde{\Psi}^{-i} \hat{H}^i \Psi_i^+ | 0 \rangle$$

$$= \sum_{\mu\nu \in i} h_{\bar{\mu}\bar{\nu}} P_{\nu\mu}^i + \frac{1}{2} \sum_{\mu\lambda\sigma \in i} [\widetilde{\mu\nu} | \lambda\sigma] \Gamma_{\lambda\sigma\mu\nu}^i \tag{4-171}$$

式中 P^i 与 Γ^i 是与一级、二级密度矩阵类似的，是对键 i 的量。它们由相应的算符的（广义的）期待值定义：

$$P_{\nu\mu}^i = \langle 0 | \widetilde{\Psi}_i^- \hat{a}_\mu^+ \hat{a}_\lambda \Psi_i^+ | 0 \rangle = \sum_{\lambda \in i} C_{\mu\lambda}^i C_{\nu\lambda}^i \tag{4-172a}$$

$$\Gamma_{\lambda\sigma\mu\nu}^i = \langle 0 | \widetilde{\Psi}_i^- \hat{a}_\mu^+ \hat{a}_\nu^+ \hat{a}_\sigma \hat{a}_\lambda \Psi_i^+ | 0 \rangle = C_{\mu\lambda}^i C_{\nu\sigma}^i \tag{4-172b}$$

以 SLG 的展开代入并利用 Fermi 粒子的反交换规则可以求算出以上矩阵元。

一分子内的化学键并不是孤立的，但是它在相互的静电场中，尽管它是严格定域化模型也须要考虑这种效应，对此可以类似群函数理论定义有效键 Hamilton 算符 $\hat{H}^{i(eff)}$ 解决之。用此有效（实际）的 Hamilton 算符写出每个键的定域 Schrödinger 方程式，并由它确定 SLG 的展开系数：

$$\hat{H}^{i(eff)}\Psi_i^+|0\rangle = E_i\Psi_i^+|0\rangle \quad (i=1,2,\cdots,N) \tag{4-173}$$

这里的有效 Hamilton 算符是由合并 $\hat{H}^{ij}$ 的平均值形成一个有效的单体核 $h^{i(eff)}$ 而构成的（相应的公式见 Surjan 的论文，1984）。

对于零级（近似）可以忽略键间的重迭效应。它包含积分的双正交归一化变换，它对总能有一级的贡献。键内的重迭效应可以由适当的定域正交归一化处理之。于是，键 i 的有效 Hamilton 算符的最后形式为

$$\hat{H}^{i(eff)} = \sum_{\mu\nu\in i} h_{\mu\nu}^{i(eff)} \hat{a}_\mu^+ \hat{a}_\nu + \sum_{\mu\nu\lambda\sigma\in i} [\mu\nu|\lambda\sigma] \hat{a}_\mu^+ \hat{a}_\nu^+ \hat{a}_\sigma \widetilde{\hat{a}_\lambda} \tag{4-174}$$

波函数与键 i 的有效能量可由定域 Schrödinger 方程（4-173）式的全 CI 解给出。在相应的定域化基集下，由于键间的静电相互作用，这些定域方程式是耦合的并且要按迭代求解。体系的总的电子能量不简单地等于有效键能的和，但是后者是对有效核的键内电子排斥能的双重估算的修正。双正交归一化与直接的双电子积分之间的差别是作为一级修正进入能量公式中。对于 AP-SLG 波函数的最终的能量表示式取如下形式：

$$E_{\text{SLG}} = \sum_{i=1}^N E_i - \frac{1}{2}\sum_{i\neq j}\sum_{\mu\nu\in i}\sum_{\lambda\sigma\in j} P_{\mu\nu}^i P_{\lambda\sigma}^j ([\mu\lambda|\nu\sigma] - [\mu\lambda|\sigma\nu]) + \\ \sum_{i=1}^N \sum_{\mu\nu\in i}(h_{\widetilde{\mu}\nu} - h_{\mu\nu})P_{\nu\mu}^i + \\ \sum_{i=1}^N \sum_{\mu\nu\lambda\sigma\in i}([\widetilde{\mu}\widetilde{\nu}|\lambda\sigma] - [\mu\nu|\lambda\sigma]\Gamma_{\lambda\sigma\mu\nu}^i) \tag{4-175}$$

作为严格的李函数的定域化的结果，上式只给出精确的电子能量的粗的近似。然而此零级方法在某些情形还是有用的，因为它非常简单并且是对所谓"左—右"键内相关的表述。

SLG 近似的精度可以按微扰理论加以改进。二次量子化在发展多体理论，适于键间定域化与相关效应时提供了有力工具。

第一量子化涉及 Hamilton 算符分解为零级部分与微扰。使用 Møller-Plesset 分解的直接推广零级 Hamiltonian 选取键间有效

Hamiltonian 的和：

$$\hat{H}^0 = \sum_{i=1}^{n} \hat{H}^{i(eff)} \tag{4-176}$$

定义 $\hat{H}^0$ 与精确的 Hamiltonian 之差为微扰算符 W：

即 $W = \hat{H} - \hat{H}^0$ (4-177)

如果该问题的零级解提供一个好的近似，则可以预期其低级 PT 的贡献是应充分考虑的。在此情形中，不是微扰算符 $\hat{W}$ 的全部项都对能量有贡献。例如，只有二键项进入二级能量公式中。

零级 Hamilton $\hat{H}^0$ 不是 Hermite 的，因为产生与湮灭算符不是相互自共轭(adjoints)的。由于非 Hermite 性，$\hat{H}^0$ 的各种本征态不形成一正交归一化集。这与用双正交归一性公式化的分子间 PT 情况是相同的，因而这里可应用能量相关的相同的公式。这些 PT 公式的应用需要构造值的与倒空间激发波函数，它们相互间是双正交归一化的。根据激发电子数与键的数（在跃迁中）可以区分激发态。因此，如下的表述是足够的：

$$|\Psi_k^0\rangle_{pol} = \Psi_i^{+q}\widetilde{\Psi}_i^- |\Psi_0^0\rangle$$
$$|\Psi_k^0\rangle_{del} = \Psi_j^{+(3)}\Psi_i^{+(1)p}\widetilde{\Psi}_j^-\widetilde{\Psi}_i^-|\Psi_0^0\rangle$$
$$|\Psi_k^0\rangle_{disp} = \Psi_j^{+q}\Psi_i^{+p}\widetilde{\Psi}_j^-\widetilde{\Psi}_i^-|\Psi_0^0\rangle \tag{4-178}$$

式中 $|\Psi_0^0\rangle$ 是零级 AP-SLG 基态波函数，q 与 p 是键的激发态量子数和 K 是相应的分子激发态。

下标 "pal"、"del"、"$disp$" 是激发态的性质（polarigation，delocaligation 或 dispersion）。这些公式的双正交归一左矢函数配对体是实的，如下：

$$\langle\Psi_k^0|_{pol} = \langle\Psi_0^0|\Psi_i^+\widetilde{\Psi}_i^{-q}$$
$$\langle\Psi_k^0|_{del} = \langle\Psi_0^0|\Psi_i^+\Psi_j^+\Psi_i^{(1)p}\Psi_j^{-(0)q}$$
$$\langle\Psi_k^0|_{disp} = \langle\Psi_0^0|\Psi_i^+\Psi_j^+\widetilde{\Psi}_i^{-p}\widetilde{\Psi}_j^{-q} \tag{4-179}$$

单与三电子态 $\Psi^{+(1)p}$ 与 $\Psi^{+(3)q}$ 可以展开，为前述(4-159)式类似的，如下：

第四章 二次量子化方法的应用（Ⅱ）

$$\Psi^{+(1)q} = \sum_{\mu \in i} C_{\mu}^{iq} \hat{a}_{\mu}^{+} \tag{4-180a}$$

与 $\Psi^{+(3)p} = \sum_{\mu\nu\lambda \in i} C_{\mu\nu\lambda}^{ip} \hat{a}_{\mu}^{+} \hat{a}_{\nu}^{+} \hat{a}_{\lambda}^{+}$ (4-180b)

它们都是 Fermi 算符，描述一偶数电子的体系。系数 C_{μ}^{iq} 与 $C_{\mu\nu\lambda}^{ip}$ 是由求解每个键的定域的单电子与三电子 Schrödinger 方程给出。

将上列多激发态的表示式代入一般的 PT 并使用二次量子化代数的常用规则求出矩阵元，便可得出能量的 PT 相关。它们的一级结果已包含在(4-175)式 SLG 能量公式中，第二级修正来自(i)，被零级忽略了的重迭效应；(ii)，不同键之间的离域化与(iii)，键间色散(dispersion)：

$$\Delta E_{ov} = -\sum_{V} \sum_{q}^{\text{单}} \frac{S_{ok}^{i} \widetilde{S_{k o}^{i}}}{E_{i}^{q} - E_{i}^{o}} \tag{4-181a}$$

$$\Delta E_{deloc} = -\sum_{ij} \sum_{pq}^{\text{双}} \frac{W_{ok}^{del} W_{k o}^{del}}{E_{i}^{p} + E_{j}^{q} - E_{i}^{o} - E_{j}^{o}} \tag{4-181b}$$

$$\Delta E^{disp} = -\sum_{\substack{ij \\ (i<j)}} \sum_{pq}^{M_s=0} \frac{|\sum_{hk \in j} \sum_{er \in i} ([he \mid kr] - \frac{1}{2}[he \mid rk]) P_{hk}^{jp} P_{er}^{iq}|^2}{E_i^p + E_j^q - E_i^o - E_{oj}} -$$

$$\frac{1}{4} \sum_{i<j}^{M_s^{p,q}=\pm 1;} \sum_{p,q}^{M_s^p + M_s^q = 0} \frac{|\sum_{hk \in j} \sum_{er \in i} [\widetilde{h} \ \widetilde{e} \mid rk] P_{hk}^{jp} P_{er}^{iq}|^2}{E_i^p + E_j^q - E_i^o - E_j^o}$$

(4-181c)

式中 M_s 是 S_z 的量子数。能量 E_i^q 键 i 对应于 q 态的有效 Hamilton 算符的本征值。S^i 的矩阵元在零级近似忽略双正交变换的结果：

$$S_{ok}^{i} = \sum_{m,n \in i} (h\widetilde{m \ n} - h_{mn}) P_{mn}^{iq} +$$

$$\frac{1}{2} \sum_{mnr \in i} ([\widetilde{m \ n}] - [mn \mid rs]) C_{mn}^{i} C_{er}^{iq} \tag{4-182}$$

式中，m, n, r 与 s 为空间基轨道的指标，P^{iq} 是键 i 的空间一级跃迁密度矩阵，它定义如下：

$$P_{mn}^{iq} = \sum_{\sigma} P_{n\sigma,m\sigma}^{iq} \equiv \sum_{\sigma} P_{\mu\nu}^{iq}$$

$$= \sum_\sigma \langle 0 | \widetilde{\Psi}_i^- \hat{a}_\mu^+ \hat{a}_v \Psi_i^{+q} | 0 \rangle = \sum_{\lambda \in i} \sum_\sigma C_{\mu\lambda}^{io} C_{v\lambda}^{iq} \qquad (4-183)$$

式中 σ 是自旋指标(α 或 β),$\mu = \{m\sigma\}$ 是自旋轨道,SLG 展开系数 $C_{\mu v}^{iq}$ 定义如前已述。(4-181)式中出现的矩阵元 $S_{\widetilde{k}}$ 可类似给出。于是离域化算符的矩阵元可如下表出:

$$W_{ok}^{del} = 2 \sum_{mn \in i} \sum_{rst \in j} [h_{m\ r}^{eff} C_n^{ip} C_{r+s}^{ip} C_{mn}^{io} C_{ts}^{jo} + 2 \sum_{hek \in i} \sum_{rts \in j} [\widetilde{h}\ \widetilde{e} \mid kr] C_k^{ip} C_{he}^{io} C_{rts}^{io} C_{ts}^{jo} +$$

$$2 \sum_{hek \in i} \sum_{ef \in i} [\widetilde{h}\ e \mid k\ \widetilde{e}] C_f^{ip} C_{ef}^{i} C_{hs}^{i} (C_{krs}^{jq} - C_{rsk}^{jq}) \qquad (4-184)$$

上列各方程式是在此方案中,键间相互作用计算用的工作公式。

本节主要介绍了在多电子体系中定域化的双电子化学键的理论。上述思想在近来量化研究中又得到许多进展。如在 PCILC 方案中就是从全定域化 SCF 参考态开始的。

定域化近似具有明显的局限性,除了可定域化处理的体系并不够多之外,它的理论又是基于不同的化学分子碎片的波函数,是在基轨道的不连接的子空间中展开这一假定的。

§4-6 几个有关课题

本节将简要讨论一下与二次量子化方法有关的边缘课题。先是自旋算符的二次量子化表示与用它构造模型 Hamilton 量。第二部分讨论酉群方法与二次量子化的关联。

1. 自旋算符与自旋 Hamilton 量

虽然作为有用的模型 Hamilton 量——自旋 Hamilton 算符的思想很早就提出来了,但是现代科学工作者在量子化学与固体物理学中还是表现出很大的兴趣。用自旋算符为项的多电子 Hamilton 量,其根本点是如果对电子的空间分布不感兴趣的情形使用之,用旧的价键方法的语言,它对应于忽略掉波函数中的全部离子项,而只使用所谓的共价项。在此条件下,任何波函数都可以由其自旋的分布作为特征,并且可以预期相应的模型 Hamilton 量只通过自旋算符来表示之。

先从罗列自旋算符的基本关系开始,作为向量的自旋算符有三个组分:

$$\vec{S} = (S_x, S_y, S_z) \quad (4-185)$$

定义它们的非厄米组合:

$$\hat{S}^+ = \hat{S}_x + i\hat{S}_y \quad (4-186a)$$

$$\hat{S}^- = \hat{S}_x - i\hat{S}_y \quad (4-186b)$$

作用于基本自旋函数 α 与 β,可以定义:

$$\hat{S}_z \alpha = \frac{1}{2}\alpha \quad (4-187a)$$

$$\hat{S}_z \beta = -\frac{1}{2}\beta \quad (4-187b)$$

和 $\hat{S}^+ \alpha = 0 \quad \hat{S}^- \alpha = \beta$

$$\hat{S}^+ \beta = \alpha \quad \hat{S}^- \beta = 0 \quad (4-188)$$

由于 α 与 β 常表作自旋向上(↑)与自旋向下(↓),所以 S^+ 与 S^- 分别称当自旋上升与下降算符。由(4-188)式的关系可以看出它们与产生/湮灭算符类似,可表作 S^+/S^-。为求出自旋算符与二次量子化的联系,可作些稍详细的分析。

自旋算符服从如下交换规则:

$$[\hat{S}_x, \hat{S}_y] = i\hat{S}_z \quad (4-189)$$

另外两个关系式可以由 (x,y,z) 循环置换得出来。自旋的不同的组分不能交换,所以它们不具有共同的本征函数。物理状态常常由 $\hat{S}_z$ 与 $\hat{S}^2$ 的本征值表征之:

$$\hat{S}^2 = \hat{S}_x^2 + \hat{S}_y^2 + \hat{S}_z^2 = \hat{S}^+ \hat{S}^- + \hat{S}_z^2 - \hat{S}_z$$

$$= \hat{S}^- \hat{S}^+ + \hat{S}_z^2 + \hat{S}_z \quad (4-190)$$

将(4-186)式代入并用(4-189)式交换之,便可验证上式。

对于多电子体系可定义单电子自旋算符之和：

$$\hat{S}_z = \sum_{i=1}^{N} \hat{S}_z(i) \qquad (4-191a)$$

$$\hat{S}^{\pm} = \sum_{i=1}^{N} \hat{S}^{\pm}(i) \qquad (4-191b)$$

而且 $\hat{S}^z$ 算符仍然可以用(4-190)式表出。由(4-189)式与(4-190)式可证 $\hat{S}^2$ 与 $\hat{S}_z$ 是可交换的，所以它们具有共同的本征函数。进而，如果 Hamilton 算符是与自旋无关的(非相对论情形)时，则它与 $\hat{S}^2$, $\hat{S}_z$ 两者交换。于是，此 Hamilton 算符的本征函数也是这些自旋算符的本征函数。在构造近似波函数时，很多情形是取保持此种自旋对称性的。

现在讨论上述自旋算符的二次量子化表示问题。先考虑 $\hat{S}_z$，它是单电子算符之和，其自旋轨道项为

$$\hat{S}_z = \sum_{\mu\nu} \langle \mu | \hat{S}_z | v \rangle \hat{a}_\mu^+ \hat{a}_v \qquad (4-192)$$

将其空间与自旋分开写出时，自旋轨道为 $\mu = m\sigma (\sigma = \alpha \text{ 或 } \beta)$：

$$\hat{S}_z = \sum_{mn} \sum_{\sigma_1\sigma_2} \langle m\sigma_1 | \hat{S}_z | n\sigma_2 \rangle \hat{a}_{m\sigma_1}^+ \hat{a}_{n\sigma_2}$$

$$= \sum_{mn} \langle m | n \rangle \sum_{\sigma_1\sigma_2} \langle \sigma_1 | \hat{S}_z | \sigma_2 \rangle \hat{a}_{m\sigma_1}^+ \hat{a}_{n\sigma_2}$$

这里利用了自旋算符只作用于自旋函数，空间轨道的正交归一化导致：

$$\hat{S}_z = \sum_{\sigma_1\sigma_2} \langle \sigma_1 | \hat{S}_z | \sigma_2 \rangle \sum_m \hat{a}_{m\sigma_1}^+ \hat{a}_{m\sigma_2}$$

使用(4-187)式与基自旋函数的正交归一性，可得出 Pauli 自旋矩阵：

$$\langle \sigma_1 | \hat{S}_z | \sigma_2 \rangle = \pm \frac{1}{2} \delta_{\sigma_1\sigma_2}$$

式中"+"号是 $\alpha(\uparrow)$ 态，"—"是对 $\beta(\downarrow)$ 态，最后

$$\hat{S}_z = \frac{1}{2} \sum_m (\hat{a}_{m\uparrow}^+ \hat{a}_{m\uparrow} - \hat{a}_{m\downarrow}^+ \hat{a}_{m\downarrow}) \qquad (4-193)$$

此即 $\hat{S}_z$ 的二次量子化形式。对 α 与 β 引入粒子数表示时，上式可

写作：

$$\hat{S}_z = \frac{1}{2}(\hat{N}_\uparrow - \hat{N}_\downarrow)$$

【问题 1】试证 $[\hat{H}, \hat{S}_z] = 0$

〔解〕用(4-193)式与 Hamiltonian 的二次量子化形式先验证 $\hat{H}$ 中的单电子项，其空间轨道部分为

$$\hat{H} = \sum_{pq} h_{pq} \sum_\sigma \hat{a}^+_{p\sigma} \hat{a}_{q\sigma}$$

自旋算符 $\hat{S}_z$：$\hat{S}_z = \frac{1}{2}\sum_m (\hat{a}^+_{m\uparrow}\hat{a}_{m\uparrow} - \hat{a}^+_{m\downarrow}\hat{a}_{m\downarrow})$

利用 Fermi 子算符 $\hat{a}^+_i, \hat{a}_k$ 的交换规则：

$$[\hat{H}, \hat{S}_z] = \frac{1}{2}\sum_{mpq} h_{pq} \sum_\sigma ([\hat{a}^+_{p\sigma}\hat{a}_{q\sigma}, \hat{a}^+_{m\uparrow}\hat{a}_{m\uparrow}] - [\hat{a}^+_{p\sigma}\hat{a}_{q\sigma}, \hat{a}^+_{m\downarrow}\hat{a}_{m\downarrow}])$$

除 $\sigma = \uparrow$ 项外，交换子为零；对于 $\sigma = \downarrow$，同理。于是得到：

$$[\hat{H}, \hat{S}_z] = \frac{1}{2}\sum_{mpq} h_{pq}([\hat{a}^+_{p\uparrow}\hat{a}_{q\uparrow}, \hat{a}^+_{m\uparrow}\hat{a}_{m\uparrow}] - [\hat{a}^+_{p\downarrow}\hat{a}_{q\downarrow}, \hat{a}^+_{m\downarrow}\hat{a}_{m\downarrow}])$$

左边的交换子均为零。简化的写法：

$$[p^+ q^-, m^+ m^-] = p^+ q^- m^+ m^- - m^+ m^- p^+ q^-$$
$$= p^+ q^- m^+ m^- - (\delta_{mp} m^+ q^- - \delta_{mq} p^+ m^- + p^- q^- m^+ m^-)$$
$$= 0$$

由类似的做法，可将上升与下降自旋算符表作：

$$\hat{S}^+ = \sum_{\mu v} \langle \mu | \hat{S}^+ | v \rangle \hat{a}^+_\mu \hat{a}_v$$
$$= \sum_{\sigma_1 \sigma_2} \langle \sigma_1 | \hat{S}^+ | \sigma_2 \rangle \sum_m \hat{a}^+_{m\sigma_1} \hat{a}_{m\sigma_2}$$
$$= \sum_m \hat{a}^+_{m\uparrow} \hat{a}_{m\downarrow} \qquad (4-194)$$

这里使用了(4-188)式，同法可得：

$$\hat{S}^- = \sum_m \hat{a}^+_{m\downarrow} \hat{a}_{m\uparrow} \qquad (4-195)$$

【问题 2】试证下列：

(i) $[\hat{S}^+, \hat{S}_z] = -\hat{S}^+$

(ii) $[\hat{S}^-, \hat{S}_z] = \hat{S}^-$

〔解〕 将算符 $\hat{S}^+ = \hat{a}_\uparrow^+ \hat{a}_\downarrow$, $\hat{S}^- = \hat{a}_\downarrow^+ \hat{a}_\uparrow$, 与 $\hat{S}_z = \frac{1}{2}(n_\uparrow - n_\downarrow)$ 代入各交换子中:

(i) $[\hat{S}^+, \hat{S}_z] = \frac{1}{2}[\hat{a}_\uparrow^+ \hat{a}_\downarrow, n_\uparrow] - \frac{1}{2}[\hat{a}_\uparrow^+ \hat{a}_\downarrow, n_\downarrow]$

$= \frac{1}{2}[\hat{a}_\uparrow^+ \hat{a}_\downarrow, \hat{a}_\uparrow^+ \hat{a}_\uparrow] - \frac{1}{2}[\hat{a}_\uparrow^+ \hat{a}_\downarrow, \hat{a}_\downarrow^+ \hat{a}_\downarrow]$

$= -\frac{1}{2} \hat{a}_\uparrow^+ \hat{a}_\downarrow \hat{a}_\uparrow^+ \hat{a}_\uparrow - \frac{1}{2} \hat{a}_\downarrow^+ \hat{a}_\downarrow \hat{a}_\uparrow^+ \hat{a}_\downarrow$

上式右边第一项为零,因为同一轨道不可能产生两个"↑"的电子。最后一项为零(同上)。所以上式化为

$[\hat{S}_+, \hat{S}_z] = -\frac{1}{2}(\hat{a}_\uparrow^+ \hat{a}_\uparrow \hat{a}_\uparrow^+ \hat{a}_\downarrow + \hat{a}_\uparrow^+ \hat{a}_\downarrow \hat{a}_\downarrow^+ \hat{a}_\downarrow)$

其中, $\hat{a}_\uparrow^+ \hat{a}_\uparrow = n_\uparrow$ 保证被省略,因为它在 $\hat{a}_\uparrow^+$ 之后不能对任何矩阵元之值有所改变。类似地, $\hat{a}_\downarrow^+ \hat{a}_\downarrow = n_\downarrow$ 可以略去,因为它在后面是 $\hat{a}_\downarrow$。所以最后得出:

$[\hat{S}^+, \hat{S}_z] = -\hat{a}_\uparrow^+ \hat{a}_\downarrow = -\hat{S}^+$

同法可证(ii)。

现在要问,在怎样条件下可将二次量子化 Hamiltonian 以自旋算符为项表出之。这些考虑为推导模型 Hamiltonian 提供有效的工具。

最重要的自旋 Hamilton 算符之一是 Von Vleck(1932) 与 Diroc(1929) 为描述磁体系而提出来的:

$$\hat{H} = \hat{H}^0 - 2\sum_{i<j} J_{ij} \vec{S}_i \vec{S}_j \qquad (4-196)$$

式中 $\hat{H}^0$ 是一常数, J_{ij} 是称为"交换参量"(exchange parameters)。求和遍及全部电子。此 $\hat{H}$ 描述被 Heisenberg(1926,1928) 研究的磁性的模型,所以也常称之 Heisenberg Hamiltonion。在 Heisenberg 模型中的电子假定是定域在不同的位置上并且积分 J_{ij} 只关于近邻位置的。如果假定所有的这种积分有相同的值,则有:

$$\hat{H} = \hat{H}^0 - 2J \sum_{i<j} \vec{S}_i \vec{S}_j \tag{4-197}$$

当 $J > 0$ 时，它描述的是铁磁性体系（ferromagnetic system），而 $J < 0$ 时，则是反铁磁性体系（anti ferro magnetic system）。

按照 Anderson(1963) 的论文,上述(4-196)式容易使用二次量子化导出。今考虑一个简单的模型,对于含有由 N 个正交归一化空间轨道的基集描述的 N 个电子的体系。每一个电子假定定域在一个轨道（位置），则此模型的多体 Hamiltonian 是：

$$\hat{H} = \sum_{m,n=1}^{N} h_{mn} \sum_{\sigma} \hat{a}_{m\sigma}^+ \hat{a}_{n\sigma} + \frac{1}{2} \sum_{mnpr=1}^{N} [mn|pr] \sum_{\sigma_1 \sigma_2} \hat{a}_{m\sigma_1}^+ \hat{a}_{n\sigma_2}^+ \hat{a}_{r\sigma_2} \hat{a}_{p\sigma_1} \tag{4-198}$$

在 Anderson 模型中一个电子在一个位置,它的自旋为 α 或 β，故有：

$$\hat{N}_{n\uparrow} + \hat{N}_{n\downarrow} = 1 \tag{4-199}$$

或者使用粒子数算符的定义：

$$\hat{a}_{n\uparrow}^+ \hat{a}_{n\uparrow} + \hat{a}_{n\downarrow}^+ \hat{a}_{n\downarrow} = 1 \tag{4-200}$$

引入如下自旋算符：

$$\hat{S}_n^z = \frac{1}{2}(\hat{N}_{n\uparrow} - \hat{N}_{n\downarrow}) \tag{4-201a}$$

$$\hat{S}_n^+ = \hat{a}_{n\uparrow}^+ \hat{a}_{n\downarrow} \tag{4-201b}$$

$$\hat{S}_n^- = \hat{a}_{n\downarrow}^+ \hat{a}_{n\uparrow} \tag{4-201c}$$

显然,与(4-193)式、(4-194)式、(4-195)式关联,由下给出：

$$\hat{S}_z = \sum_{n=1}^{N} \hat{S}_n^z \qquad \hat{S}^{\pm} = \sum_{n=1}^{N} \hat{S}_n^{\pm} \tag{4-202}$$

Hamiltonian 的单电子部分可以近似地只保留对角元 h_{nn} 给出。这相当于忽略掉 $\hat{a}_m^+ \hat{a}_n (m \neq n)$ 型的电荷转移项,它与电子在此位定域化是一致的。

此时单电子部分 $\hat{H}^1$ 化为

$$\hat{H}^1 = \sum_n h_{nn}(\hat{a}_{n\uparrow}^+ \hat{a}_{n\uparrow} + \hat{a}_{n\downarrow}^+ \hat{a}_{n\downarrow})$$

$$= \sum_n h_{mn} = T_r h \qquad (4-203)$$

这里用了(4-200)式。于是,在此简单模型中 $\hat{H}^1$ 对能量的贡献是常数,它等于矩阵 h 的迹。

下面分析 Hamiltonian(4-198)式的相互作用部分并以 $\hat{H}^2$ 记之。仍然略去电荷转移,可写作:

$$\hat{H}^2 = \frac{1}{2}\sum_{mnpr}[mn \mid pr]\sum_{\sigma_1 \sigma_2} \hat{a}^+_{m\sigma_1}\hat{a}^+_{n\sigma_2}\hat{a}_{r\sigma_2}\hat{a}_{p\sigma_1}\{\delta_{mp}\delta_{nr}+\delta_{mr}\delta_{np}\}$$

$$= \frac{1}{2}\sum_{mn}[mn \mid mn]\sum_{\sigma_1 \sigma_2} \hat{a}^+_{m\sigma_1}\hat{a}^+_{n\sigma_2}\hat{a}_{n\sigma_2}\hat{a}_{m\sigma_1} +$$

$$\frac{1}{2}\sum_{mn}[mn \mid mn]\sum_{\sigma_1 \sigma_2} \hat{a}^+_{m\sigma_1}\hat{a}^+_{n\sigma_2}\hat{a}_{m\sigma_2}\hat{a}_{n\sigma_1} \qquad (4-204)$$

式中 Kroneckerδ 表示无电荷转移,在第一项,算符串可以用粒子数算符表示之,则有:

$$\hat{H}^2 = \frac{1}{2}\sum_{m \neq n}[mn \mid mn](\sum_\sigma \hat{N}_{m\sigma_1})(\sum_{\sigma_2} \hat{N}_{n\sigma_2}) + \hat{V} \qquad (4-205)$$

式中 $\hat{V}$ 代表(4-204)式中的第二项(即 $\hat{H}^2$ 中的交换项)。使用(4-199)式定域化条件,则第一项(类似 Coulomb 项)变成一个常数,于是有如下简化的 Hamiltonian:

$$\hat{H} = C + \hat{V} \qquad (4-206)$$

式中常数 C 的值由(4-203)式与(4-205)式确定之:

$$C = \sum_m h_{mm} + \frac{1}{2}\sum_{mn}[mn \mid mn] \qquad (4-207)$$

同时 $\hat{V}$ 是交换 Hamiltonian:

$$\hat{V} = \frac{1}{2}\sum_{m \neq n}[mn \mid mn]\sum_{\sigma_1 \sigma_2}\hat{a}^+_{m\sigma_1}\hat{a}^+_{n\sigma_2}\hat{a}_{m\sigma_2}\hat{a}_{n\sigma_1} \qquad (4-208)$$

这里已排除 $m=n$ 的情形,因为不可能湮灭两个电子形成一个轨道。使用自旋算符的二次量子化形式,可将以上交换 Hamiltonian 表作:

$$\hat{V} = -\frac{1}{2}\sum_{m \neq n} J_{mn}(S^+_m S^-_n + S^-_m S^+_n +$$

第四章 二次量子化方法的应用（Ⅱ）

$$\hat{N}_{m\uparrow}\hat{N}_{n\uparrow} + \hat{N}_{m\downarrow}\hat{N}_{n\downarrow}) \tag{4-209}$$

式中交换积分：$J_{mn} = [mn \mid nm]$

利用下列等式：

$$S_m^+ S_n^- + S_n^- S_m^+ = 2\vec{S}_m \vec{S}_n - 2S_m^z S_n^z$$

可将(4-209)式再简化之：

$$\hat{V} = -\sum_{m \neq n} J_{mn} \vec{S}_m \vec{S}_n - \frac{1}{2}\sum_{m \neq n} J_{mn} [\hat{N}_{m\uparrow}\hat{N}_{n\uparrow} + \hat{N}_{m\downarrow}\hat{N}_{n\downarrow} - 2S_m^z S_n^z]$$

将上式"[ ]"中的 S^z 以(4-201a)式代入可再简化。实际上使用(4-199)式，可使其变为 1/2，最后得到：

$$\hat{V} = -\sum_{m \neq n} J_{mn}(\vec{S}_m \vec{S}_n + \frac{1}{4}) \tag{4-210}$$

于是总 Hamilton 算符：

$$\hat{H} = \hat{H}^0 - \sum_{m \neq n} J_{mn} \vec{S}_m \vec{S}_n \tag{4-211}$$

式中 $\hat{H}^0 = \sum_m h_{mm} + \sum_{m<n}\left([mn \mid mn] - \frac{1}{2}[mn \mid nm]\right)$

至此 Heisenberg 自旋 Hamilton 算符便完全演导出来。

在研究磁现象中 Heisenberg Hamiltonian 是很有用的。因为 J_{mn} 为正值表示是铁磁性，是自旋平行状态；J_{mn} 为负值，则为反铁磁性。对此近来仍有许多工作。

2. 酉群方法 (Unitary Group Approach)

在后 Hartree-Fock 计算中最广泛应用的方法之一就是组态相互作用(CI)技术。在 CI 中一个中心问题就是去精心设计组态(自旋适合的)间的 Hamiltonian 矩阵元的求算方法。一个非常成功的——酉群方法已被提出来了。这里无意详述此法的内容，对此已有一些专书可参看，而只涉及它与二次量子化之间的联系。

首先，要说明二次量子化多体 Hamilton 算符在轨道基的酉变换下是不变的。证明这点是容易的，今以 Hamilton 算符中的单电子部分为例说明之。

给定一组正交归一化函数集 $\{X_\mu\}$，则单电子 Hamiltonian 可表作：

$$\hat{H}^1 = \sum_{\mu v} \langle X_\mu \mid \hat{h} \mid X_v \rangle X_\mu^+ X_v^- \tag{4-212}$$

考虑酉变换:

$$X_\mu = \sum_i U_{i\mu} \phi_i \tag{4-213}$$

显然,Fermi 子算符变换为

$$X_\mu^+ = \sum_i U_{i\mu} \phi_i^+ \tag{4-214a}$$

$$X_\mu^- = \sum_i U_{i\mu}^* \phi_i^- = \sum_i U_{\mu i}^+ \phi_i^- \tag{4-214b}$$

式中"*"号为复共轭,"+"为其自共轭(邻接,adjoint)。将上二式代入(4-212)式中,得出:

$$\hat{H}^1 = \sum_{\mu v} \sum_{ijkl} U_{\mu i}^+ U_{jv} U_{kl} U_{vl}^+ \langle \phi_i \mid \hat{h} \mid \phi_j \rangle \phi_k^+ \phi_l^-$$

对 μ, v 作出求和后,上式化为

$$\hat{H}^1 = \sum_{ij} \langle \phi_i \mid \hat{h} \mid \phi_j \rangle \phi_i^+ \phi_j^-$$

此与未变换的 $\hat{H}^1$(4-212)式形式相同,表明 $\hat{H}^1$ 在 U 变换下是不变的。

【问题 3】试证明 $\hat{H}$ 的双电子部分仍然在 U 变换(4-213)式、(4-214)式下是不变的。

〔解〕$\hat{H}$ 中的双电子部分:

$$\hat{H}^2 = \frac{1}{2} \sum_{\mu v \lambda \sigma} [\mu v \mid \lambda \sigma] X_\mu^+ X_v^+ X_\sigma^- X_\lambda^-$$

将 U 变换各式代入后,得出:

$$\hat{H}^2 = \frac{1}{2} \sum_{\mu v \lambda \sigma} \sum_{ijkl} U_{\mu i}^+ U_{vj}^+ U_{kl} U_{l\sigma} U_{p\mu} U_{qv} U_{\sigma r}^+ U_{\lambda s}^+ [ij \mid kl] \phi_p^+ \phi_q^+ \phi_r^- \phi_s^-$$

对 μ, v, λ 与 σ 求和并利用变换的酉性质($UU^+ = 1$),得出:

$$\hat{H}^2 = \frac{1}{2} \sum_{ijkl} [ij \mid kl] \phi_i^+ \phi_j^+ \phi_l^- \phi_k^-$$

可见它与变换的形式相同。

如在前节所示,Fermi 子反交换规则也是酉变换下不变的,所以酉变

换是正则的(Canonical)V。

容易看出由 $n \times n$ 酉矩阵 U 表述的酉变换形成一个群,因为它满足:

(1) 二酉矩阵的积仍然是一酉矩阵;
(2) 群的单位元素由单位矩阵 δ_{jk} 给定,且它本身也是酉的;
(3) 酉矩阵 U 的逆存在,由 U^+ 给定;
(4) 对于矩阵乘法满足缔合律,因为有 $U_1(U_2U_3) \equiv (U_1U_2)U_3$。

这是一个集成群的定义条件。这种由 $n \times n$ 酉矩阵的集称为"酉群 $U(n)$"。酉群及其表示的数学理论已经被详细研究过了〔可参看 Hammermesh(1962) 的书〕。下面将说明所谓的 $U(n)$ 的无穷小生成元的重要概念。

酉群的元素是参量的一些数的连续函数,$U(n)$ 的独立参量的数有 n^2,这可将矩阵 U 做指数形式看出:

$$U = e^{iA} \tag{4-215}$$

式中 A 是复 Hermite 矩阵。(因为 $U^+ = e^{-iA} = U^{-1}$,所以任意这种矩阵显然是酉的)它有 n^2 个独立的元素。(因为 $A \equiv Re(A) + i\, Im(A)$;为使 A 是 Hermite 的,$Re(A)$ 必须对称,有 $n(n+1)/2$ 个独立元素,共有 n^2 个) 可以说复 $n \times n$ Hermit 矩阵 A 生成酉矩阵(4-215)式。群的无穷的生成元可定义为群元素的独立参量的导数(微分),在参量值相当于单位元素时。显然,对于 $U(n)$ 有 n^2 个这样的无穷小生成元。矩阵 A 可以形式地表作以基矩阵单位 e_{jk} 为项:

$$A = \sum_{jk} A_{jk} e_{jk} \tag{4-216}$$

式中数 A_{jk} 是矩阵 A 的元素,同时 e_{jk} 是一矩阵,它除了 j 一行与 k 一列为 I 外均为 0 的矩阵,复数 A_{jk}(且有 $A_{jk} = A_{kj}^*$)是矩阵的独立参量。当所有的 $A_{rs} = 0$ 给出单位矩阵,所以 $U(n)$ 的无穷小生成元可由下式给出:

$$E_{rs} = -i \left. \frac{\partial U}{\partial A_{rs}} \right|_{A_{jk}=0}$$

这里 U 是指群 $U(n)$ 的一般元素。由(4-215)式与(4-216)式可得出:

$$E_{rs} = -i \frac{\partial}{\partial A_{rs}} (i \sum_{jk} A_{jk} e_{jk}) = e_{rs}$$

可以看出,基本矩阵单位可以当作酉群的无穷小生成子

(infinitesimal generators)。更严格的推导已被当作 $U(n)$ 的单参量子群考虑了。

由这些定义，容易得出基本矩阵单位 e_{mn}，从而无穷的小生成子 E_{mn} 都服从如下交换规则：

$$[E_{mn}, E_{rs}] = \delta_{rs} E_{ms} - \delta_{ms} E_{rn} \tag{4-217}$$

即 $U(n)$ 的无穷小生成子形成关于算符交换的一闭集，它服从 Lie 代数。

可知，二次量子化 Hamiltonian 可以以某些算符为项表出，它服从相同的 Lie 代数结构。下面从空间轨道表出的 Hamiltonian 开始说明之：

$$\hat{H} = \sum_{mn}\sum_{\sigma} h_{mn} \hat{a}^+_{m\sigma} \hat{a}_{m\sigma} - \frac{1}{2}\sum_{mnrs}\sum_{\sigma_1\sigma_2} [mn|rs] \hat{a}^+_{m\sigma_1} \hat{a}^+_{n\sigma_2} \hat{a}_{r\sigma_1} \hat{a}_{s\sigma_2} \tag{4-218}$$

引入二电子算符中的变换后：

$$\hat{H} = \sum_{mn}\sum_{\sigma} h_{mn} \hat{a}^+_{m\sigma} \hat{a}_{n\sigma} + \frac{1}{2}\sum_{mnrs}\sum_{\sigma_1\sigma_2} [mn|rs](\hat{a}^+_{m\sigma_1} \hat{a}_{r\sigma_1} \hat{a}^+_{n\sigma_2} \hat{a}_{s\sigma_2} - \delta_{rn}\delta_{\sigma_1\sigma_2} \hat{a}^+_{m\sigma_1} \hat{a}_{s\sigma_2})$$

引入记号：$\hat{E}_{mn} = \sum_{\sigma} \hat{a}^+_{m\sigma} \hat{a}_{n\sigma}$ $\tag{4-129}$

它是无自转移算符(shift - operator)。其性质如下：

$$\hat{E}^+_{mn} = \sum_{\sigma} \hat{a}^+_{n\sigma} \hat{a}_{m\sigma} = \hat{E}_{nm}$$

于是 Hamilton 算符可由它表出：

$$\hat{H} = \sum_{mn} h_{mn} \hat{E}_{mn} + \frac{1}{2}\sum_{mnrs}[mn|rs](\hat{E}_{mr}\hat{E}_{ns} - \delta_{rn}\hat{E}_{ms}) \tag{4-220}$$

容易验证转移算符的交换性质：

$$\hat{E}_{mn}\hat{E}_{rs} = \sum_{\sigma_1\sigma_2} \hat{a}^+_{m\sigma_1} \hat{a}_{n\sigma_1} \hat{a}^+_{r\sigma_2} \hat{a}_{s\sigma_2} \tag{4-221}$$

同时有：

$$\hat{E}_{rs}\hat{E}_{mn} = \sum_{\sigma_1\sigma_2} \hat{a}^+_{r\sigma_2} \hat{a}_{s\sigma_2} \hat{a}^+_{m\sigma_1} \hat{a}_{n\sigma_1}$$

$$= \sum_{\sigma_1\sigma_2} (\hat{a}^+_{m\sigma_1} \hat{a}_{n\sigma_1} \hat{a}^+_{r\sigma_2} \hat{a}_{s\sigma_2} + \delta_{\sigma_1\sigma_2}(\delta_{ms} \hat{a}^+_{r\sigma_2} \hat{a}_{n\sigma_1} - \delta_{nr} \hat{a}^+_{m\sigma_1} \hat{a}_{s\sigma_2})$$

代入(4-220)式,可得出：
$$[\hat{E}_{mn},\hat{E}_{rs}] = \sum_\sigma (-\hat{a}^+_{r\sigma}\hat{a}_{n\sigma}\delta_{ms} + \hat{a}^+_{m\sigma}\hat{a}_{s\sigma}\delta_{nr})$$
$$= \delta_{nr}\hat{E}_{ms} - \delta_{ms}\hat{E}_{rn}$$

它严格地与(4-217)式有相同的规则。以上结果表明,在酉群理论与多体问题之间有着内在的联系。

群论的一个非常重要的成就是无穷小生成子 E_{mn} 表示矩阵是酉群的不可约表示。已知酉群是二次量子化 Hamilton 算符的一个对称群,所以它的不可约表示确定一个适合的基向量。参与 Hamilton 算符的矩阵元,如 CI 问题,因而用酉群不可约表示的基作计算是可取的。

Hamiltonian(4-220)式在态 $\langle k|$ 和 $|l\rangle$ 间的矩阵元为
$$\hat{H}_{KL} = \sum h_{mn}\langle k|\hat{E}_{mn}|L\rangle + \frac{1}{2}\sum_{mnrs}[mn|rs]$$
$$\left\{\sum_J \langle k|\hat{E}_{mr}|J\rangle\langle J|\hat{E}_{ns}|L\rangle - \delta_{rn}\langle k|\hat{E}_{ms}|L\rangle\right\}$$

式中耦合常数 $\langle k|\hat{E}_{mn}|L\rangle$ 的求算使用酉群的表示理集论是纯代数连续,不可约表示可以由电子数和自旋量子数来确定之,其余的量子化学问题是求积分 h_{mn} 与 $[mn|rs]$。(详情参看专书,如 Matsen FA, Panuncy, R. The Unitary group in the Quantum Chemistry[M]. Elsevier：Amsterdam,1986.)

第五章　Green 函数法基础

§5-1　绪　言

在数学领域 Green 函数（G.F.）法是求解微分方程式的一类重要方法。由于广泛的物理、化学现象与规律性都体现为某种形式的数学物理方程式，因而半个多世纪前 G.F. 方法就已成为物理学尤其是理论物理学领域中重要的工具之一。当量子物理学渗入化学领域产生了量子化学后，G.F. 这一多体问题的重要方法又成为量化理论的有力的手段。先在量子物理，尤其是在量子化学中的应用开辟了不必用波函数表述原子、分子体系性能的重要的新工具，使用 G.F. 方法将对含时与定态问题以及相对性与非相对性问题等的处理连通起来而无需特殊另谋框架，并且常可施用 Feynman 图解法使复杂的问题与表述更为明确与便捷化，实在是理论化学工作者应当熟悉与掌握的工具。为使此法容易为初学者所了解与掌握，先举几个例子，然后从数学上探讨 G.F. 的性质。

§5-2 Green 函数举例

1. 微分方程式及其 G.F.

考虑线性微分方程式：

$$\hat{L}_x \Phi(x) = -\rho(x) \tag{5-1}$$

式中 $\hat{L}_x$ 为线性微分算符，一般可以表述：

$$\hat{L}_x = a_0 + a_1 \frac{\partial}{\partial x_1} + \cdots + a_n \frac{\partial}{\partial x_n} + a_{11} \frac{\partial^2}{\partial x_1^2} +$$

$$a_{12} \frac{\partial^2}{\partial x_1 \partial x_2} + \cdots + a_{nn} \frac{\partial^2}{\partial x_n^2} + \cdots \tag{5-2}$$

$\rho(x)$ 称"源函数"(Source)，其形式是已知的。

为了求解(5-1)式得出 $\Phi(x)$，可如下做，即用 δ-函数 $\delta(x-y)$ 换去 $\rho(x)$，使 $\rho(x)$ 在 x 区域内的某点 y 处有无限大的值而其他处的为零。于是以 $\delta(x-y)$ 为源函数的微分方程式如下：

$$\hat{L}_x G(x,y) = -\delta(x-y) \tag{5-3}$$

这里解 $G(x,y)$ 称为"Green 函数"(G.F.)。$G(x,y)$ 可看作以 x 为变量以 y 为参量的函数。使用 G.F. $G(x,y)$ 时方程(5-1)式的解 $\Phi(x)$ 为

$$\Phi(x) = \int G(x,y)\rho(y)dy \tag{5-4}$$

这点由如下即可得知。将(5-4)式代入(5-1)式，得出

$$\begin{aligned}
\hat{L}_x \Phi(x) &= \hat{L}_x \int G(x,y)\rho(y)dy \\
&= \int \hat{L}_x G(x,y)\rho(y)dy \\
&= -\int \delta(x-y)\rho(y)dy \\
&= -\rho(x)
\end{aligned}$$

这里用了(5-3)式。

上述求解过程可图示如下：

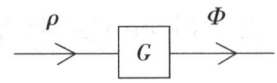

图 5-1

2. 动力学方程式及其 G.F.

考虑如下简单化学反应：

$$R \xrightarrow{k} P$$

式中 R 为反应物系，P 为产物，k 是反应速率常数。

若以 $[R(t)]$ 表示反应物的浓度，则上列一级反应的动力学方程式为

$$-\frac{d[R(t)]}{dt} = k[R(t)] \tag{5-5}$$

或 $\left(\dfrac{d}{dt} + k\right)[R(t)] = 0 \tag{5-6}$

这里 R 的浓度 $[R(t)]$ 已表作时间的函数，以上方程式可按常法积分求解之。现在考虑一较为复杂的情况，即在此实验中装入反应物的外源 $S(t)$，则以上动力学方程式必须改动为如下的微分方程式：

$$-\frac{d[R(t)]}{dt} = k[R(t)] - S(t) \tag{5-7}$$

或 $\left(\dfrac{d}{dt} + k\right)[R(t)] = S(t) \tag{5-8}$

为解出以上方程，首先求解如下的辅助方程式：

即以 delta 函数 $\delta(t-t')$ 代替 $S'(t)$，即

$$\left(\frac{d}{dt} + k\right)G(t,t') = [R(0)]\delta(t-t') \tag{5-9}$$

在微分方程理论中函数 G（与时间差 $t-t'$ 有关）称为"Green 函数"，可以用它求解微分方程(5-8)式。为了说明 G.F. 在求解(5-8)式的应用，可作如下变量变换

$$\left(\frac{d}{dt'} + k\right)[R(t')] = S(t') \tag{5-10}$$

第五章　Green 函数法基础

利用 delta 函数的积分式:

$$\int_A^B dt' f(t')\delta(t-t') = f(t) \tag{5-11}$$

用(5-9)式右边左乘(5-10)式的左边,同时(5-9)式的左边乘(5-10)式的右边后,向 t' 积分之,得出:

$$[R(0)]\int_A^B dt'\delta(t-t')\left(\frac{d}{dt'}+k\right)[R(t')]$$
$$= \int_A^B \left(\frac{d}{dt}+k\right)G(t,t')S(t') \tag{5-12}$$

由于右边的算符 $\left(\frac{d}{dt}+k\right)$ 不作用于 t',所以可以提到积分符号外面,用(5-11)式,得到:

$$\left(\frac{d}{dt}+k\right)[R(t)] = \frac{1}{[R(0)]}\left(\frac{d}{dt}+k\right)\int_A^B dt' G(t,t')S(t') \tag{5-13}$$

于是得出

$$[R(t)] = [R(t)]_H + \int_A^B dt' \frac{G(t,t')}{[R(0)]} S(t') \tag{5-14}$$

式中 $[R(t)]_H$ 是(5-6)式的一个解,即:

$$\left(\frac{d}{dt}+k\right)[R(t)]_H = 0 \tag{5-15}$$

弄清 $[R(t)]_H$ 在方程(5-14)式中的意义是重要的。因为必须认识到 $[R(t)]$ 作为(5-8)式的解,它是不受 $[R(t)]_H$ 加入的影响的。

利用(5-15)式容易得出 Green 函数有 $G(t-t') = G(t,t')$ 关系。为此,先作变换:

$$y = t - t'$$

于是 $G(t,t') = G(t,t') = G(y)$

则(5-9)式的时间导数为

$$\frac{d}{dt}G(t-t') = \frac{d}{dt}G(y) = \frac{dy}{dt}\frac{d}{dy}G(y)$$

但是,由于 $\frac{dy}{dt} = 1$,所以(5-9)式可表作

$$\left(\frac{d}{dy}+k\right)G(y) = [R(0)]\delta(y) \tag{5-16}$$

于是(5-15)式化为

$$\left(\frac{d}{dy}+k\right)[R(y)]_H = 0$$

积分之,得出:

$$[R(y)]_H = [R(0)]e^{-ky} \tag{5-17}$$

将立刻看到,有

$$[R(0)]_H = [R(0)] \tag{5-18}$$

Green 函数可由 $[R(y)]_H$ 乘以阶梯函数 $\theta(y)$ 生成:

$$G(y) = [R(0)]\theta(y)e^{-ky} \tag{5-19}$$

为核实此点,将(5-19)式向 y 求导(使用 $\theta(y)$)的性质:

$$\theta(y) = \begin{cases} 0, & y < 0 \\ 1, & y \geqslant 0 \end{cases}$$

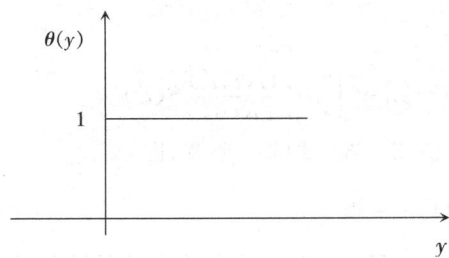

图 5-2 Heaviside 阶梯函数

$\theta(y)$ 与 delta $\delta(y)$ 间有以下关系:

$$\frac{d\theta(y)}{dy} = \delta(y)$$

或 $\dfrac{d\theta(y-a)}{dy} = \delta(y-a)$

得出:

$$\frac{dG(y)}{dy} = [R(0)]\frac{d\theta(y)}{dy}e^{-ky} + [R(0)]\theta(y)\frac{d}{dy}e^{-ky}$$

$$= [R(0)]\delta(y)e^{-ky} + (-k)[R(0)]\theta(y)e^{-ky} \tag{5-20}$$

由于除 $y=0$ 外,$\delta(y)=0$,所以第一项变为 $[R(0)]\delta(y)$。于是得到

第五章 Green 函数法基础

$$\left(\frac{d}{dy}+k\right)G(y) = [R(0)]\delta(y) \tag{5-21}$$

显然,它与(5-16)式相等。

由此可知

$$G(t-t') = [R(0)]\theta(t-t')e^{-k(t-t')}$$

代入(5-14)式得出:

$$[R(t)] = [R(t)]_H + \int_0^t dt' e^{-k(t-t')} S(t')$$

$$= [R(0)]_H e^{-kt} + e^{-kt}\int_0^t dt' e^{kt'} S(t') \tag{5-22}$$

由此,(5-18)式得证。

至此可见 G.F. 在求解宏观化学反应动力学方程中的作用了。

3. 本征值方程式及其 G.F.

(1) 考虑一简单的算符方程式:

$$\hat{A}|x\rangle = |y\rangle \tag{5-23}$$

改写之:

$$|x\rangle = \hat{A}^{-1}|y\rangle = \hat{G}_A|y\rangle \tag{5-24}$$

式中算符 $\hat{A}^{-1}$ 是方程(5-23)式的 $\hat{G}_A$ 算符。如此定义的 Green 算符是与基函数无关的。Green 函数得自以上定义式在适当的连续表象(即坐标或动量表象)中,此时(5-24)式化为

$$\langle \vec{r}|x\rangle = x_{(r)} = \int \langle \vec{r}|\hat{G}_A|\vec{r}'\rangle \langle \vec{r}'|y\rangle$$

$$= \int G_A(\vec{r},\vec{r}') y(\vec{r}') d\vec{r}' \tag{5-25}$$

式中 $G_A(\vec{r},\vec{r}')$ 便是算符 $\hat{A}$ 的 Green 函数。

在基函数的完全集 $\{|m\rangle\}$ 中,Green 算符取如下形式:

$$\hat{G}_A = \sum_m |m\rangle\langle m|\hat{G}_A \sum_m |m\rangle\langle m|$$

$$= \int |m\rangle dm \langle m|\hat{G}_A \int |m\rangle dm \langle m| \tag{5-26}$$

如果选取的基集是算符 $\hat{A}$ 与算符 $\hat{G}_A$ 的共同的本征函数时，则得出：

$$\hat{G}_A = \sum_{nn'} |n\rangle\langle n| \hat{G}_A |n'\rangle\langle n'|$$

$$= \sum_n |n\rangle \frac{1}{n} \langle n| \tag{5-27}$$

式中 $|n\rangle$ 与 $|n'\rangle$ 是二算符的本征函数，其本征方程为

$$\hat{A}|n\rangle = n|n\rangle \tag{5-28}$$

$$\hat{G}_A |n\rangle = \frac{1}{n}|n\rangle \tag{5-29}$$

(2) Schrödinger 方程式如下：

$$(E - \hat{H})|n\rangle = 0 \tag{5-30}$$

可得出对于算符 $(E-\hat{H})^{-1}$ 的方程式。由此可知

$$(E - \hat{H})\hat{G} = 1 \tag{5-31}$$

写作坐标表象便导致 G.F. 的标准定义式：

$$\int \langle \vec{r}|E-\hat{H}|\vec{r}''\rangle\langle \vec{r}''|\hat{G}|\vec{r}'\rangle d\vec{r}'' = \langle \vec{r}|\vec{r}'\rangle \tag{5-32}$$

但是，由于位置函数在坐标表象中是对角化的，即

$$\int (E-\hat{H})(r,r'')\delta(\vec{r}-\vec{r}'')G(\vec{r}'',\vec{r}')d\vec{r}'' = \delta(\vec{r}-\vec{r}'') \tag{5-33}$$

和 $[E - H(\vec{r})]G(\vec{r},\vec{r}') = \delta(\vec{r}-\vec{r}')$ (5-34)

由于一般地 $G(\vec{r},\vec{r}')$ 还与能量有关，所以写作 $G(\vec{r},\vec{r}';E)$。对于 Schrödinger 方程式 Green 算符的谱表示〔由 (5-27) 式〕为

$$\hat{G} = \sum_n \frac{|n\rangle\langle n|}{E - E_n} = \int \frac{|n\rangle\langle n|}{E - E_n} dn \tag{5-35}$$

若在坐标基集：

$$\hat{G}(\vec{r},\vec{r}') = \sum_n \frac{\langle \vec{r}|n\rangle\langle n|\vec{r}'\rangle}{E - E_n} = \int \frac{n(\vec{r})n(\vec{r}')}{E - E_n} dn \tag{5-36}$$

由以上方程可以看出，G.F. 技巧在原则上为一般的 Schrödinger 方程式提供一个解。波函数与本征值都包含在 G.F. 中，而后者相当于发生在能量轴上的一个奇点。

这样，G.F. 方法虽然提供一种无须直接求 Schrödinger 方程的波函数便可讨论量子问题的途径，但是 G.F. 的具体求算还是相当困难的，因而已

第五章 Green 函数法基础

开发出各种展开式与含有相关函数的积分方程式等办法。对此后面还将较详细讨论，这里仅就自由粒子 Schrödinger 方程的 G. F. 法求解作些说明。

自由粒子（势能 $V=0$ 的情形）的 Schrödinger 方程式：

$$(E-\nabla^2)\,|\,n_0\rangle = 0 \tag{5-37}$$

它的 Green 算符为 $\hat{G}_0$。

令 $(E+\nabla^2) = \hat{A}$ 与 $\hat{V} = \hat{B}$，由算符乘法规则，对一般 $(V \neq 0)$ 的 Schrödinger 方程有：

$$\hat{G} = (\hat{A}-\hat{B})^{-1} = [\hat{A}(1-\hat{A}^{-1}\hat{B})]^{-1}$$
$$= (1-\hat{A}^{-1}\hat{B})^{-1}(\hat{A}^{-1}) \tag{5-38}$$

$$(1-\hat{A}^{-1}\hat{B})(\hat{A}-\hat{B})^{-1} = \hat{A}^{-1} \tag{5-39}$$

$$(\hat{A}-\hat{B})^{-1} = \hat{A}^{-1} + \hat{A}^{-1}\hat{B}(\hat{A}-\hat{B})^{-1} \tag{5-40}$$

或 $\hat{G} = \hat{G}_0 + \hat{G}_0 V \hat{G}$ (5-41)

于是可得

$$\hat{G} = \hat{G}_0 + \hat{G}_0 V \hat{G}_0 + \hat{G}_0 V \hat{G}_0 V \hat{G}_0 + \cdots \tag{5-42}$$

在坐标表象中，可以得出对于全 G. F. 的重要的积分方程式如下：

$$G(\vec{r},\vec{r}':E) = G_0(\vec{r},\vec{r}:E) + \iint \langle \vec{r}\,|\,\hat{G}_0\,|\,\vec{r}''\rangle$$
$$\langle \vec{r}''|V|\vec{r}'''\rangle\langle \vec{r}'''|\hat{G}_0|\vec{r}'\rangle d\vec{r}''d\vec{r}''' +$$
$$\iiiint \langle \vec{r}\,|\,G_0\,|\,\vec{r}''\rangle\langle \vec{r}''|V|\vec{r}'''\rangle\langle \vec{r}'''|\hat{G}_0|\vec{r}''''\rangle\langle \vec{r}''''\rangle V$$
$$\langle \vec{r}'''''\rangle \times \langle \vec{r}'''''|\hat{G}_0|\vec{r}'\rangle d\vec{r}''d\vec{r}'''d\vec{r}''''d\vec{r}''''' + \cdots$$
$$= G_0(\vec{r},\vec{r}':E) + \iint G_0(\vec{r},\vec{r}'':E)V$$
$$(\vec{r}'',\vec{r}''')\delta(\vec{r}''-\vec{r}''') \times G_0(\vec{r}''',\vec{r}':E)d\vec{r}''d\vec{r}''' +$$
$$\iiiint G_0(\vec{r},\vec{r}'':E)V(\vec{r}'',\vec{r}''')\delta(\vec{r}''-\vec{r}''')$$
$$G_0(\vec{r}''',\vec{r}'''':E) \times V(\vec{r}'''',\vec{r}''''')\delta(\vec{r}''''-\vec{r}''''')G_0(\vec{r}''''',$$
$$\vec{r}':E)d\vec{r}''d\vec{r}'''d\vec{r}''''d\vec{r}''''' + \cdots$$
$$= G_0(\vec{r},\vec{r}:E) + \int G_0(\vec{r},\vec{r}'':E)V$$

$$(\vec{r}'')G_0(\vec{r}'',\vec{r}':E)d\vec{r}'' + \iint G_0(\vec{r},\vec{r}'':E)V(\vec{r}'')$$
$$G_0(\vec{r}'',\vec{r}''':E)V(\vec{r}''') \times$$
$$G_0(\vec{r}''',\vec{r}':E)d\vec{r}''d\vec{r}''' + \cdots \tag{5-43}$$

按自由粒子系的平面波本征函数展开之，由类似做法可得出：

$$(E + \nabla^2 - V)|n\rangle = 0 \tag{5-44}$$

或 $(E + \nabla^2)|n\rangle = V|n\rangle \tag{5-45}$

所以有：$|n\rangle = \hat{G}_0 V|n\rangle \tag{5-46}$

在坐标表象：

$$\langle \vec{r}|n\rangle = \iint \langle \vec{r}|\hat{G}_0|\vec{r}'\rangle\langle \vec{r}'|V|\vec{r}''\rangle\langle \vec{r}''|n\rangle d\vec{r}'d\vec{r}''$$
$$= \int G_0(\vec{r},\vec{r}'':E)V(\vec{r}')n(\vec{r}')d\vec{r}' \tag{5-47}$$

如果对应于能量 E，在相同的边界条件下自由电子方程的解存在，可取如下形式

$$n(\vec{r}) = n_0(\vec{r}) + \int G_0(\vec{r},\vec{r}':E)V(\vec{r}')n(\vec{r}')d\vec{r}' \tag{5-48}$$

对于一维自由电子运动，本征函数为平面波，则自由粒子 Green 函数：

$$G(x,x':E) = \frac{1}{N}\sum_k \frac{exp[+ik(x-x')]}{E-k^2}$$
$$= \frac{1}{N}\int \frac{exp[+ik(x-x')]}{E-k^2}dk \tag{5-49}$$

在散射问题上有应用。

§5-3 单粒子系 Green 函数

现在开始，将系统地讨论 G.F. 的重要概念与性质等基础问题，然后逐步介绍它在化学问题中的应用。

考虑如下矩阵方程式的求解问题：

$$(E1 - H_0)a = b \tag{5-50}$$

式中 E 为参量，H_0 为 $N \times N$ Hermite 矩阵，a 与 b 为列矩阵。取 $(E1 - H_0)$ 之逆为 $G_0(E)$：

即
$$G_0(E) = (E1 - H_0)^{-1} \tag{5-51}$$

则(5-50)式可表作：

$$a = (E1 - H_0)^{-1} b = G_0(E)b \tag{5-52a}$$

或 $a_i = \sum_j (G_0(E))_{ij} b_j \tag{5-52b}$

可见，一旦找出 $G_0(E)$，则(5-50)式便解出了，对给定的任何 b 均可作得出(5-52)式中的矩阵相乘，而 $G_0(E)$ 又可以由 H_0 的本征值与本征向量表出。

若 $H_0 C^\alpha = E_\alpha^{(0)} C^\alpha \quad (\alpha = 1, 2, \cdots, N) \tag{5-53}$

则有 $(G_0(E))_{ij} = \sum_\alpha \dfrac{C_i^\alpha C_j^{\alpha *}}{E - E_\alpha^{(0)}} \tag{5-54}$

注意，$G_0(E)$ 在 E 等于 H_0 的本征值时有奇点。称 $G_0(E)$ 为"矩阵 H_0 相关的 Green 矩阵"。稍后可知一微分方程的 Green 函数是此矩阵的连续拓广。

今预求解下非齐次微分方程式：

$$(E - \hat{H}_0)a(x) = b(x) \tag{5-55}$$

式中 E 为参量，$\hat{H}_0$ 为微分 Hermite 算符。若已知 $\hat{H}_0$ 的本征方程为

$$\hat{H}_0 \psi_\alpha(x) = E_\alpha^{(0)} \psi_\alpha(x) \tag{5-56}$$

则 $a(x)$ 与 $b(x)$ 均可向 $\{\psi_\alpha(x)\}$ 展开之，即

$$a(x) = \sum_\alpha a_\alpha \psi_\alpha(x) \tag{5-57}$$

$$b(x) = \sum_\alpha b_\alpha \psi_\alpha(x) \tag{5-58}$$

系数集 $\{a_\alpha\}$ 是待定的。因为 $b(x)$ 已给定与 $\{\psi_\alpha(x)\}$ 是正交归一化集，所以 $b_\alpha(x)$ 可以由(5-58)乘以 $\psi_\alpha^*(x)$ 并积分来确定之：

$$b_\alpha = \int dx' \psi_\alpha^*(x') b(x') \tag{5-59}$$

将(5-57)式与(5-58)式代入(5-55)式，利用(5-56)式得出：

$$\sum_\alpha a_\alpha (E - \hat{H}_0) \psi_\alpha(x) = \sum_\alpha a_\alpha (E - E_\alpha^{(0)}) \psi_\alpha(x) = \sum_\alpha b_\alpha \psi_\alpha(x)$$

以 $\psi_\alpha^*(x)$ 乘上式两边,积分之,得到:

$$a_\alpha (E - E_\alpha^{(0)}) = b_\alpha$$

最后,将它代入(5-57)式中,得

$$a(x) = \sum_\alpha \frac{b_\alpha}{E - E_\alpha^{(0)}} \psi_\alpha(x) \tag{5-60}$$

于此本问题已解出。

将(5-59)式代入上式,并改变求和与求积分的次序,得出:

$$a(x) = \int dx' \Big[\sum_\alpha \frac{\psi_\alpha(x) \psi_\alpha(x)^*}{E - E_\alpha^{(0)}} \Big] b(x') \tag{5-61}$$

定义"〔　〕"内的量为 Green 函数:

$$G_0(x, x', E) = \sum_\alpha \frac{\psi_\alpha(x) \psi_\alpha^*(x')}{E - E_\alpha^{(0)}} \tag{5-62}$$

则(5-61)式可以表作:

$$a(x) = \int dx' G_0(x, x', E) b(x') \tag{5-63}$$

由上可知,如果找到 $G_0(x, x', E)$,则求解含任意函数 $b(x)$ 的非齐次微分方程的问题便归结为(5-63)式的积分。

注意,对比本节开头,对于矩阵方程,在 E 等于 $\hat{H}_0$ 的本征值处有极点。

下面讨论 $G_0(x, x', E)$ 服从的微分方程。如果令 $b(x)$ 为 Diracδ-函数,即

$$b(x) = \delta(x - x')$$

则(5-63)式为

$$a(x) = \int dx'' G_0(x, x'', E) \delta(x' - x'') = G_0(x, x', E)$$

要求微分方程式是

$$(E - \hat{H}_0) G_0(x, x', E) = \delta(x - x') \tag{5-64}$$

类似地,矩阵式为

$$(E\mathbf{1} - H_0)(E\mathbf{1} - H_0)^{-1} = \mathbf{1}$$

对于算符 $\hat{H} = \hat{H}_0 + \hat{V}(x)$

且与 $\hat{H}_0$ 相关的 G.F. 是已知的,并求出与 $\hat{H}$ 相关的 G.F.:

$$(E-\hat{H}_0-\hat{V}(x))G(x,x',E) = \delta(x-x') \tag{5-65}$$

改写上式:

$$(E-\hat{H}_0)G(x,x',E) = \delta(x-x') + \hat{V}(x)G(x,x',E)$$

由(5-63)式可得:

$$G(x,x',E) = \int dx'' G_0(x,x'',E)[\delta(x''-x') + \hat{V}(x'')G(x'',x',E)]$$

在做出含 δ 函数的积分后,得:

$$G(x,x',E) = G_0(x,x',E) +$$
$$\int dx'' G_0(x,x'',E)\hat{V}(x'')G(x'',x',E) \tag{5-66a}$$

由于未知函数 $G_0(x,x'',E)$ 出现在积分号内,故称上式为"G 的积分方程式"。它与下式是对应的:

$$G(E) = G_0(E) + G_0(E)VG(E) \tag{5-66b}$$

后者乃前式的矩阵表示。

最后,用抽象的算符重新导出上面二式:

令 $\hat{G}_0(E) = (E-\hat{H}_0)^{-1}$

$\hat{G}(E) = (E-\hat{H}_0-\hat{V})^{-1}$

则有 $(\hat{G}(E))^{-1} = E-\hat{H}_0-\hat{V} = (\hat{G}_0(E))^{-1} - \hat{V}$ (5-67)

左乘 $\hat{G}_0(E)$ 与右乘 $\hat{G}(E)$ 后,重排一下,得出

$$\hat{G}(E) = \hat{G}_0(E) + \hat{G}_0(E)\hat{V}(E)\hat{G}(E) \tag{5-68}$$

下面看一具体例子,考虑在原点受一 δ 函数势影响下的一维的粒子的运动。

$$\hat{V}(x) = -\delta(x) \tag{5-69}$$

为了由计算自由粒子 G.F. 求出束缚态本征值须求解 $G(x,x',E)$ 的积分方程(5-66a)式,由于

$$\hat{H}_0 = -\frac{1}{2}\frac{d^2}{dx^2}$$

(5-64)式是

$$(E + \frac{1}{2}\frac{d^2}{dx^2})G_0(x, x', E) = \delta(x - x') \tag{5-70}$$

由 Fourier 变换和由回路积分计算它的逆变换上式容易求解结果是：

$$G_0(x, x', E) = \frac{1}{i(2E)^{1/2}} exp[i(2E)^{1/2}|x - x'|] \tag{5-71}$$

式中 $|x|$ 为 x 的绝对值。

将(5-59)式代入(5-66a)式,得出：

$$\begin{aligned}G(x, x', E) &= G_0(x, x', E) - \int dx'' G_0(x, x'', E)\delta(x'')G(x'', x', E)\\&= G_0(x, x', E) - G_0(x, 0, E)G(0, x', E)\end{aligned} \tag{5-72}$$

注意,这里已将积分方程化为代数方程式了。为了解它,须要知道 $G_0(0, x', E)$。为此令 $x = 0$,得到

$$G(0, x', E) = G_0(0, x, E) - G_0(0, 0, E)G(0, x', E) \tag{5-73}$$

求解对于 $G(0, x', E)$ 的以上方程,并将结果代回(5-72)式得到：

$$G(x, x', E) = G_0(x, x', E) - \frac{G_0(x, 0, E)G_0(0, x', E)}{1 + G_0(0, 0, E)} \tag{5-74}$$

对(5-71)式中的 G_0 使用以上结果,得出

$$\begin{aligned}G(x, x', E) = \frac{1}{i(2E)^{1/2}} \{ & exp[i(2E)^{1/2}|x - x'|] - \\& \frac{exp[i(2E)^{1/2}(|x| + |x'|)]}{1 + i(2E)^{1/2}} \}\end{aligned}$$

注意,但在 E 值低于 $i(2E)^{1/2} = -1$ 以下时有非零值,于是 $E = -1/2$ 仅仅是束缚态的能量。这是一般理论的一个例子,在一维任意一个吸引势至少有一个束缚的情形。

§5-4 单粒子多体 Green 函数

1. 概　述

由前述已知,在单粒子量子力学中 G.F. 在 E 值等于 Hamilton 算符

的本征值时有极点。为了将 Green 函数理论推广到多粒子体系，首先考虑独立粒子描述，如 Hartree‐Fock(HF) 近似，其中

$$\hat{H}_0 = \sum_i \hat{h}(i) \tag{5-75}$$

在 N‐粒子体系的 HF 近似中，由解以下本征值问题得到一组自旋轨道与轨道能：

$$\hat{h}\,\chi_i(x) = \varepsilon_i \chi_i(x) \tag{5-76}$$

由于 χ 与 ε 是单粒子量，与(5‐62)式类似地可以定义 Hartree‐Fock G.F. (HFGF)：

$$G_0(x, x', E) = \sum_i \frac{\chi_i(x)\chi_i^*(x')}{E - \varepsilon_i} \tag{5-77}$$

求和遍及全部占据的和空的自旋轨道。

$$G_0(x, x', E) = \sum_a \frac{\chi_a(x)\chi_a^*(x')}{E - \varepsilon_a} + \sum_r \frac{\chi_r(x)\chi_r^*(x')}{E - \varepsilon_r} \tag{5-78}$$

在 HF 自旋轨道基中 HFGF 的矩阵表示为

$$(G_0(E))_{ij} = \iint dx dx'\, \chi_i^*(x) G_0(x, x', E) \chi_j(x')$$

$$= \frac{\delta_{ij}}{E - \varepsilon_i} \tag{5-79}$$

由此得出

$$G_0(E) = (E\mathbf{1} - \varepsilon)^{-1} \tag{5-80}$$

式中 ε 是含有 HF 轨道能量的对角矩阵，在 E 的值 $(E\mathbf{1}-\varepsilon)^{-1}$ 不存在（即为无穷大）是 $G_0(E)$ 的极点，即

$$det(E\mathbf{1} - \varepsilon) = 0$$

由于 ε 是对角矩阵，故有

$$det(E\mathbf{1} - \varepsilon) = \prod_i (E - \varepsilon_i) = 0$$

因而 HFGF 在 Hartree‐Fock 轨道能有极点。这由(5‐79)式已证实。

回记起 Koopmans 定理说，这些轨道能与 N‐粒子系的电离势和电子亲力有关。特别是，如果 $|^N\psi_0\rangle$ 是 N‐粒子系的 Hartree‐Fock 波函数

与 $|^{N-1}\psi_c\rangle$ 是 $(N-1)$ - 粒子系的近似波函数，它得自从自旋轨道 c 移出电子，此时

$$-IP = \varepsilon_c = \langle^N\psi_0|\hat{H}|^N\psi_0\rangle - \langle^{N-1}\psi_c|\hat{H}|^{N-1}\psi_c\rangle \quad (5-81a)$$

类似地，有

$$-EA = \varepsilon_r = \langle^{N+1}\psi^r|\hat{H}|^{N+1}\psi^r\rangle - \langle^N\psi_0|\hat{H}|^N\psi_0\rangle \quad (5-81b)$$

式中 $|^{N+1}\psi^r\rangle$ 是 $(N+1)$ - 粒子系当在自旋轨道 r 处收获一个电子时的近似波函数。由于两种不同的效果，由轨道能不能给出精确的 IP 与 EA。

首先，$|^{N-1}\psi_c\rangle$ 和 $|^{N+1}\psi^r\rangle$ 不是 $(N-1)$ 与 $(N+1)$ - 粒子体系的 HF 波函数，因为它含有 N - 粒子系的自旋轨道。一般地，$N-1$，N 与 $N+1$ 体系的 HF 轨道是不同的。所以 $(N-1)$ - 粒子系的 HF 能量得自由自旋轨道 c 中移出一个电子：

$$^{N-1}E_0(c) = \langle^{N-1}\psi_c|\hat{H}|^{N-1}\psi_c\rangle + {}^{N-1}E_R(c) \quad (5-82)$$

式中 $^{N-1}E_R(c)$ 称为"弛予能"。

其次，N 与 $N\pm1$ 体系的相关能必须包括：

$$^N\varepsilon_0 = {}^NE_0 + {}^NE_{corr} \quad (5-83a)$$

并且在轨道 c 丢失一个电子的 $(N-1)$ - 粒子系为

$$^{N-}\varepsilon_0(c) = {}^{N-1}E_0(c) + {}^{N-}E_{corr}(c) \quad (5-83b)$$

所以精确的电离势应写作：

$$-IP = {}^N\varepsilon_0(c) - {}^{N-1}\varepsilon_0(c)$$
$$= \varepsilon_c - {}^{N-1}E_R(c) + [{}^NE_{corr} - {}^{N-1}E_{corr}(c)] \quad (5-84)$$

由此可见，为得出精确的 IP，在 Koopmans 定理的结果上必须加入 $(N-1)$ - 粒子系的弛予能与 N - 粒子系和 $(N-1)$ - 粒子系的相关能之差来修正之。对电子亲力 (EA) 也可类似去做。

2. 自能 (Self - Energy)

由上可见 HFGF $[G_0(E)]$ 在 E 的值有极点，它近似地是 N - 粒子与 $(N\pm1)$ - 粒子体系的能量差（即在轨道能处）。易知 HFGF 是精确的 MBGF，$G(E)$ 的一个近似。它在 N - 与 $(N\pm1)$ - 粒子系的精确能量差处有极点。同时（前节）"单体" G.F. 在 Hamilton 算符的本征值处有极点，

"多体"G. F. 在本征值差处有极点。如果欲得到 $G(E)$，或者至少是比 $G_0(E)$ 更为近似时，便可以改进 Koopmans 定理给出的 IP 与 EA，同时保持与 HF 理论联系的单粒子图像。表面上看不会出现构造精确的单粒子理论的可能性，因为多电子 Hamilton 算符包含二粒子间相互作用，而 F. Dyson 克服了这种表面上的困难，引入一有效势，与能量有关的，称为"自能"(Self‐Energy)，并且证明了精确的 $G(E)$ 服从如下积分方程式（现在称为"Dyson 方程式"）：

$$G(E) = G_0(E) + G_0(E) \sum(E) G(E) \qquad (5-85)$$

式中 $\sum(E)$ 是在 HF 的自旋轨道基下的精确的自能的矩阵表示。最后，$\sum(E)$ 的微扰展开的各项一般可表示如下：

$$\sum(E) = \sum{}^{(2)}(E) + \sum{}^{(3)}(E) + \cdots \qquad (5-86)$$

其中，二级自能的矩阵元〔$\sum_{ij}^{(2)}(E)$〕是：

$$\sum{}_{ij}^{(2)}(E) = \frac{1}{2} \sum_{ars} \frac{\langle rs \parallel ia \rangle \langle ja \parallel rs \rangle}{E + \varepsilon_a - \varepsilon_r - \varepsilon_s} + \frac{1}{2} \sum_{abr} \frac{\langle ab \parallel ir \rangle \langle jr \parallel ab \rangle}{E + \varepsilon_r - \varepsilon_a - \varepsilon_b} \qquad (5-87)$$

将 Dyson 方程式(5‐85)式与(5‐66)式、(5‐68)式对比后可以了解为什么称 $\sum(E)$ 是与能量有关的势的。

如果 $\sum(E) = 0$，则 $G(E) = G_0(E)$。由(5‐86)式可看出对 $\sum(E)$ 的最低级的修正是微扰理论的第二级项。这点与多体微扰理论类似，那里对 HF 能的初级修正是二级微扰项。

在具体应用中还常使用空间轨道上的求和公式：

$$\sum{}_{ij}^{(2)}(E) = \sum_{ars}^{N/2} \frac{\langle rs \mid ia \rangle (2\langle ja \mid rs \rangle - \langle aj \mid rs \rangle)}{E + \varepsilon_a - \varepsilon_r - \varepsilon_s} + \sum_{abr}^{N/2} \frac{\langle ab \mid ir \rangle (2\langle jr \mid ab \rangle - \langle rj \mid ab \rangle)}{E + \varepsilon_r - \varepsilon_a - \varepsilon_b} \qquad (5-88)$$

此式常用闭壳层 N‐粒子系的电离能的计算中。

3. Dyson 方程式的解

为了得到 N-粒子系的 IP 与 EA 等量,必须求解关于 $G(E)$ 的 Dyson 方程式和找出 $G(E)$ 的 E 的值,对此它变为无限。以 $(G_0(E))^{-1}$ 左乘 Dyson 方程式与 $(G(E))^{-1}$ 右乘之,得出:

$$[G_0(E)]^{-1} = [G(E)]^{-1} + \sum(E) \qquad (5-89)$$

就 $G(E)$ 解之,得:

$$G(E) = \{[G_0(E)]^{-1} - \sum(E)\}^{-1}$$
$$= [E\mathbf{1} - \varepsilon - \sum(E)]^{-1} \qquad (5-90)$$

因为当它的行列式的逆为零时矩阵的逆是不存在的,所以必须确定如下方程的根:

$$det[E\mathbf{1} - \varepsilon - \sum(E)] = 0 \qquad (5-91)$$

当 $\sum(E) = 0$ 时,根发生在 ε_i。为求出对于 Koopmans 定理结果的最低修正,可以略去 $\sum(E)$ 的非对角元素,于是上式简化为

$$\prod_i [E - \varepsilon_i - \sum_{ii}(E)] = 0. \qquad (5-92)$$

为寻找对 ε_i 的修正,必须求解:

$$E = \varepsilon_i + \sum_{ii}(E) \qquad (5-93)$$

对于 E,它可由在 $E = \varepsilon_i$ 作为初解 $\sum_{ii}(E)$ 进行迭代,由此可得出

$$\varepsilon'_i = \varepsilon_1 + \sum_{ii}(E) \qquad (5-94)$$

在于 $E = \varepsilon'_i$,代入 $\sum_{ii}(E)$ 求出 ε''_i,如此下去直到收敛为止。这样 ε_i 的最低修正可按上式到二级自能,即:

$$\varepsilon'_i = \varepsilon_i + \sum_{ii}^{(2)}(E) \qquad (5-95)$$

后面将对由此得出的结果作详细分析。

4. 对 H_2 与 HeH^+ 的应用

今将上述 G.F. 理论引入 $\sum^{(2)}(E)$ 对 Koopmans 定理 IP 与 EA 结果

的改进办法应用于精确结果已知的简单例子:H_2 与 HeH^+。下面集中讨论 IP,关于 EA 可作为练习。

对于分子 H_2,最小基集之一占据在轨道 1,另一分子轨道 2 是空的,轨道能为

$$\varepsilon_1 = h_{11} + J_{11} \qquad (5\text{-}96a)$$

$$\varepsilon_2 = h_{22} + 2J_{12} - K_{12} \qquad (5\text{-}96b)$$

此模型中的 HF 能量为

$$^NE_0 = 2h_{11} + J_{11} = 2\varepsilon_1 - J_{11} \qquad (5\text{-}97)$$

同时相关能为

$$^NE_{corr} = \Delta - (\Delta^2 + K_{12}^2)^{1/2} \qquad (5\text{-}98)$$

式中 $\Delta = (\varepsilon_2 - \varepsilon_1) + \dfrac{1}{2}(J_{11} + J_{22}) - 2J_{12} + K_{12} \qquad (5\text{-}99)$

于是体系的精确能为 $^N\varepsilon_0 = {}^NE_0 + {}^NE_{corr}$,$(N-1)$-粒子体系的精确本征态,即 H_2^+ 的。在此分子中无相关,H_2 的 HF 轨道的最小基集也是 H_2^+ 的最佳轨道〔即,在此模型中 N 与 $(N-1)$ 体系的 HF 轨道是相同的,弛予能为零〕。由此可知 H_2 的两个 HF 轨道具有不同的对称性,所以 $h_{12} = 0$,于是 H_2^+ 的基态能量是

$$^{N-1}\varepsilon_0 = h_{11} \qquad (5\text{-}100a)$$

其第一激发态具有能量为

$$^{N-1}\varepsilon_1 = h_{22} \qquad (5\text{-}100b)$$

于是 H_2 的最小基集的精确电离势为

$$-IP = {}^N\varepsilon_0 - {}^{N-1}\varepsilon_0$$
$$= 2h_{11} + J_{11} + {}^NE_{corr} - h_{11} = \varepsilon_1 + {}^NE_{corr} \qquad (5\text{-}101a)$$

这里得到的电离势不同于由 H_2 的相关能得出的 Koopmans 定理的值。此结果一般是不真实的,并且它乃模型简单化的结果。注意,这里可以计算垂直 IP(Vertical IP),因为已假定 H_2 与 H_2^+ 有相同的核间距离。最后,可能从 H_2 移出一个电子和保持到 H_2^+ 的激发态。此过程的电离势为

$$-IP' = {}^N\varepsilon_0 - {}^{N-}\varepsilon_1 = 2h_{11} + J_{11} + {}^NE_{corr} - h_{22}$$
$$= 2\varepsilon - \varepsilon_2 + (2J_{12} - J_{11} - K_{12}) + {}^NE_{corr} \qquad (5\text{-}101b)$$

今将 GF 理论应用于此体系并且与精确答案作对比。此模型的二级

自能容易由(5-88)式得出,只要将空穴与粒子指标分别记以"1"与"2"(即 $a=b=1, r=s=2$):

$$\sum\nolimits_{11}^{(2)}(E) = \frac{K_{12}^2}{E+\varepsilon_1-2\varepsilon_2} = \frac{K_{12}^2}{E-\varepsilon_1+2(\varepsilon_1-\varepsilon_2)} \qquad (5-102a)$$

$$\sum\nolimits_{22}^{(2)}(E) = \frac{K_{12}^2}{E+\varepsilon_2-2\varepsilon_1} = \frac{K_{12}^2}{E-\varepsilon_2-2(\varepsilon_1-\varepsilon_2)} \qquad (5-102b)$$

$$\sum\nolimits_{12}^{(2)}(E) = \sum\nolimits_{21}^{(2)}(E) = 0 \qquad (5-102c)$$

式中已用了所有的双电子积分为零(由于对称性)。由于 $\sum^{(2)}(E)$ 是对角矩阵,由(5-90)式计算 $G(E)$ 的矩阵元为

$$G_{11}(E) = (E-\varepsilon_1-\sum\nolimits_{11}^{(2)}(E))^{-1} \qquad (5-103a)$$

$$G_{22}(E) = (E-\varepsilon_2-\sum\nolimits_{22}^{(2)}(E))^{-1} \qquad (5-103b)$$

$$G_{12}(E) = G_{21}(E) = 0 \qquad (5-103c)$$

为求得 IP 与 EA,必须找到 $G_{11}(E)$ 与 $G_{22}(E)$ 的极点。$G_{11}(E)$ 的极点出现在

$$E-\varepsilon_1-\sum\nolimits_{11}^{(2)}(E) = 0 \qquad (5-104a)$$

将 $\sum\nolimits_{11}^{(2)}(E)$ 的(5-102a)式代入上式,得:

$$E-\varepsilon_1-\frac{K_{12}^2}{E-\varepsilon_1+2(\varepsilon_1-\varepsilon_2)} = 0 \qquad (5-104b)$$

在求解关于两个根的以上二次方程式之前,先去找出对 ε_1 的最低修正。用(5-95)式,它等价于在 $\sum\nolimits_{11}^{(2)}(E)$ 中将 E 换成 ε_1,得出

$$\varepsilon'_1 = \varepsilon_1 + \sum\nolimits_{11}^{(2)}(\varepsilon_1) = \varepsilon_1 + \frac{K_{12}^2}{2(\varepsilon_1-\varepsilon_2)} = \varepsilon_1 + {}^N E_0^{(2)} \qquad (5-105)$$

这里 $K_{12}^2/2(\varepsilon_1-\varepsilon_2)$ 恰好是 H_2 相关能的二级微扰结果。这是一个很满意的结果。对比此模型的精确结果(5-101a)式,可见使用 $\sum^{(2)}(E)$ 的 GF 公式在对 Koopmans 定理结果(ε_1)的最低级的修正中已相当于二级多体微扰能。如果精确求解(5-104)式的两个根将会怎么样呢?二次方程式是:

$$\varepsilon_{11}^{\pm} = \varepsilon_1 + \{(\varepsilon_2-\varepsilon_1) \pm [(\varepsilon_2-\varepsilon_1)^2 + K_{12}^2]^{1/2}\}$$

$$= \varepsilon_1 + [(1\pm1)(\varepsilon_2-\varepsilon_1) \mp \frac{K_{12}^2}{2(\varepsilon_1-\varepsilon_2)} \pm \frac{K_{12}^4}{8(\varepsilon_1-\varepsilon_2)^3} + \cdots]$$

$$= \varepsilon_1 + [(1\pm1)(\varepsilon_2-\varepsilon_1) \mp {}^N E_0^{(2)} \pm \frac{K_{12}^4}{8(\varepsilon_1-\varepsilon_2)^3} + \cdots] \quad (5-106)$$

这里已将平方根展开了。现在问：两个根的意义如何？

考虑 ε_{11}^-：

$$\varepsilon_{11}^- = \varepsilon_1 + \{(\varepsilon_2-\varepsilon_1) - [(\varepsilon_2-\varepsilon_1)^2 + K_{12}^2]^{1/2}\}$$

$$= \varepsilon_1 + {}^N E_0^{(2)} - \frac{K_{12}^4}{8(\varepsilon_1-\varepsilon_2)^3} + \cdots \quad (5-107)$$

上式 ε_{11}^- 是 H_2 的电离势的负值。注意，相关能内含在全 GF 处理中，使用 $\sum^{(2)}(E)$ 与在 (5-98) 式中的精确结果相同。差别在于 GF 结果中 Δ 是简单的 $(\varepsilon_2-\varepsilon_1)$[是(5-99)式]。相关能的微扰展开精确到二级并且保持高级项的近似。其他根 ε_{11}^+ 的意义如何？可以作为练习去做一下可知，对于 $H_2^-(N+1)$-粒子系有

$$^{N+1}\varepsilon_0 - {}^N\varepsilon_0 = \varepsilon_2 - {}^N E_{corr}$$

$$^{N+1}\varepsilon_1 - {}^N\varepsilon_0 = 2\varepsilon_2 - \varepsilon_1 + (J_{22} + K_{12} - 2J_{12}) - {}^N E_{corr}$$

与 $\varepsilon_{11}^+ \approx {}^{N+1}\varepsilon_1 - {}^N\varepsilon_0$

而且 $G_{22}(E)$ 的极点出现在：

$$\varepsilon_{22}^\pm = \varepsilon_2 - \{(\varepsilon_2-\varepsilon_1) \mp [(\varepsilon_2-\varepsilon_1)^2 + K_{12}^2]^{1/2}\}$$

与 $\quad \varepsilon_{22}^+ \approx {}^{N+1}\varepsilon_0 - {}^N\varepsilon_0$

同时 $\varepsilon_{22}^- \approx {}^N\varepsilon_0 - {}^{N-1}\varepsilon_1$

下面再看 GF 理论对最小基集 HeH^+ 的应用。这较前例要复杂，因为 HeH^+ 的 HF 轨道不是 HeH^{2+} 的最优轨道，故 HeH^+ 不能分类 HF 轨道为 gerade 或 ungerade，所以 h_{12} 不能按对称性为零。事实上：

$$h_{12} = -\langle 11|12\rangle \quad (5-108)$$

因此 $f_{12} = h_{12} + \langle 11|12\rangle$ 等于零。于是 HeH^{2+1} 的基态能不是 h_{11}，可以写作

$$^{N-1}\varepsilon_0 = h_{11} + {}^{N-1}E_R \quad (5-109)$$

式中 $^{N-1}E_R$ 称为"轨道弛豫能"(orbital relaxation energy)。

所以 HeH^+ 精确能量为

$$^N\varepsilon_0 = {}^N E_0 + {}^N E_{corr} = 2h_{11} + J_{11} + {}^N E_{corr} \tag{5-110}$$

因此，HeH^+ 的电离能的负值为

$$^N\varepsilon_0 - {}^{N-1}\varepsilon_0 = 2h_{11} + J_{11} + {}^N E_{corr} - h_{11} - {}^{N-1} E_R$$
$$= \varepsilon_1 + {}^N E_{corr} - {}^{N-1} E_R \tag{5-111}$$

可见精确的 IP 不同于 Koopmans 值。原因涉及：1) 二电子体系的相关能，2) 单电子系中的轨道弛予。

现在导出 ${}^{N-1}E_R$ 的近似表达式。为在最小基集求 HeH^+ 的精确基态能，必须求解以下本征值问题：

$$\begin{pmatrix} h_{11} & h_{12} \\ h_{12} & h_{22} \end{pmatrix} \begin{pmatrix} 1 \\ c \end{pmatrix} = {}^{N-1}\varepsilon_0 \begin{pmatrix} 1 \\ c \end{pmatrix} \tag{5-112}$$

利用(5-109)式、(5-108)式与(5-96a,b)式，按标准做法可由上式导出：

$$^{N-1}E_R = \frac{|\langle 11 | 12 \rangle|^2}{\varepsilon_1 - \varepsilon_2 - (J_{11} - 2J_{12} + K_{12}) + {}^{N-1}E_R} \tag{5-113}$$

代替对上精确求解 ${}^{N-1}E_R$，给出如下近似公式：

$$^{N-1}\widetilde{E}_R^{(2)} = \frac{|\langle 11 | 12 \rangle|^2}{\varepsilon_1 - \varepsilon_2} \tag{5-114}$$

即略去(5-113)式分母中的 ${}^{N-1}E_R$ 与二电子积分。知它可导致二级微扰理论。

§5-5 Green 函数法与微扰理论

1. 概　述

上节使用带有 $\sum^{(2)}(E)$ 的 GF 理论研究了很简单的二电子最小基集的问题。表明对 ε_1 的最简单的修正是 $\sum_{11}^{(2)}(\varepsilon_1)$，包括二粒子系的相关效应和在单粒子系中的弛予两者。进而发现这些效应的大小已精确地由二级微扰理论做出。我们还希望了解：1) 对由更大的基集描述的二电子体系如何,2) 对于$(N-1)$-粒子系中相关效应,大体系的 GF 理论又将怎样。

本节将要建立 GF 理论中对于从自旋轨道 c 中移出一个电子对所需能量最简近似与微扰理论之间的关系。

$$-IP = \varepsilon'_c = \varepsilon_c + \sum_\alpha{}^{(2)}(\varepsilon_c) = \varepsilon_c + \frac{1}{2}\sum_{ars}\frac{|\langle rs \| ca \rangle|^2}{\varepsilon_a + \varepsilon_c - \varepsilon_r - \varepsilon_s} +$$
$$\frac{1}{2}\sum_{abr}\frac{|\langle ab \| cr \rangle|^2}{\varepsilon_c + \varepsilon_r - \varepsilon_a - \varepsilon_b} \tag{5-115}$$

对于 N-粒子系,可选未微扰的 Hamilton 算符,如 HF Hamiltonian,并计算出二级能量:

$${}^N E_0^{(0+1+2)} = {}^N E_0^{(0)} + {}^N E_0^{(1)} + {}^N E_0^{(2)} = {}^N E_0 + {}^N E_0^{(2)} \tag{5-116}$$

$N-1$-粒子系的零级波函数为一 Slater 行列式,它是由 N-粒子系的 HF 波函数的自旋轨道 c 中移出一个电子得出的,即 $|{}^{N-1}\psi_c\rangle$。一般地讲,它不是 $N-1$-粒子系的 HF 波函数,因为它包含 N-粒子系 HF 自旋轨道。今将 $(N-1)$-粒子系的总 Hamilton 算符分解为未微扰的与微扰的部分,这样 $|{}^{N-1}\psi_c\rangle$ 就是未微扰 Hamilton 算符的本征函数。由此计算 $(N-1)$ 粒子系的能量至第二级。

$$N-1E_0^{(0+1+2)}(C) = {}^{N-1}\widetilde{E}^{(0)}(C) +$$
$${}^{N-1}\widetilde{E}^{(1)}(C) + {}^{N-1}\widetilde{E}^{(2)}(C) \tag{5-117}$$

式中"~"号提示从 HF Hamiltonian 开始还未进行微扰理论。最后,可得出

$$\varepsilon'_c = \varepsilon_c + \sum_\alpha{}^{(2)}(\varepsilon_c) = {}^N E_0^{(0+1+2)} - {}^{N-1}\widetilde{E}^{(0+1+2)}(C) \tag{5-118}$$

这就是本节的重要结果。下面作简要推导:由 N-粒子系的 HF 微扰理论,取未微扰 Hamilton 算符为 $\hat{H}_0^N$,如 HF Hamiltonian:

$$\hat{H}_0^N = \sum_{i=1}^N (\hat{h}(i) + v_N^{\text{HF}}(i)) \tag{5-119a}$$

它的微扰 $\overline{V}^N = \sum_{i<j}^N r_{ij}^{-1} - \sum_{i=1}^N v_N^{\text{HF}}(i) \tag{5-119b}$

其中 HF 势

$$V_N^{\text{HF}}(i) = \sum_b \langle \chi_b(2) | r_{12}^{-1}(1-\hat{P}_{12}) | \chi_b(2) \rangle \tag{5-119c}$$

求和遍及 N-粒子系所有占据的 HF 自旋轨道。这里，Hartree-Fock 波函数：

$$|^N\psi_0\rangle = |ab\cdots c-1\,c\,c+1\cdots\rangle \tag{5-120}$$

乃 $\hat{H}_0^N$ 的本征函数，即：

$$\hat{H}_0^N|^N\psi_0\rangle = {}^NE_0^{(0)}|^N\psi_0\rangle = \sum_a \varepsilon_a|^N\psi_0\rangle \tag{5-121}$$

一级能量是

$$^NE_0^{(1)} = \langle^N\psi_0|\bar{V}^N|^N\psi_0\rangle = -\frac{1}{2}\sum_{ab}\langle ab\|ab\rangle \tag{5-122}$$

二级能量是

$$\begin{aligned}
^NE_0^{(2)} &= \sum_n{}' \frac{|\langle^N\psi_0|\bar{V}^N|n\rangle|^2}{\langle^N\psi_0|\hat{H}_0|^N\psi_0\rangle - \langle n|\hat{H}_0^N|n\rangle} \\
&= \sum_n{}' \frac{|\langle^N\psi_0|\bar{V}^N|n\rangle|^2}{{}^NE_0^{(0)} - {}^NE_n^{(0)}} \\
&= \frac{1}{4}\sum_{abrs} \frac{|\langle^N\psi_0|\bar{V}^N|^N\psi_{ab}^{rs}\rangle|^2}{\varepsilon_a + \varepsilon_b - \varepsilon_r - \varepsilon_s} \\
&= \frac{1}{4}\sum_{abrs} \frac{|\langle ab\|rs\rangle|^2}{\varepsilon_a + \varepsilon_b - \varepsilon_r - \varepsilon_s}
\end{aligned} \tag{5-123}$$

注意，在二级能量的计算中中间态 $|n\rangle$ 已排除了型 $|^N\psi_0^r\rangle$ 的单激发态，这是由于 Brillouin 定理所致。本节中常以 $a,b,\cdots$ 标记轨道，它是 N-粒子系中的占据轨道，而 $r,s,\cdots$ 为空轨道。

对于 $(N-1)$-粒子系，可选取未微扰 Hamiltonian 与 $\hat{H}_0^{N-1}$。

$$\hat{H}_0^{N-1} = \sum_{i=1}^{N-1}(\hat{h}(i) + v_n^{NF}(i)) \tag{5-124a}$$

于是它的微扰为

$$\bar{V}^{N-1} = \sum_{i>j}^{N-1} r_{ij}^{-1} - \sum_{i=1}^{N-1} v_N^{NF}(i) \tag{5-124b}$$

注意，$(N-1)$-粒子系的零级 Hamiltonian 包含 N-粒子系〔而不是 $(N-1)$-粒子系〕的 HF 势。它是由 N-粒子系的 HF 波函数的 c 自旋轨道移出一电子而得出的。

$$|^{N-1}\psi_c\rangle = |ab\cdots c-1\ c+1\cdots\rangle \tag{5-125}$$

它是 $\hat{H}_0^{N-1}$ 的一个本征函数,即

$$\hat{H}_0^{N-1} \mid^{N-1}\psi_c\rangle = ^{N-1}\widetilde{E}_0^{(0)}(C) \mid^{N-1}\psi_c\rangle = \sum_{a\neq c}\varepsilon_a \mid^{N-1}\psi_c\rangle \tag{5-126}$$

零级能上的"$\sim$"号,是由于 $\hat{H}_0^{N-1}$ 并不是 $(N-1)$ 粒子系的 HF Hamiltonian,且 Brillouin 定理对 $(N-1)$ - 粒子系并不实用,所以单激发将对此体系的二级能 $^{N-1}\widetilde{E}_0^{(2)}(C)$ 有贡献。可以如此选上零级 Hamiltonian,即 $(N-1)$ - 粒子系能量的微扰展开包含二电子积分与 N - 粒子系的轨道能。最后,我们主要感兴趣的是 N - 粒子与 $(N-1)$ - 粒子系的能量差,在二微扰展开式中可以相抵消,结果由于二体系的相关效应是相同的。

注意,由于 N 与 $(N-1)$ - 粒子体系的零级能差是 ε_c,即

$$^N E_0^{(0)} - {}^{N-1}E_0^{(0)}(C) = \sum_a \varepsilon_a - \sum_{a\neq c}\varepsilon_a = \varepsilon_c \tag{5-127}$$

按 Koopmans 定理

$$\varepsilon_c = \langle ^N\psi_0 \mid \hat{H}^N \mid ^N\psi_0\rangle - \langle ^{N-1}\psi_c \mid \hat{H}^{N-1} \mid ^{N-1}\psi_c\rangle$$
$$= (^N E_0^{(0)} + {}^N E_0^{(1)}) - [^{N-1}\widetilde{E}_0^{(0)}(c) + {}^{N-1}\widetilde{E}_0^{(1)}(c)]$$

即 N - 粒子系与 $(N-1)$ - 粒子系的一级能必须相等〔即 $^N E_0^{(1)} = {}^{N-1}\widetilde{E}_0^{(1)}(c)$〕。于是,为寻出对 Koopmans 定理 IP 的最低级修正,必须求出二体系的二级能量之差。

$(N-1)$ - 粒子系的二级能是

$$^{N-1}E_0^{(2)}(c) = \sum_n{}' \frac{\mid\langle^{N-1}\psi_c\mid \overline{V}^{N-1}\mid n\rangle\mid^2}{\langle^{N-1}\psi_c\mid \hat{H}_0^{N-1}\mid ^{N-1}\psi_c\rangle - \langle n\mid \hat{H}_0^{N-1}\mid n\rangle}$$
$$= \sum_n{}' \frac{\mid\langle^{N-1}\psi_c\mid \overline{V}^{N-1}\mid n\rangle\mid^2}{\sum_{a\neq c}\varepsilon_a - \langle n\mid \hat{H}_0^{N-1}\mid n\rangle} \tag{5-128}$$

式中求和遍及体系的除了 $\mid^{N-1}\psi_c\rangle$ 以外的所有态。

有如下三种类型激发对求和有贡献。

2. 单激发态 $\mid^{N-1}\psi_{ca}^r\rangle$

如果 $\hat{H}_0^{N-1}$ 是 $(N-1)$ - 粒子系的 HF Hamiltonian,则由于 Brillouin

定理这种激发是无贡献的。这些单激发的效用只改进$(N-1)$-粒子系的占据轨道（N-粒子系的 HF 轨道），使其更接近优化的轨道，即是轨道在"弛予"。结果对二级能的总贡献$^{N-1}\widetilde{E}^{(2)}\binom{r}{a}$为

$$^{N-1}\widetilde{E}^{(2)}\binom{r}{a} = \sum_{\substack{a \neq c \\ r}} \frac{|\langle ^{N-1}\psi_c | \overline{V}^{N-1} | ^{N-1}\psi_{ca}^r \rangle|^2}{\varepsilon_a - \varepsilon_r}$$

$$= \sum_{\substack{a \neq c \\ r}} \frac{|\langle ac \| cr \rangle|^2}{\varepsilon_a - \varepsilon_r} = -\sum_{ar} \frac{|\langle ac \| cr \rangle|^2}{\varepsilon_r - \varepsilon_a} \quad (5-129)$$

式中最后一步利用了当$a = c$时，反对称矩阵元等于零。这里常是负的。

3. 双激发态 $|^{N-1}\psi_{cab}^{rs}\rangle$

此乃激发的常见类型，它出现在 N-粒子系的 HF 微扰理论中（除了 a 与 b 不等于 c 外）。于是有

$$^{N-1}\widetilde{E}^{(2)}\binom{rs}{ab} = \frac{1}{4}\sum_{\substack{a \neq c \\ b \neq c \\ rs}} \frac{|\langle ab \| rs \rangle|^2}{\varepsilon_a + \varepsilon_b - \varepsilon_r - \varepsilon_s}$$

上式可改写为由 N-粒子系的二级能量项（即$^N E_0^{(2)}$）表出的形式：

$$^{N-1}\widetilde{E}^{(2)}\binom{rs}{ab} = \frac{1}{4}\sum_{abrs} \frac{|\langle ab \| rs \rangle|^2}{\varepsilon_a + \varepsilon_b - \varepsilon_r - \varepsilon_s} - \frac{1}{2}\sum_{ars} \frac{|\langle ca \| rs \rangle|^2}{\varepsilon_a + \varepsilon_c - \varepsilon_r - \varepsilon_s}$$

$$= {}^N E_0^{(2)} + \frac{1}{2}\sum_{ars} \frac{|\langle rs \| ca \rangle|^2}{\varepsilon_r + \varepsilon_s - \varepsilon_a - \varepsilon_c} \quad (5-130)$$

此贡献常稍负于 N-粒子系的二级能的贡献。

4. 双激发态 $|^{N-1}\psi_{cab}^{cr}\rangle$

这些激发在$(N-1)$-粒子系是可能的，因为在自旋轨道 c 无电子（即 c 是一空的或在 $N-1$ 系中是粒子轨道），这些激发对二级能的贡献为

$$^{N-1}\widetilde{E}^{(2)}\binom{cr}{ab} = \frac{1}{2}\sum_{\substack{a \neq c \\ b \neq c \\ r}} \frac{|\langle ^{N-1}\psi_c | \overline{V}^{N-1} | ^{N-1}\psi_{cab}^{cr} \rangle|^2}{\varepsilon_a + \varepsilon_b - \varepsilon_r - \varepsilon_c}$$

$$= -\frac{1}{2}\sum_{\substack{a \neq c \\ b \neq c \\ r}} \frac{|\langle ab \| cr \rangle|^2}{\varepsilon_c + \varepsilon_r - \varepsilon_a - \varepsilon_b} \quad (5-131)$$

此项为负的。

综合所有的项,最后得出 N- 粒子系与 $(N-1)$- 粒子系的二级能量之差为

$$^N E_0^{(2)} - {}^{N-1}\widetilde{E}_0^{(2)}(C) = {}^N E_0^{(2)} - \left[{}^{N-1}\widetilde{E}^{(2)}\binom{r}{a} + {}^{N-1}\widetilde{E}^{(2)}\binom{cr}{ab} + {}^{N-1}\widetilde{E}^{(2)}\binom{rs}{ab} \right]$$

$$= \sum_{ar} \frac{|\langle ac \parallel cr \rangle|^2}{\varepsilon_r - \varepsilon_a} + \frac{1}{2} \sum_{\substack{a \neq c \\ b \neq c \\ r}} \frac{|\langle ab \parallel cr \rangle|^2}{\varepsilon_c + \varepsilon_r - \varepsilon_a - \varepsilon_b} +$$

$$\frac{1}{2} \sum_{ars} \frac{|\langle rs \parallel ca \rangle|^2}{\varepsilon_a + \varepsilon_c - \varepsilon_r - \varepsilon_s} \quad (5-132)$$

综合前两项与(5-115)式对比可知它等于 $\sum_{cc}^{(2)}(\varepsilon_c)$。于是到此已完全证明了本节开头指出的微扰理论与 GF 理论中简单近似间的关系了。

下面说明上式中三项的物理意义,为明确起见将对 Koopmans 定理 IP 的修正表示为

$$IP = (IP)_{\text{Koopmans}} + \Delta IP$$

式中 $\Delta IP = -\sum_{ar} \frac{|\langle ac \parallel cr \rangle|^2}{\varepsilon_r - \varepsilon_a} - \frac{1}{2} \sum_{\substack{b \neq c \\ a \neq c \\ r}} \frac{|\langle ab \parallel cr \rangle|^2}{\varepsilon_r + \varepsilon_c - \varepsilon_a - \varepsilon_b} +$

$\frac{1}{2} \sum_{ars} \frac{|\langle rs \parallel ea \rangle|^3}{\varepsilon_r + \varepsilon_s - \varepsilon_a - \varepsilon_c}$。

上式右侧第一项(ORX)常为负的,起源于激发 $a \to r$ 在 $(N-1)$- 粒子系的二级能量。由于 Brillouin 定理,如果使用 $(N-1)$- 粒子系的 HF 轨道,其贡献为零。它的效应是去优化或弛予轨道,故称为"来自轨道弛予"(orbita relaxation ORX)。 由于 $(N-1)$- 粒子系,相对于"冻结"(frozen) 轨道近似能量较低,它降低了 Koopmans 定理 IP 的值。第二项(PRX)也常为负的。此项来源于 $\begin{matrix} a \to c \\ b \to r \end{matrix}$ 型的双激发。在 $(N-1)$- 粒子系的二级能量中,在 N- 粒子系 C 是占据的这样的激发是不发生的。所以此项乃是 $(N-1)$- 粒子系的额外的,因为有一个附加的空轨道的存在。与轨道弛予类似,此效应可称之为"成对弛予"(PRX)。它将使 $(N-1)$- 粒子系稳定化并且降低电离势。最后,考虑 PRM 项,它常常是正的,由于

有额外一个电子存在,在 N - 粒子系中有附加的相关能。因为从自旋轨道 c 中移去一个电子,成对相关能包含了这个自旋轨道正是在 $(N-1)$ - 粒子系中所缺少的。所以, N - 粒子系(有大量的相关对的)比 $(N-1)$ - 粒子系更为稳定,因而增加了 IP 值。所以称之为"成对移动"(pair removal)(PRM)。

下表 5-1,列出上述分析的结果,即 $a \to r$ 型单激发,只发生在 $(N-1)$ - 粒子系的二级能。其效应是使 $(N-1)$ - 粒子系比"冻结"轨道近似稳定,使 IP 减少。$\begin{smallmatrix}a \to r\\ b \to s\end{smallmatrix}$ 型激发,$a, b \neq c$,其效应是抵消二级微扰能。激发 $\begin{smallmatrix}a \to c\\ b \to r\end{smallmatrix}$ 只发生在 N - 粒子系的二级能量,并使 N - 粒子系比 $(N-1)$ - 粒子系稳定。它使 Koopmans 定理 IP 增加。

表 5-1　多种激发对 N - 粒子系与 $(N-1)$ - 粒子系二级能量的贡献

激发类型	N	$N-1$	对 Koopmans IP 的效应	名　称
$a \to r$	×	√	减少	轨道弛予(ORX)
$a \to r$ $b \to s$ $a \neq b \neq c$	√	√	无	
$a \to c$ $b \to r$	×	√	减少	成对弛予(PRX)
$c \to r$ $b \to s$	√	×	增大	成对移动(PRM)

第六章 Green 函数法与量子化学

§6-1 引　言

在考虑化学问题中的多体理论方面，我们已发展起来颇为系统的一套方案，就是以 Hartree-Fock Roothaan 方程式与基础的"量子化学从头算"方法。它的物理基础是单电子近似，借助电子计算机的功效，它几乎可以达到迫近实验误差范围内的结果。可以说单电子近似，在其他电子的有效势下可以解决百分之九十几的问题，余下的百分之几可以由组态作用(CI)加以补足之。这就是当前量子化学实用性的通用做法。但主要问题是对于多原子分子、高分子、超分子以至固态、液态等凝聚态物质的电子态，电子间的相互作用无法解决。这可以说，"一次量子化"，即在坐标表象下解有关分子体系的 Schrödinger 方程式求出波函数与电子能量的做法，已走到"尽头"。那么化学量子论就别无出路了吗？否！"二次量子化"这一从波场的量子化开头的方法，在量子物理中已开出新局，并已在固体物理领域大见功效了。这就是所谓的"场论方法"。它不纠缠于个别电子的行为而将大量电子的整体的表现归结为传播子(propagator)，即 Green 函数，来表述之。开创了表述电子状态不需波函数的先河，使量子化学研究出现"柳暗花明又一村"的局面。

关于 Green 函数的性质前章已作了概略介绍。下面要结合在化学方面的应用作进一步的说明,对一次量子化为使刚刚从物质结构与初等量子化学等课中有些明白的青年学生不致在二次量子化面前陷入迷惘,这里先从熟悉的量子化学知识了解 G.F. 并不是完全不可理解的东西,它与量化(即量子化学)早期的理论也是有深刻联系的。

量子力学用于氢分子的工作可看作量子化学的源头,接着 Hückel 对共轭烯烃分子的 HMO 方案成为现代意义下的量子化学的开端。以后分子轨道虽有很广的施用,但从理论工作来看,1947 年 Coulson 与 Longuet-Higgins 的工作达到颇为严谨的境地。他们不只严格地论证了 HMO 法的基础并且给出所有 HMO 量的解析公式。这些理论成果虽然有着实用上的不便,而曾较长时间为人们(特别是化学家们)所闲置不顾,但它已为量子化学中的 Green 函数法埋下了根基。今天有更多的化学家想了解 G.F. 法的应用尤其不应忘记半个世纪前在量化中就是暗存的 G.F. 的因素。这点好像化学中的孤子态一样,1962 年时早有清楚论证的事(当然那时名词不叫"孤子"),在 15 年后关于低维有机导体 PA 的 SSH 模型理论发表后才又被人们所追认。可见事物的客观规律性是不会被人为的物理学与化学学科界限而隔断的。因此,在此短的引言中我想简叙此事以减少年轻化学家对 G.F. 法的迷惑与玄幻之感,增强由熟悉到初步运用的信心。

N - 电子系的 Hamiltonian 表作单电子 Hamiltonian 之和,即

$$\hat{H} = \sum_{\mu}^{N} \hat{h}(\vec{r}_{\mu}) \tag{6-1}$$

取 LCAO 近似:

$$\psi_j = \sum_{s} X_s C_{sj} \tag{6-2}$$

轨道能 $\varepsilon_i = \int \psi_i^*(\vec{r}) \hat{h} \psi_i(\vec{r}) d\vec{r} / \int \psi_i^*(\vec{r}) \psi_i(\vec{r}) d\vec{r}$ (6-3)

取轨道能极小:

$$\frac{\partial \varepsilon_i}{\partial c_{si}} = 0$$

可得 $s = 1, 2, \cdots, N$ 个联立方程式。

即采用 Hückel 近似,可得关于 LCAO 系数 C_{si} 的联立方程式:

$$(\alpha_r - \varepsilon)C_{ri} + \sum_s{}' \beta_{rs} C_{si} = 0 \tag{6-4}$$

由此可在 $\Delta(\varepsilon) = 0$ 的条件下求出 ε：

$$\Delta(\varepsilon) = \begin{vmatrix} \alpha_1 - \varepsilon & \beta_{12} & \beta_{13} & \cdots \\ \beta_{21} & \alpha_2 - \varepsilon & \beta_{23} & \cdots \\ \beta_{31} & \cdots & & \\ \vdots & & & \end{vmatrix} = 0 \tag{6-5}$$

式中 Coulomb 积分：$\alpha_s = \int \chi_s(\vec{r}) \hat{h}(\vec{r}) \chi_s(\vec{r}) d\vec{r}$

交换积分：$\beta_{rs} = \int \chi_r(\vec{r}) \hat{h}(\vec{r}) \chi_s(\vec{r}) d\vec{r} \tag{6-6}$

($\{\chi_s\}$ 均取实的，并且是正交归一化的 Ao)

然后由(6-4)式求出系数 C_{si}，并用这些系数可以将全部 HMO 量表出，这些是已在初等量化中已知的事了。如原子 r 与 s 间的键级 q_{rs}，$q_{rs} = 2\sum_i^{occ} C_{ri} C_{si}^*$ 等。

可是，在 Coulson 与 Longuet‐Higgins 的理论中，认为体系的所有信息均含在 $\Delta(\varepsilon)$ 之中，所以全部的 HMO 量均可作为 $\Delta(\varepsilon)$ 的函数表出。如 r‐s 键原子电荷 q_r：

$$q_r = 2\sum_j^{occ} \frac{\Delta_{r,r}(\varepsilon_j)}{\Delta'(\varepsilon_j)} \tag{6-7}$$

r‐s 键级 q_{rs}：

$$q_{rs} = (-1)^{r+s-1} 2\sum_j^{occ} \frac{\Delta_{rs}(\varepsilon_j)}{\Delta'(\varepsilon_j)} \tag{6-8}$$

式中 $\Delta'(\varepsilon_j) = \left(\frac{\partial \Delta(\varepsilon)}{\partial \varepsilon}\right)_{\varepsilon = \varepsilon_j} \tag{6-9}$

如采取复函数积分的形式，则体系的总能 E 可表示 $\Delta(\varepsilon)$ 的复积分形式：

$$E = \frac{1}{2\pi i} \int d\varepsilon \frac{\partial}{\partial \varepsilon} \log \Delta(\varepsilon) \tag{6-10}$$

原子 r 的电荷 q_r：

$$q_r = 1 - \frac{1}{\pi} \int_{-\infty}^{\infty} dz \frac{\Delta_{r,r}(z)}{\Delta(z)}$$

$$= 1 - \frac{1}{\pi}\int_{-\infty}^{\infty}\frac{2}{2\alpha_\gamma}\log\Delta(iy)dy \qquad (6-11)$$

r-s 键级 q_{rs}：

$$q_{rs} = -\frac{1}{2\pi}\int_{-\infty}^{\infty}dy\frac{d}{d\beta_{rs}}\log\Delta(iy) \qquad (6-12a)$$

等等。

为简明，今取 Dirac 记号，则波函数(6-2)式可表作

$$|i\rangle = \sum_i |s\rangle\langle s|i\rangle \qquad (6-12b)$$

式中 $\langle s|i\rangle$ 为 LCAO 系数 C_{si}。

则体系的 Hamiltonian 矩阵 H 对应的 Schrödinger 方程式为

$$H|i\rangle = \varepsilon_i|i\rangle \qquad (6-13)$$

今考虑如下矩阵方程式：

$$(Z-H)G = 1 \qquad (6-14)$$

式中 Z 为能 $\in$ 的变量，定义算符

$$G = (Z-H)^{-1} = \frac{1}{Z-H} \qquad (6-15)$$

称为"Green(函数)算符"，以 H 的对角元表示时为

$$G(Z) = \sum_i \frac{|i\rangle\langle i|}{z-\varepsilon_i} \qquad (6-16)$$

取上式的 (r,s) 矩阵元时为

$$G_{r,s}(Z) = \sum_i \frac{\langle r|i\rangle\langle i|s\rangle}{z-\varepsilon_i} \qquad (6-17)$$

对上式作路线积分，按残数定理可得出

$$\frac{1}{2\pi i}\int_c G_{rs}(Z)dz = \sum_{spin}\frac{1}{2\pi i}\int_c \sum_i \frac{\langle r|i\rangle\langle i|s\rangle}{z-\varepsilon_i}$$

$$= 2\sum_i^{occ}\langle r|i\rangle\langle i|s\rangle$$

$$= 2\sum_i^{occ} C_{ri}C_{si}^*$$

$$= q_{rs}$$

由上可知 r-s 键级与 G.F. 有如下关联：

$$q_{rs} = \frac{1}{2\pi i}\int_c G_{rs}(z)dz \qquad (6-18)$$

同法可知,原子 r 电荷密度 q_r:

$$q_r = \frac{1}{2\pi i}\int_c G_r(z)dz \qquad (6-19)$$

体系总能 $E = 2\sum_{i}^{\infty c}\varepsilon_i$:

$$E = \frac{1}{2\pi i}\sum_s \int_c zG_s(z)dz \qquad (6-20a)$$

$$= \frac{1}{2\pi i}T_r\int_c zG(z)dz \qquad (6-20b)$$

式中 T_r 为矩阵 G 的对角和(迹)之意。由上简述可以看出在量子场论中起重要作用的 Green 函数,亦将在原子、分子体系中发挥特有的效能。下面先就 G.F. 在量子化学中的一些应用作介绍,下章将就光谱学问题与化学中统计力学问题的应用给出简要的说明。这样,我想有志于了解与初步运用此方法的青年学子,会获得必要的初等知识与技能的。

§6-2 Hückel 模型中的 Green 函数

已知共轭碳氢化合物的 Hückel 矩阵为

$$H = \begin{pmatrix} \alpha & \beta & o & o & \cdots \\ \beta & \alpha & \beta & o & \cdots \\ o & \beta & \alpha & \beta & \cdots \\ \vdots & & & & \end{pmatrix} \qquad (6-21)$$

在 Hückel 近似下,所有碳的 Coulomb 积分均等于 α,只考虑近邻的交换积分均为 β。

下面按 Anderson 的办法[见 phys. rev. (1957 年,105 卷 1 388 页)],考察与以上 Hamiltonian 对应的 $G_r(z)$ 或 $G_{rs}(z)$。

1. AB 型双原子分子

如图 6-1：

$$Ⓐ \!\!-\!\!\!-\!\!\!-\!\!\!-\!\!\!-\!\!\!-\!\!\!- Ⓑ$$
$$\beta$$

图 6-1 AB 型双原子分子示意

对此,不论 $G_a(z)$,还是 $G_{ab}(z)$ 都须考虑 A 与 B 间的相互作用。按 G.F. 的微扰展开,可得

$$G_a = G_a^0 + G_a^0 \beta G_b^0 \beta G_a \tag{6-22}$$

由此可得 $G_a = \dfrac{G_a^0}{1 - G_a^0 \beta G_b^0 \beta} = \dfrac{1}{G_a^{0-1} - \beta G_b^0 \beta}$ (6-23)

或 $G_a^{-1} = G_a^{0-1} - \beta G_b^0 \beta$ (6-24)

式中 G_a^0 为裸 G.F.,即无相互作用的 G.F.。

考虑(6-21)式的对角项：

$$G_a^0 = G_b^0 = \sum_s \frac{\langle a \mid s \rangle \langle s \mid a \rangle}{z - \alpha_s} = \frac{1}{z - \alpha} (这里 \alpha_s = \alpha) \tag{6-25}$$

选 $\alpha = 0$ 为能量原点,有

$$G_a^0 = G_b^0 = \frac{1}{z} \tag{6-26}$$

于是,$G_a^{-1} = z - \dfrac{\beta^2}{z}$ (6-27a)

与 $G_a = \dfrac{z}{z^2 - \beta^2}$ (6-27b)

同样方法,可得：

$$G_{ab} = G_a \beta G_b^0 \tag{6-28}$$

由(6-27b)式,上式化为

$$G_{ab} = \frac{\beta}{z^2 - \beta^2} \tag{6-29}$$

选 $\beta = 1$ 为单位,则可得双原子分子的 G.F. 的矩阵形式如下：

$$^2G(z) = \begin{pmatrix} \dfrac{z}{z^2-1} & \dfrac{1}{z^2-1} \\ \dfrac{1}{z^2-1} & \dfrac{z}{z^2-1} \end{pmatrix} \tag{6-30}$$

式中指标"2"指双原子分子情形。

按(6-18)式、(6-19)式与(6-20)式,用以上 $^2G(z)$ 可以求出双原子分子的各 Hückel 量(原子电荷密度 q_a,键级 q_{ab} 与总能 E)所作积分的路线(如图 6-2)。

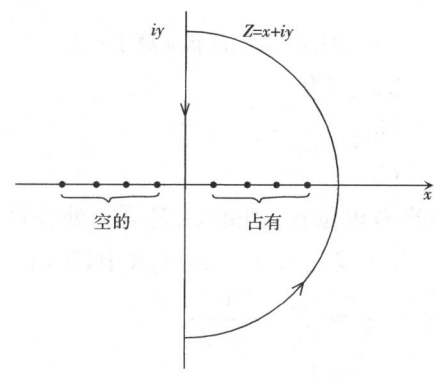

图 6-2 Coulson 积分路线示意

$$q_a = q_b = \frac{1}{2\pi i}\int_c \frac{z}{z^2-1}dz$$
$$= \frac{1}{2\pi i}\int_c \frac{z}{(z-1)(z+1)}dz = 1 \qquad (6\text{-}31\text{a})$$

$$q_{ab} = \frac{1}{2\pi i}\int_c \frac{1}{z^2-1}dz = 1 \qquad (6\text{-}31\text{b})$$

即 $q = \begin{pmatrix} 1 & 1 \\ 1 & 1 \end{pmatrix}$ \qquad (6-32)

总能量 $E_0 = 2\dfrac{1}{2\pi i}\int_c \dfrac{z^2}{z^2-1}dz = 2$ \qquad (6-33)

回复单位(β),$E_0 = 2\beta$。

上述各量与 HMO 通常手法所得结果一致。

2. 链状 n 原子分子

先看 $n=3$,三原子情形(图 6-3):

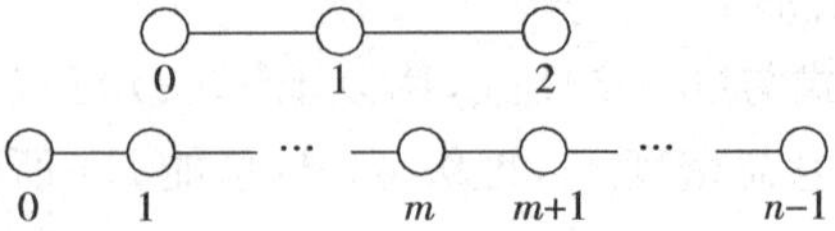

```
  ○———○———○        (a) 直链三原子分子
  0   1   2
○—○ ··· ○—○ ··· ○    (b) 链状 n 原子分子
0 1     m m+1    n-1
```

图 6 - 3 链状 n 原子示意

对 (a)，由 (6 - 24) 式有

$$^3G_0^{-1} = {}^1G_0^{-1} - {}^3G_{1\langle 0\rangle} \qquad (6\text{-}34\text{a})$$

$$= {}^1G_0^{-1} - {}^2G_0 \qquad (6\text{-}34\text{b})$$

式中 $^3G_{1\langle 0\rangle}$ 指当考虑位置1处的 G.F. 与0处位置无相互作用之意。将 (6 - 26) 式与 (6 - 30) 式代入 (6 - 34a) 式中，得出

$$^3G_0^{-1} = z - \frac{z}{z^2-1} = z - \frac{1}{z - \frac{1}{z}} \qquad (6\text{-}34\text{c})$$

$$= \frac{z^3 - 2z}{z^2 - 1} \qquad (6\text{-}34\text{d})$$

可将其分为双原子 G.F. 与单原子 G.F.。

$$^3G_1^{-1} = {}^2G_0^{-1} - {}^1G_0 = \frac{z^2-1}{z} - \frac{1}{z} = \frac{z^2-2}{z} \qquad (6\text{-}35)$$

下面求非对角元：

$$^3G_{01} = {}^3G_0\,{}^3G_{1\langle 0\rangle} = {}^3G_0\,{}^2G_0$$

$$= \frac{z^2-1}{z^3-2z} \cdot \frac{z}{z^2-1} = \frac{z}{z^3-2z} \qquad (6\text{-}36\text{a})$$

与 $^3G_{02} = {}^3G_0\,{}^3G_{1\langle 0\rangle}\,{}^3G_{2\langle 1\rangle} = {}^3G_0\,{}^2G_0\,{}^1G_0$

$$= \frac{Z^2-1}{Z^3-2Z} \cdot \frac{Z}{Z^2-1} \cdot \frac{1}{Z} = \frac{1}{Z^3-2Z} \qquad (6\text{-}36\text{b})$$

由上可得：

$$^3G = \frac{1}{Z^3-2Z}\begin{pmatrix} Z^2-1 & Z & 1 \\ Z & Z^2 & Z \\ 1 & Z & Z^2-1 \end{pmatrix} \qquad (6\text{-}37)$$

由此可求出 q_r, q_{rs} 与 E_0 等量（略去）。

以上做法易推广于 n 原子(直键)分子系：

$$^nG_0^{-1} = {}^1G_0^{-1} - {}^{n-1}G_0 = Z - \cfrac{1}{Z - \cfrac{1}{Z - \cfrac{1}{\ddots Z - \cfrac{1}{Z}}}}$$

$$\equiv \underbrace{Z + \frac{-1}{Z} + \frac{-1}{Z} + \cdots + \frac{-1}{Z}}_{n\text{项}} \qquad (6-38)$$

即表作连分数的形式。

m 对角元 ^nG_m 由 (6-35) 式可得

$$^nG_m^{-1} = {}^{n-m}G_0^{-1} - {}^mG_0 \qquad (6-39)$$

对于 $(K, K+1)$ 元素，为

$$^nG_{k,k+1} = {}^nG_k {}^nG_{k+1\langle k\rangle} {}^nG_{k+2\langle k+1\rangle} \cdots {}^nG_{k+l\langle k+l-1\rangle}$$
$$= {}^nG_k {}^{n-k-1}G_0 \cdots {}^{n-k-l}G_0 \qquad (6-40)$$

3. 环状 n 原子分子

如图 6-4，n 原子形成环状体系：

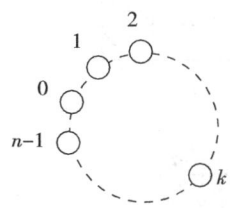

图 6-4 n 原子环状分子示意

考虑 $0\sim 1$ 与 $n-1\sim 0$ 间的相互作用即可。今以 R 记环的 G.F.，G 记链的 G.F.，则有

$$^nR_0^{-1} = {}^1G_0^{-1} - 2[{}^{n-1}G_0 + {}^nG_{0,n-2}] \qquad (6-41)$$

式中 $^{n-1}G_0$ 是反映 0 位与 $n-1$ 位的相互作用，$^{n-1}G_{0,n-2}$ 则是链上无限次传

播作用的结果。因子2是正逆效应相同所致。

如将链状与环状以及分支形分子的G.F.组合之,则任何形状的分子的G.F.均可得出。

§6-3 G.F.的三角函数表示式

由于在Hückel近似中,G.F.中的参量Z常出现在分母内,计算物理量时须避开极点,所以使用时颇为不便。为了应用上的便利,可将G.F.以三角函数形式表出。下面按前述各例说明如下:

1. 链状分子的G.F.

$$^nG_0^{-1} = Z - \cfrac{1}{Z - \cfrac{1}{Z - \cfrac{1}{\ddots Z - \cfrac{1}{Z}}}}$$

$$\equiv \underbrace{Z + \frac{-1}{Z} + \frac{-1}{Z} + \cdots + \frac{-1}{Z}}_{n\text{项}} \tag{6-38}$$

对于连分数,已知:

$$S_n = b_0 + \frac{a_1}{b_1} + \frac{a_2}{b_2} + \cdots + \frac{a_n}{b_n} \tag{6-42}$$

可表作 $S_n = A_{n-1}/B_{n-1}$ (6-43)

式中 A_k 与 B_k 可由 $\begin{pmatrix} A_k \\ B_k \end{pmatrix} = \begin{pmatrix} A_{k-1} & A_{k-2} \\ B_{k-1} & B_{k-2} \end{pmatrix} \begin{pmatrix} b_k \\ a_k \end{pmatrix}$ (6-44)

的渐近式求出,且有

$$\begin{pmatrix} A_{-1} \\ A_0 \end{pmatrix} = \begin{pmatrix} 1 \\ b_0 \end{pmatrix} \quad \begin{pmatrix} B_{-1} \\ B_0 \end{pmatrix} = \begin{pmatrix} 0 \\ 1 \end{pmatrix} \tag{6-45}$$

在本例,链多原子分子系中:

$$\left.\begin{aligned}&b_0 = b_1 = b_2 = \cdots = Z \\ &a_1 = a_2 = a_3 = \cdots = -1\end{aligned}\right\} \quad (6\text{-}46)$$

于是 $\left.\begin{aligned}&A_k = ZA_{k-1} - A_{k-2} \\ &B_k = ZB_{k-1} - B_{k-2}\end{aligned}\right\} \quad (6\text{-}47)$

并且 $\left.\begin{aligned}&A_0 = Z, A_1 = Z^2 - 1 \\ &B_0 = 1, B_1 = Z\end{aligned}\right\} \quad (6\text{-}48)$

【定理】若 $S_k = bS_{k-1} + aS_{k-2}$($S_1$ 与 S_2 为给定的)成立,则定义:
$S(x) \equiv 1 + S_1 x + S_2 x^2 + \cdots$
可取如下形式:
$$S(x) = \frac{1}{1 - (bx + ax^2)} \{1 + (s_1 - b)x + (s_2 - bs_1 - a)x^2\} \quad (6\text{-}49)$$
(证明略)

将此定理用于 A_k 与 B_k,得

$$A(x) = 1 + A_0 x + A_1 x^2 + \cdots = \sum_{n=0}^{\infty} A_{n-1} x^n$$
$$= \frac{1}{1 - zx + x^2} = \sum_{n=0}^{\infty} \frac{\sin(n+1)\theta}{\sin\theta} x^n, \quad (|x| < 1) \quad (6\text{-}50)$$

式中 $Z = 2\cos\theta$ \hfill $(6\text{-}51)$

又有,$B(x) = 1 + B_1 x + B_2 x^2 + \cdots = \sum_{n=0}^{\infty} B_n x^n$
$$= \frac{1}{1 - zx + x^2}$$
$$= \sum_{n=0}^{\infty} \frac{\sin(n+1)\theta}{\sin\theta} x^n \quad (|x| < 1) \quad (6\text{-}52)$$

由以上三式可得到:

$$A_{k-1} = \frac{\sin(k+1)\theta}{\sin\theta} \qquad B_{k-1} = \frac{\sin k\theta}{\sin\theta} \quad (6\text{-}53)$$

于是,$^nG_0 = \frac{B_{n-1}}{A_{n-1}} = \frac{\sin n\theta}{\sin(n+1)\theta} \quad (6\text{-}54)$

注意,在如上代换中 $|Z| \leqslant 2$ 是必要的。由于链分子中每个原子只与

两侧的原子成键,满足此条件($\beta = 1$)。

任意位置 K 的对角元 ^nG_k 为

$$^nG_k^{-1} = {}^{n-k}G_0^1 - {}^kG_0 = \frac{\sin(n+1)\theta \sin\theta}{\sin(n-k)\theta \sin(k+1)\theta} \quad (6-55)$$

非对角元 $^nG_{k,k+1}$ 有

$$^nG_k^{n-k-1}G_0\cdots{}^{n-k}G_0 = \frac{\sin(n-k-l)\theta \sin(k+1)\theta}{\sin(n+1)\theta \sin\theta} \quad (6-56)$$

当 $m = k + l$ 时:

$$^nG_{k,m} = \frac{\sin(n-m)\theta \sin(k+1)\theta}{\sin(n+1)\theta \sin\theta} \quad (6-57)$$

更易运用。

2. 环状分子的 G.F.

求 $^nR_0$,对此利用(6 - 41)式:

$$^nR_0^{-1} = {}^1G^{-1} - 2[{}^{n-1}G_0 + {}^{n-1}G_{0,n-2}]$$

$$= \frac{\sin 2\theta}{\sin\theta} - 2\left\{\frac{\sin(n-1)\theta}{\sin n\theta} + \frac{\sin\theta}{\sin n\theta}\right\}$$

$$= -\frac{2\sin\left(\dfrac{n\theta}{2}\right)\sin\theta}{\cos(n\theta/2)} \quad (6-58)$$

对角元均同。非对角元 $^nR_{0,k}$ 为

$$^nR_{0,k} = {}^nR_0{}^nR_{1,k(0)} + {}^nR_0{}^nR_{n-1,k(0)}$$
$$= {}^nR_0^{n-1}G_{0,k} + {}^nR_0^{n-1}G_{0,n-k-1} \quad (6-59)$$

将(6 - 56)式和(6 - 58)式代入(6 - 59)式后,得出

$$^nR_{0,k} = \frac{-1}{4\sin^2\left(\dfrac{n\theta}{2}\right)\sin\theta}[\sin(n-k)\theta + \sin k\theta]$$

$$= \frac{-\cos\left(\dfrac{n-2k}{2}\right)\theta}{2\sin\left(\dfrac{n\theta}{2}\right)\sin\theta} \quad (6-60)$$

3. 电荷密度、键级与总能

将 G.F. 的三角函数表示式代入 q_r, q_{rs} 与 E 的积分公式：

$$q_r = \frac{1}{2\pi i} \int_c G_r(z) dz$$

$$q_{rs} = \frac{1}{2\pi i} \int_c G_{rs}(z) dz$$

$$E = \frac{1}{2\pi i} T_r \int_z z G(z) dz$$

式中 $z = x + iy, \theta = \varphi + i\psi$ (6 - 61)

与 $x + iy = 2(\cos\varphi ch\psi - i\sin\varphi sh\psi)$ (6 - 62)

将相应的 G.F. 分别代入以上各式后，积分之（过程从略）可以得到原子电荷密度：

$$^nq_k = \frac{-1}{2\pi i} \int_c d\theta \frac{\sin(n-k)\theta \cdot \sin(k+1)\theta}{\sin(n+1)\theta} \quad (6 - 63)$$

这里极点是 $\theta_r = \pi r/(n+1), \quad r = \pm 1, \pm 2, \cdots, \pm n$。

以下讨论一简单情形，即 n 为偶数时，且每一原子只提供一个电子，可知占有数 $|r| \leqslant n/2$。经一些运算后可得

$$^nq_k = -2 \sum_{r=-n/2}^{n/2} \frac{\sin(n-k)\theta_r \cdot \sin(k+1)\theta_r}{(n+1)\cos(n+1)\theta_r}$$

$$= \frac{n}{n+1} - \frac{2}{n+1} \sum_{r=1}^{n/2} (-1)^r \cos\left(\frac{n-2k-1}{n+1}\right)\pi r = 1 \quad (6 - 64)$$

对于键级，得出：

$$^nq_{k,k=l} = \frac{1}{n+1} \left\{ \frac{\sin\left(\frac{l\pi}{2}\right)}{\sin\left(\frac{l\pi}{2}\right)(n+1)} - \frac{\sin(2k+l+2)\pi/2}{\sin(2k+l+2)\pi/2(n+1)} \right\} \quad (6 - 65)$$

如作代换，$k = s-1, k+l = t-1$，则上式化为

$$^nq_{s+1, t-1} = \frac{1}{n+1} \left\{ \frac{\sin(1-s)\frac{\pi}{2}}{\sin(1-s)\frac{\pi}{2}(n+1)} - \frac{\sin(t+s)\frac{\pi}{s}}{\sin(t+s)\frac{\pi}{2}(n+1)} \right\}$$

当 $(t-s)$ 为偶数时,$(t+s)$ 亦为偶数,则 $^nq_{s-1,t-1}$ 将消失,即带"*"号的与非带"*"号的键级消失。又若取 $K\to 0$ 时上式的极限值为 1。

总能如下表示：

$$^nE = \sum_{k=0}^{n-1} \frac{-1}{\pi i} \int_c d\theta \frac{\cos\theta \sin(n-k)\theta \sin(k+1)\theta}{\sin(n+1)\theta} = 4\sum_{r=1}^{n/2}\cos\theta_r$$

$$= 2[\csc\frac{\pi}{2(n+1)} - 1] \tag{6-66}$$

对于环状多原子分子系：

$$^nq_0^R = \frac{1}{4\pi i}\int_c d\theta \frac{\cos(n\theta/2)}{\sin(n\theta/2)} = \frac{2}{n}\sum_{\text{极点}}^{occ} 1 = 1 \tag{6-67}$$

极点值 $\theta_r = \frac{2\pi r}{n}$, $r = 0,\pm 1,\cdots,\pm(\frac{n}{2}-1),\frac{n}{2}$。

占据数 $|\theta_r| < \frac{\pi}{4}$,即 $n/2$ 个。

键级 $^nq_{ok}^R = \frac{1}{4\pi i}\int d\theta \frac{-1}{4\sin^2(\frac{n\theta}{2})}[\sin(n-k)\theta + \sin k\theta]$

$$= \frac{2}{n^2}[(n-k)+k]\frac{\sin k\pi/2}{\sin k\pi/n}$$

$$= \frac{2}{n}\frac{\sin(\frac{k\pi}{2})}{\sin(\frac{k\pi}{n})} \tag{6-68}$$

例如,苯 $n=6, k=1$ 时,上式"[ ]"中为 $\sin 5\theta$ 与 $\sin\theta$,表明一个键介入与五个键介入的贡献与键长成反比例。

当 $k=1$：

$$^nq_{01}^R = \frac{2}{n}\csc(\frac{\pi}{n}) \tag{6-69}$$

同样方法可得总能：

$$^nE = n\frac{1}{4\pi i}\int_c d\theta \frac{\cos\theta \sin n\theta}{\sin^2(n\theta/2)} = 4\csc(\frac{\pi}{n}) \tag{6-70}$$

注意：这里给出的结果均按键长均等处理；对于交替键长的情形,已有一些工作可以参看,此处略去。

§6-4 化学稳定性

作为 Green 函数法在分子结构理论中的应用,本节将讨论分子的化学稳定性问题,就是在分子受到微扰时它的电子态的应对情况。

1. 微扰与化学稳定性

微扰系的总 Hamiltonian 为
$$H = H_0 + V \tag{6-71}$$
来自微扰 V 的作用要远远小于 H_0 对 H 的贡献。

式中微扰矩阵 $V = \begin{pmatrix} v_{11} & v_{12} & v_{13} & \cdots \\ v_{21} & v_{22} & & \cdots \\ \vdots & & & \end{pmatrix}$ (6-72)

相应的 Green 算符按微扰论,有:

$$G(z) = \frac{1}{z-H} = \frac{1}{z-H_0-V}$$

$$= \frac{1}{z-H_0} + \frac{1}{z-H_0} V \frac{1}{z-H} \tag{6-73a}$$

$$= \frac{1}{z-H_0} + \frac{1}{z-H_0} V \frac{1}{z-H_0} +$$
$$\frac{1}{z-H_0} V \frac{1}{z-H_0} V \frac{1}{z-H_0} + \cdots \tag{6-73b}$$

$$= G^0 + G^0 V G^0 + G^0 V G^0 V G^0 + \cdots \tag{6-73c}$$

(6-73a) 式称为"Dyson 方程式",式中 G^0 为

$$G^0 = \begin{pmatrix} G^0_{11} & G^0_{12} & G^0_{13} & \cdots \\ G^0_{21} & G^0_{22} & \cdots & \\ \vdots & & & \end{pmatrix} \tag{6-74}$$

已知体系的总能 E:

$$E = T_r \frac{1}{2\pi i} \int_c z G(z) dz$$

所以，因微扰总能的改变 ΔE（即体系稳定化能）为

$$\Delta E = T_r \frac{1}{2\pi i} \int_c z [G(z) - G^0(z)] dz$$

$$= T_r \frac{1}{2\pi i} \int_c z [G^0 V G^0 + G^0 V G^0 V G^0 + \cdots] dz \quad (6-75)$$

或 $\delta E \sim T_r \frac{1}{2\pi i} \int_c z (G^0 V G^0 + G^0 V G^0 V G^0) dz$

$$= T_r \frac{1}{2\pi i} \int_c dz (G^0 V + \frac{1}{2} G^0 V G^0 V) \quad (6-76)$$

将 $G^0 = (z - H_0)^{-1}$ 代入上式，分部积分之，最后可以得出

$$\delta E = 2 \sum_{(rs)} q_{rs} V_{rs} + \sum_{(rs)} \sum_{(tu)} V_{rs} \Pi_{rs,tu} V_{tu} \quad (6-77)$$

上式前一项为一级微扰项：

$$\Delta E^{(1)} = 2 \sum_{r>s} q_{rs} V_{rs} \quad (6-78a)$$

第二项为二级微扰项：

$$\Delta E^{(2)} = \sum_{r>s} \sum_{t>u} V_{rs} \Pi_{rs,tu} V_{tu} \quad (6-78b)$$

其中 $\delta q_{rs} = \frac{1}{2\pi i} \int_c dz [G_{rs}(z) - G_{rs}^0(z)]$

$$= \frac{1}{2\pi i} \int_c dz \sum_{tu} G_{rt}^0(z) V_{tu} G_{us}^0(z) \quad (6-79)$$

$$\Pi_{rs,tu} \equiv \frac{\delta q_{rs}}{\delta v_{tu}} = \frac{1}{2\pi i} \int_c dz [G_{rt}^0(z) G_{us}^0(z) + G_{ru}^0(z) G_{ts}^0(z)] \quad (6-80)$$

2.10 碳环分子

由有机化学已知同是 10 碳的环状化合物，萘与薁的化学稳定性很不一样，为什么？

在 π 电子近似下，考察它的稳定性主要看其键能的变化，按 V 的一级近似：

$$\Delta E^{(1)} = 2 q_{rs} V_{rs}$$

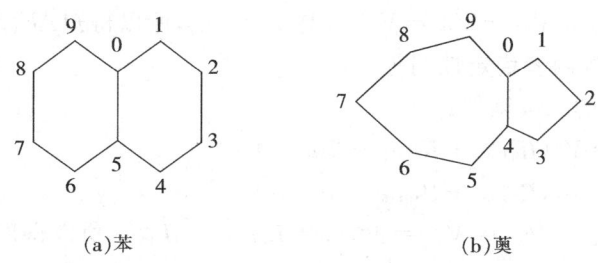

(a) 苯　　(b) 奠

图 6-5　碳环分子示意

由于 V_{ab} 常为负值，所以主要看键级 q_{rs}。如果 $q_{rs}>0$，则 $\Delta E^{(1)}$ 为负，则体系较未微扰能量低，是稳定的；否则，相反为不稳定的。

计算结果：

(a) $q_{10}^r(0,5)=\dfrac{1}{5}, \Delta E^{(1)}<0$，稳定；

(b) $q_{10}^R(0,4)=0, \Delta E^{(1)}=0$，较不稳定。

3.14 碳环分子

例如蒽与菲（图 6-6）：

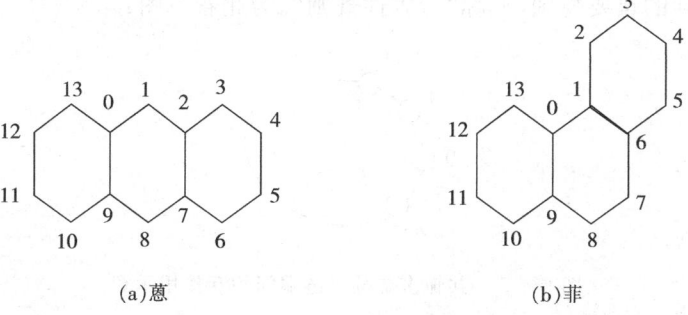

(a) 蒽　　(b) 菲

图 6-6　14 碳环分子示意

关于 V 的一级微扰项：

$\Delta E^{(1)}_{(a)}=2(q_{09}V_{09}+q_{27}V_{27})$

$\Delta E^{(1)}_{(b)}=2(q_{09}V_{09}+q_{16}V_{16})$

由于 $V_{09} = V_{27} = V_{16} = V < 0$ 与 $q_{27} = q_{16}$，所以得知 $\Delta E^{(1)}_{(a)} = \Delta E^{(1)}_{(b)}$，即按一级微扰两者稳定性同等。

考察 V 的二级微扰：

$$\Delta E^{(2)}_{(a)} = V^2(\Pi_{09:09} + \Pi_{27:27} + 2\Pi_{09:27})$$

$$\Delta E^{(2)}_{(b)} = V^2(\Pi_{09:09} + \Pi_{16:16} + 2\Pi_{09:16})$$

今有 $V_{09} = V_{27} = V_{16} = V$，可知 $\Pi_{27:27} = \Pi_{16:16}$，所以得出

$$\begin{aligned}\Delta E &= \Delta E_{(a)} - \Delta E_{(b)} \\ &= 2V^2(\Pi_{09:27} - \Pi_{09:16}) \\ &= 2V^2(-0.063\ 1\ \beta^{-1} - 0.085\ 4\ \beta^{-1})\end{aligned}$$

令 $\beta = V$，$\Delta E = -0.18\beta$，因 $\beta < 0$，所以 $\Delta E > 0$，知菲比蒽更为稳定。

§6-5 芳 香 性

考察链状共轭烯烃分子 C_nH_{n+2} 的两端间的相互作用，可以得出关于其稳定性的重要规则，亦称"芳香性规则"。为此看下图：

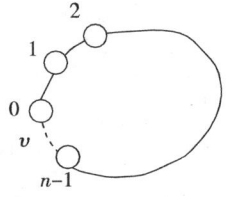

图 6-7 共轭多烯分子链端间相互作用示意

微扰能改变：$\Delta E = \Delta E^{(1)} + \Delta E^{(2)}$ （6-81）

式中 $\begin{cases} \text{一级微扰} \quad \Delta E^{(1)} = 2q_{0,n-1}V & (6-82a) \\ \text{二级微扰} \quad \Delta E^{(2)} = V^2 \Pi_{0,n-1;0,n-1} & (6-82b) \end{cases}$

这里已取 $V_{0,n-1} = V_{n-1,0} = V$。

下分几种情形讨论之：

1. $M = 4m$ 的情形

$$\Delta E^{(1)} = \frac{-2V}{n+1}\left\{1-\cos\left(\frac{4m+4}{n+1}\right)\pi\Big/\cos\left(\frac{\pi}{n+1}\right)\right\} \quad (6-83)$$

由于 $1-\cos\dfrac{(4m+1)\pi}{n+1}\Big/\cos\dfrac{\pi}{n+1}>0$,所以 $\Delta E^{(1)}<0$,仅当 $v>0$ 情形方可出现。

2. $M = 4m+2$ 的情形

$$\Delta E^{(1)} = \frac{2v}{n+1}\left\{1-\cos\frac{(4m+3)\pi}{n+1}\Big/\cos\frac{\pi}{n+1}\right\} \quad (6-84)$$

此处有 $\left\{1-\cos\dfrac{(4m+3)\pi}{n+1}\Big/\cos\dfrac{\pi}{n+1}\right\}>0$,所以为使 $\Delta E^{(1)}<0$,必有 $v<0$。

3. $M = 4m+1$ 的情形

$$\Delta E^{(1)} = \frac{2v}{n+1}\tan\left(\frac{\pi}{n+1}\right)\sin\frac{(4m+2)\pi}{n+1} \quad (6-85)$$

此处 $\tan\left(\dfrac{\pi}{n+1}\right)>0$,所以 $\Delta E^{(1)}<0$ 的要素为残余项,即

$$\sin\frac{(4m+2)\pi}{n+1}\begin{cases}>0, \text{当} 1<M(=4m+1)<n, v<0 \\ =0, \text{当} M=n \\ <0, \text{当} n<M<2n, v>0\end{cases} \quad (6-86)$$

4. $M = 4m+3$ 的情形

$$\Delta E^{(1)} = \frac{-2v}{n+1}\tan\frac{\pi}{n+1}\sin\frac{(4m+4)\pi}{n+1} \quad (6-87)$$

这里决定 $\Delta E^{(1)}$ 的要素为

$$\sin\frac{(4m+4)\pi}{n+1}\begin{cases}>0, \text{当} 1<m(=4m+3)<n, v>0 \\ =0, \text{当} m=n \\ <0, \text{当} n<M<2n, v<0\end{cases} \quad (6-88)$$

以上结果可总括于下表中:

表 6-1 $\Delta E^{(1)} < 0$ 的条件

M(电子数)		v 的符号	环的形状	开环、闭环反应
$4m$		$+$	Möbius 环	同旋
$4m+2$		$-$	Hückel 环	对旋
$4m+1$	$0 < M < n$ $M = n$ $n < M < 2n$	$-$ $+$	Hückel 环 Möbius 环	对旋 同旋
$4m+3$	$0 < M < n$ $M = n$ $n < M < 2n$	$+$ $-$	Möbius 环 Hückel 环	同旋 对旋

可见电子数为 $4m+2$ 时 Hückel 环稳定，即有芳香性，而电子数为 $4m$ 时，Möbius 环稳定，此可称"Möbius 芳香性"。

§6-6 化学反应活性

对于周环反应的化学反应活性已建立起轨道对称性守恒规则（或 Woodword-Hoffman 原理）。下面将由 Green 函数法再现这一著名的规律性。

1. 环合与开环反应

图 6-8 绘出电环合与开环反应方式的示意。

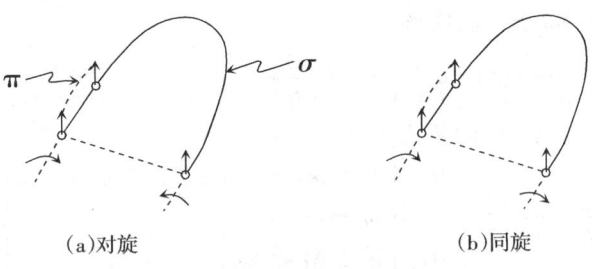

(a)对旋　　　　　　　　(b)同旋

图 6-8　环合反应的两种方式示意

由上节的结果,易知 $\Delta E^{(1)} < 0$ 的条件:
(a) 对旋 $V^\pi < 0, V^\sigma < 0$
(b) 同旋 $V^\pi < 0, V^\sigma > 0$
为了具体些,今举二烯为例说明如下:

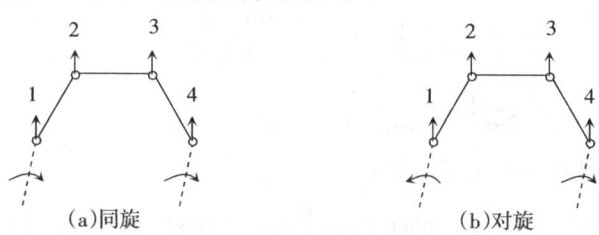

图 6-9　顺丁二烯环合反应方式示意(↑:$2P_Z$ 电子)

$\Delta E = 2V_{14}q_{14}$,进行热反应时在碳原子 1~4 间发生相互作用 V_{14}。有人计算得知 $q_{14} = -0.447$,所以只有 $V^\sigma_{14} > 0$ 时,$\Delta E < 0$(虽然 $V^\pi < 0$)反应方易进行。反之,V^σ 与 V^π 均为负。所以对旋总比同旋更难实现,这与 W-H 规律一致。

2. 环加成反应

今以著名的 Diels-Alder 反应为例说明之:

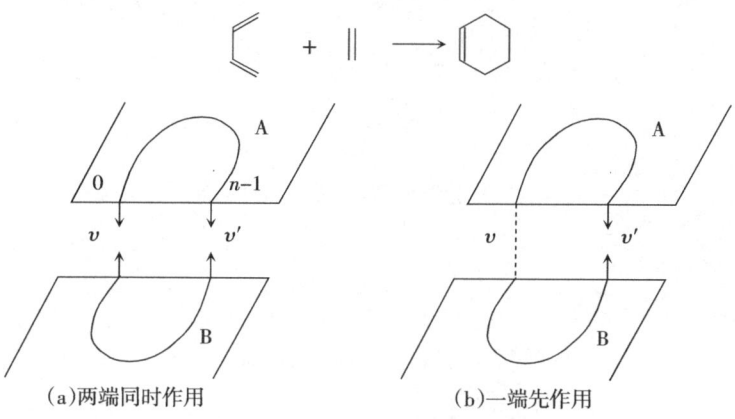

图 6-10　Diels-Alder 反应作用方式示意

A,B 为由 n 个原子构成的同类分子,如(a),两端同时发生作用 v 和 v',则

$$\Delta E = (v^2 + v'^2) \frac{1}{2\pi i} \int_c dz\, {}^nG_0(z){}^nG_{n-1}(z) + 2vv' \frac{1}{2\pi i} \int_c dz\, {}^nG_{0,n-1}{}^2(z)$$

$$= -(v^2 + v'^2) \frac{1}{2\pi i} \int_c d\theta \frac{\sin\theta \sin^2 n\theta}{\sin^2(n+1)\theta} -$$

$$- 2vv' \frac{1}{2\pi i} \int_c d\theta \frac{\sin^3\theta}{\sin^2(n+1)\theta} \tag{6-89}$$

考虑 n 为偶数且 $v = v'$ 时,有:

$$\Delta E = \frac{2(n-2)}{(n+1)^2} \frac{v^2}{\beta} \left\{ \csc\left[\frac{\pi}{2(n+1)} + \csc\frac{3\pi}{2(n+1)}\right] \right\} \tag{6-90}$$

n 为奇数且 $v = v'$ 时,有:

$$\Delta E = \frac{2(n-2)}{(n+1)^2} \cdot \frac{v^2}{\beta} \left\{ \cot\left[\frac{\pi}{2(n+1)} + \cot\frac{3\pi}{2(n+1)}\right] \right\} \tag{6-91}$$

对于具体的分子, $n > 2$, $\beta < 0$,所以由以上二式给出的 ΔE 常为负值。这说明 D‐A 反应容易进行。

但对于(b)情形,即反应分二步进行时,可以得知只有 $M = 4m+2$ 反应容易进行,而 $M = 4m$ 时不易发生。均符合 W‐H 规律。

第七章 再谈 Green 函数

§7-1 尾 声

作为量子化学中的场论方法的初步介绍到此可以结束了。现在是要停下来想一想：我们应当弄清一些什么呢？是一些技巧性的，还是一些观念性的东西？以我的体验，后者似乎更为重要，尤其对于顺着化学量子论大道往前走去是最为重要的。

记得在大学初年级接触量子数、电子波等远离生活的概念颇感陌生而奇特，当时获知了许多量子现象就是化合物性质的自然表露，关于分子结构化学键与性能的关联，都逐渐成为化学活动的不可缺少的内容。今天的大学化学专业，谁能说物质结构的量化学说与方法不是化学的一部分呢？正如百年前热力学之与化学，同样融入化学并壮大了化学。当我们刚刚熟悉如何针对具体化学问题进行量子化学计算与分析，并可对新型材料与药物分子作出分子设计与材料设计时，很少注意到所处在的是坐标与时间的空间里考虑的在单粒子近似下的程序化运作方案 —— 分子轨道从头算法。这在个人计算机普及的今天，只要付出精力与财力似乎所有理论化学问题可得到足够圆满的解决。所以人们往往忽略，或者不愿费力寻找另外的途径，接受另种观念。这可能是许多化学家懒于了解场论方法的主观障阻吧。作为多体问题，当然化学体系是明显的。于是在物理，尤其是凝聚态体系当是典型的多体问题。例如，一块金属、固态矿物或玻璃态物体等，它们的许多性质，如电、磁、光、热等，均系巨大数量准粒子的行为所致。这些准粒子包括了场量子化所生成的光子、声子、激子等。量子力学初始观念之一是粒子的波动性，在 Schrödinger 表象下处理的大量化学问题是粒子数不变的体系，这就所谓的"一次量子化"。而波作为场的一种形式量子化后将产生或湮灭粒子，使得我们对真空态概念应有新的认识。所谓"真空"，并不是绝对无物质的，场的量子化可使真空态产生粒子，或使粒子态湮灭成为真空态，这实质上就是 Einstein 能质定律的表现。按此定律无实物的真空态具有能量，它可以演化为粒子，而实物粒子也可演化成光子（能量准粒子）。这就是二次量子化。在一次量子化，Schrödinger 的量子力学中激发态意指 MO 中由一种态 Ψ_i 跃迁到另一种态 Ψ_i^*（常在能量上高于前者）。而在二次量子化中，称此电子在 ϕ_i 中湮灭而在 ϕ_j^* 态中产生。对于分子，若闭壳层结构的基态为真空，则分子的激发态是电子从真空飞出同时在真空中出现正电荷的空穴态从而形成电子 — 空穴对。因此，在二次量子化中产生湮灭算符是基本的量。由于一大类多体问题粒子数是可变的，因此 Schrödinger 表象将被粒子数表象所取代。

为了使这一看法更为具体化，不妨举弹性波场量子化生成声子的例子说明如下：

二原子分子弹性振动体系，其 Hamilton 算符 $\hat{H} = \dfrac{\hat{P}^2}{2m} + \dfrac{k}{2}r^2$，式中

$$\hat{P} = \frac{h}{2\pi i}\frac{\partial}{\partial r} \tag{7-1}$$

相应的波方程式：

$$\hat{H}\psi_n = E_n\psi_n \tag{7-2}$$

这是坐标表象的谐振子运动的 Schrödinger 方程。解之可得

$$E_n = h\gamma\left(n + \frac{1}{2}\right) \tag{7-3}$$

式中 γ 是振动频率，弹力常数 $k = 4\pi^2 m\gamma^2$。

这一套是我们熟悉的一次量子化（即粒子波性）方案。

取参量 $\hat{\xi} = \sqrt{\dfrac{k}{h\gamma}}r, \hat{\eta} = \dfrac{\hat{P}}{\sqrt{h\gamma m}} = -\dfrac{i\partial}{\partial \xi}$ \hfill (7 - 4)

则有 $\hat{H} = \dfrac{h\gamma}{2}(\hat{\eta}^2 + \hat{\xi}^2) = \dfrac{h\gamma}{2}(-\dfrac{d^2}{d\xi^2} + \hat{\xi}^2)$ \hfill (7 - 5)

可得 $\begin{cases} \hat{\xi}\psi_n = \sqrt{\dfrac{n}{2}}\psi_{n-1} + \sqrt{\dfrac{n+1}{2}}\psi_{n+1} \\ \dfrac{d}{d\xi}\psi_n = \sqrt{\dfrac{n}{2}}\psi_{n-1} - \sqrt{\dfrac{n+1}{2}}\psi_{n+1} \end{cases}$ \hfill (7 - 6)

引入算符 $\begin{cases} \hat{a}^+ = \dfrac{1}{\sqrt{2}}(\xi - \dfrac{d}{d\xi}) = \dfrac{1}{\sqrt{2}}(\xi + i\hat{\eta}) & (7 - 7a)\\ \hat{a} = \dfrac{1}{\sqrt{2}}(\xi + \dfrac{d}{d\xi}) = \dfrac{1}{\sqrt{2}}(\xi - i\hat{\eta}) & (7 - 7b) \end{cases}$

由(7 - 6)式可得：

$\hat{a}^+ \psi_n = \sqrt{n+1}\psi_{n+1}$ \hfill (7 - 8)

$\hat{a}\psi_n = \sqrt{n}\psi_{n-1}$ \hfill (7 - 9)

$\hat{a}\hat{a}^+\psi_n = a\sqrt{n+1}\psi_{n+1} = (n+1)\psi_n$ \hfill (7 - 10)

$\hat{a}^+\hat{a}\psi_n = \hat{a}^+\sqrt{n}\psi_{n-1} = n\psi_n$ \hfill (7 - 11)

$(\hat{a}\hat{a}^+ - \hat{a}^+\hat{a})\psi_n = \psi_n$ \hfill (7 - 12)

(7 - 8)式表示，以 $\hat{a}^+$ 作用于能量为 $h\gamma(n+\dfrac{1}{2})$ 的态 ψ_n 得出能量为 $h\gamma$ 的态 ψ_{n+1}，即 $\hat{a}^+$ 乃能量 $h\gamma$ 的产生算符。因为光乃是能量为 $h\gamma$ 的粒子——光子，这里 $h\gamma$ 乃振动能 $h\gamma$ 的声子。于是可知 ψ_n 代表 n 个声子，ψ_{n+1} 为有$(n+1)$个声子的态。同样可知 $\hat{a}$ 乃湮(消)灭声子的算符，称为"湮灭算符"。$\hat{a}^+$ 与 $\hat{a}$ 是场论中基本算符。在具体运用时，只须知道 $\hat{a}^+$ 与 $\hat{a}$ 的对易关系即可，对于 Bose 粒子有

$\hat{a}\hat{a}^+ - \hat{a}^+\hat{a} = 1$ \hfill (7 - 13)

于是谐振子的 Hamiltonian 为

$\hat{H} = \dfrac{h\gamma}{2}(\hat{\eta}^2 + \hat{\xi}^2) = \dfrac{h\gamma}{2}(\hat{a}^+ a + a\hat{a}^+)$

或 $\hat{H} = \frac{h\gamma}{2}(\hat{a}^+ \hat{a} + 1 + \hat{a}^+ \hat{a}) = h\gamma(\hat{a}^+ \hat{a} + \frac{1}{2})$ （7 - 14）

与(7 - 3)式对比之,可得知:

$$\hat{a}^+ \hat{a} = n \qquad (7-15)$$

可知 $\hat{a}^+ \hat{a}$ 是与粒子数 n 对应的算符。

$$\hat{a}^+ \hat{a} \equiv \hat{n} \quad \text{称为"粒子数算符"}。 \qquad (7-16)$$

于是(7 - 14)式的 $\hat{H}$ 的表示可称为"数表示"。一般地,用产生与湮灭算符表示的 Hamiltonian 称为"$\hat{H}$ 的二次量子化"。可见,量子化学中先在确定电子数后求量子态的做法为一次量子化,而在二次量子化中电子数是可变的,是其一大特点。

用 Dirac 记号,真空态为 $|0\rangle$,含 k 个声子的态为 $|k\rangle$。在场论中这种态称为"占有数表示"。于是有

$$\hat{a}^+ |0\rangle = |1\rangle \qquad (7-17)$$

是很简明的。在化学中重要的常常是价电子的行为。电子为具有半整数自旋($\frac{1}{2}$)的 Fermi 粒子。多数 Fermi 粒子的分布行为服从 Pauli 原理,所以多 Fermi 粒子体系的波函数关于粒子坐标交换是反对称的。对于有 $2m$ 个电子的基态,其电子组态为 $(\psi_1)^2(\psi_2)^2\cdots(\psi_m)^2$,其中 ψ_i 为第 i 个 MO。对应的分子波函数 ψ 以 Slater 行列式表示时为

$$\psi_0 = det | \psi_1 \overline{\psi}_1 \psi_2 \overline{\psi}_2 \cdots \psi_m \overline{\psi}_m | \qquad (7-18)$$

式中 ψ_i 与 $\overline{\psi}_i$ 各为自旋为 α 与 β 的自旋轨道函数。用占有数表示作(7 - 18)式可表作:

$$|HF\rangle = |l_1, l_2, l_3, \cdots, l_{2m}\rangle \qquad (7-19)$$

式中 l_i 代表在态 ψ_i 中有一个电子。这里 $|HF\rangle$ 代表求解 Hartree - Fock - Roothaan 方程得出的 MO,即有电子占据的 HF - MO 的基态。如果使用产生算符,则上式又可表作:

$$|l_1, l_2, \cdots, l_{2m}\rangle = \hat{a}_1^+ \hat{a}_2^+ \cdots \hat{a}_{2m}^+ |O_1, O_2, \cdots, O_{2m}\rangle \qquad (7-20)$$

为得知 $\hat{a}_i^+, \hat{a}_j$ 等的交换关系,为简明可通过二电子系去做。

第七章 再谈 Green 函数

$$|l_1, l_2\rangle = \hat{a}_1^+ \hat{a}_2^+ |O_1, O_2\rangle = -\hat{a}_2^+ \hat{a}_1^+ |O_1, O_2\rangle$$

由此可得

$$(\hat{a}_1^+ \hat{a}_2^+ + \hat{a}_2^+ \hat{a}_1^+)|O_1, O_2\rangle = 0 \quad (7-21\text{a})$$

或

$$\hat{a}_1^+ \hat{a}_2^+ + \hat{a}_2^+ \hat{a}_1^+ = 0 \quad (7-21\text{b})$$

可见 Fermi 子系与 Bose 子系 $\hat{a}_i^+, \hat{a}_j$ 的交换关系不同。对 Fermi 子系，反交换关系如下：

$$\left.\begin{array}{l}\{\hat{a}_i^+, \hat{a}_j^+\} = \hat{a}_i^+ \hat{a}_j^+ + \hat{a}_j^+ \hat{a}_i^+ = 0 \\ \{\hat{a}_i, \hat{a}_j\} = \hat{a}_i \hat{a}_j + \hat{a}_j \hat{a}_i = 0 \\ \{\hat{a}_i, \hat{a}_j^+\} = \hat{a}_i \hat{a}_j^+ + \hat{a}_j^+ \hat{a}_i = \delta_{ij}\begin{pmatrix}i=j \text{ 时为 } 1 \\ i \neq j \text{ 时为 } 0\end{pmatrix}\end{array}\right\} \quad (7-22)$$

与 Bose 子（声子）情形同样，有占据数算符为

$$\hat{a}_i^+ \hat{a}_i = \hat{n}_i \quad (7-23)$$

在指定包含自旋的粒子态时，对于 Fermi 粒子 n_i 只能取值为 0 或 1（按 Pauli 原理），相当于分子 MO 中的最高占据轨道（HOMO），场论中是 Fermi 能级，以 ε_F 记之。在 Fermi 能级 ε_F 以下均已被电子充满，是体系的基态，可称之为"真空态"或"Fermi 真空"。对于分子而言真空态并非空无物质的态而是填满了电子的态。故而分子的激发态即由电子的占据态 MO 移出电子跃迁到未占据的态。从 Fermi 真空角度来看则是电子从真空发射出去移入比 ε_F 更高的能级。与此过程同时，在 Fermi 真空中产生一个正电荷的空孔（相当于占据 MO 中有一个电子消失了）而在空能级产生一个带负电荷的电子。可见，分子的激发态乃形成电子 — 空孔（空穴 hole）对所致。在 ε_i 能级处消失一个电子同时出现在空穴中，此过程的能为 $\varepsilon^{\text{hole}}$，而有下关系：

$$\varepsilon^{\text{hole}} = -\varepsilon_i \quad (7-24)$$

由于电子自旋有 ↑ 与 ↓ 之分，故电子与空穴也是相配的。ε_F 以下的各能级以 $i, j, k, \cdots$ 记之，ε_F 以上的以 $\alpha, \beta, \gamma, \cdots$ 记之，则 $i \to \alpha$ 产生单电子激发态（电子 — 空穴对）以 $|1_i^\alpha\rangle$ 记之。它可由产生、湮灭算符作用表示如下，即：

$$\hat{a}_\alpha^+ \hat{a}_i | 0 \rangle = | 1_i^\alpha \rangle \tag{7-25}$$

式中 $|0\rangle$ 为基态，$|1_i^\alpha\rangle$ 为电子 — 空穴对。于是可定义新的产生算符（即电子 — 空穴对的产生算符）$c_{i\alpha}$：

$$\hat{c}_{i\alpha}^+ \equiv \hat{a}_\alpha^+ \hat{a}_i \tag{7-26}$$

因为激发态能量上是不稳定的，经一定时间寿命即失，便崩坏了又回到基态，此即 $\left|\begin{array}{c}\alpha\\i\end{array}\right\rangle$ 被湮灭。于是可定义新的湮灭算符 $\hat{c}_{i\alpha}$ 为

$$\hat{c}_{i\alpha} = \hat{a}_i^+ \hat{a}_\alpha \tag{7-27}$$

由于 $|0\rangle$ 与 $|1_i^\alpha\rangle$ 均为自旋是 0 或 1 的态，所以 $\hat{c}_{i\alpha}^+$ 与 $\hat{c}_{i\alpha}$ 必满足 Bose 粒子的交换关系。

若从另一角度看 $|1_i^\alpha\rangle$ 的湮灭，即为空穴 i 湮灭了同时空穴 α 产生了。所以可用 $\hat{b}_i^+$ 与 $\hat{b}_i$ 代表空穴的产生与湮灭更为合适些。又由于空穴与电子是同伴而生灭的关系，所以 $\hat{b}_i^+$，$\hat{b}_i$ 与 $\hat{a}_i^+$，$\hat{a}_i$ 应当具有相同的反交换关系存在，即

$$\{\hat{b}_i, \hat{b}_j^+\} = \delta_{ij}$$
$$\{\hat{b}_i^+, \hat{b}_j^+\} = 0$$
$$\{\hat{b}_i, \hat{b}_j\} = 0 \tag{7-28}$$

由上可知，按量子场论来讨论分子的电子状态时，必需对于上述六种产生、湮灭算符（$\hat{a}_i^+$，$\hat{a}_i$；$\hat{b}_i^+$，$\hat{b}_i$；$\hat{c}_{i\alpha}^+$，$\hat{c}_{i\alpha}$）的性质有所了解才行。

场论方法对于量子化学的应用，不仅能清楚地表述电子间的相互作用，而且扩大与深化概念可能突破原框架发现新规则。例如，对于凝聚态的许多重要性质，如超电导、超流动等问题，靠求解 Schrödinger 方程的老框架是理解不了的。场论方法实为多体问题的重要而有力的手段，可以期待对量化也会有突进的。

至此似乎对于一位理论化学有兴趣的初学者来说，在理论化学方法的层面上看来已达到一定的高度了，虽然关于 G.F. 对分子光谱学与统计化学等方面课题的应用并未提及，但有了前面的基础是容易理解与运用

的。所以，余下的任务是熟悉与习用场论方法，可以选出一些题目去做。我相信你们会逐步迈入现代理论化学创新行列的。如果这本小书对于初学者真能起到一定引导作用的话，我的愿望已达到，几十年前个人的些许研读笔记不是白花费了精力。

"学而后知不足"，在此愿向各位再作建言，这也是我在做的，望共勉之。

在前述基础之上，场论方法的作用尚颇深远。许多重要课题均未提及，如时间G.F.、温度G.F.等，均须补足之外，我认为最应关注的有两个方面，那就是：Feynman图法与G.F.，量子力学路线积分表示与G.F.。作为本书最后的两小节，略作概述，以引起深入精学的兴趣。它即是本书的结尾，也是新章的开头。希望在这些领域会有更多的青年学者熟悉它，并用自己的工作加入其中。

20世纪最杰出的物理学家P.R.Feynman的重大贡献之一就是创建了量子力学理论体系的另一种表述方式——路线积分，还有使复杂相互作用的场论处理更加简明的Feynman图法。它在理论架构上与运算技巧上开创了全新的领域，尤其在方法论上对后人的启迪是极为深远的。笔者多年前抱着渴求的心情在学习，至今虽仍知之颇少，但赞叹之感日益加深。下面作些粗浅介绍，欲系统深学这方面知识的可以熟读专书。按笔者所好，推荐两书：

R. P. Feynman, A. R. Hibbs. Quantum mechanics and path integrals〔M〕. New York：Mcgraw - Hill, 1965.（有中文译本）

R. D. Mattuck. A guide to Feynman diagrams in the many-body problem：2nd ed. 〔M〕. New York：McGraw-Hill international book company, 1976.

§7 - 2 Green 函数与 Feynman 图

在化学反应中价电子起决定性作用。由于电子间的相互作用很复杂，用通常量化方法严格求解 H_2 分子（二电子系）已不可能，更不要说对于高分子与超分子体系了。幸而，从实测角度看，许多分子系的性质乃多电子在核场中的平均行为的结果。如前述，在量子场论中，电子由一状态 (t_1, r_1) 经复杂作用变为另一状态 (t_2, r_2) 可以用一函数来描述之，即 Green 函数（或传播函数 Propagator）。

若某电子由在时刻 t_1、位置 r_1 中间经过复杂的作用后到达 r_2 的时刻为 t_2，实现的概率 $P(r_2, r_1)$ 可用粗直线〔图 7 - 1(a)〕表示之：

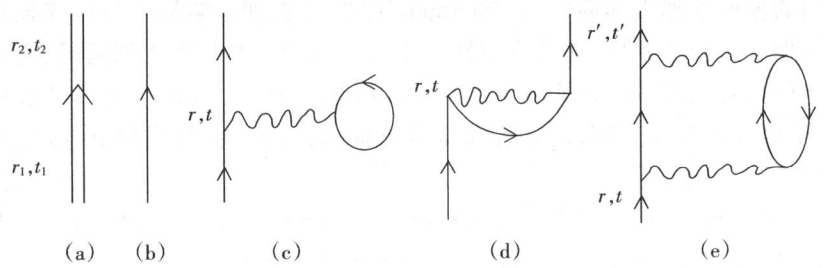

图 7 - 1 Feynman 位置时间图

电子由 $(r_1, t_1) \longleftrightarrow (r_2, t_2)$ 的过程中可以经历如下各种相互作用：
(i) 无相互作用，自由传播〔图 7 - 1(b)〕
(ii) 在途中与其他电子发生 Coulomb 作用 V_1〔图 7 - 1(c)〕
(iii) 在途中与其他电子发生交换相互作用 V_2〔图 7 - 1(d)〕
(iv) 由于相互作用电子被激发产生电子 — 空穴对此为极化效应。（图 7 - 2）

电子用实线表示，实线称为"粒子线"（particle line），反粒子（空穴）

也用实线表示但方向与电子线相反。在相互作用时有能量、动量的变化，故用波线表示，代表声子方向。

今以图 7-2 详细说明 Feynman 图的含意。

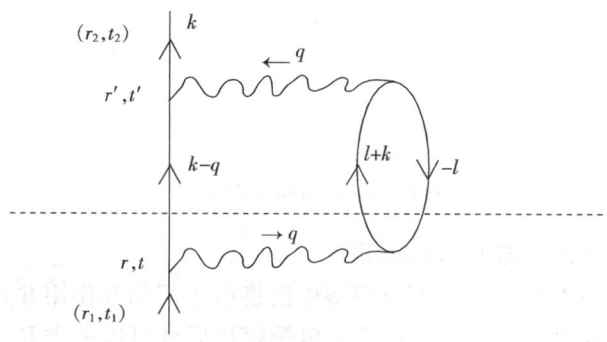

图 7-2 极化相互作用 Feynman 图

图中有 4 条粒子线、1 条空穴线与 2 条相互作用的波线构成，即电子在始态 (r_1, t_1) 动量为 k，经时间 t 在 r 处与其他电子碰撞失去动量 q 而以 $k-q$ 的动量向 r' 方向前进。具有动量 q 的电子由低于 Fermi 能级（虚线）的状态 l 跃向高于 ε_F 的状态 $(l+q)$，并向 r' 方向前进。同时在状态 l 产生空穴。在时间 t 与 t' 之间出现动量为 $(k-q)$ 与 $(l+q)$ 两个电子与动量为 $(-l)$ 的空穴一个。在时刻 t'，动量为 $(l+q)$ 的电子放出 q 返回原状态 l。同时动量为 $(k-q)$ 的电子又获得 q 而为 k。同时空穴 $(-l)$ 便消失了。Feynman 图要求随时满足动量守恒即可。有始态与终态的线称为"外线"，其他（内侧的）为内线。F-图中的波线条数为次数，如上图是二次 F-图。而图 7-1 中(b)为零次的，(c)为一次的，等等。

有了上述一些 F-图的元件，则电子态的变迁（有相互作用的）过程可以图示如下：

当然，以上 F-图应是无限项之和。

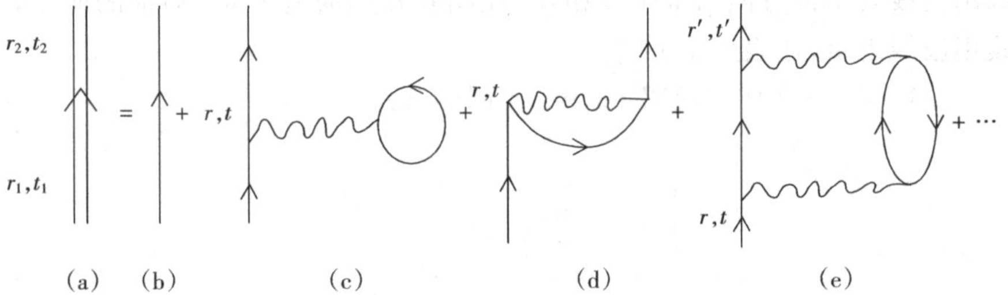

图 7-3 Feynman 图示意

1. 分子轨道法与 Feynman 图

在简单的 MO 法——HMO 模型中已将电子间相互作用并入参量 α 与 β 中了。对此与固体电子论中的自由电子模型同样可以一类 F-图形表示之。这种在有效势场中的"自由"电子的传播可以图 7-1 中的(b),即 HMO(↑) 表记之。

在自洽场的 Hartree-Fock 近似中,占据 MO 中电子间的 Coulomb 排斥能为

$$V_{klkl} = \iint \psi_k^*(1)\psi_l^*(2)(\frac{e^2}{r_{12}})\psi_k(1)\psi_l(2)dl_1dl_2$$

可用以下 Feynman 图描述:

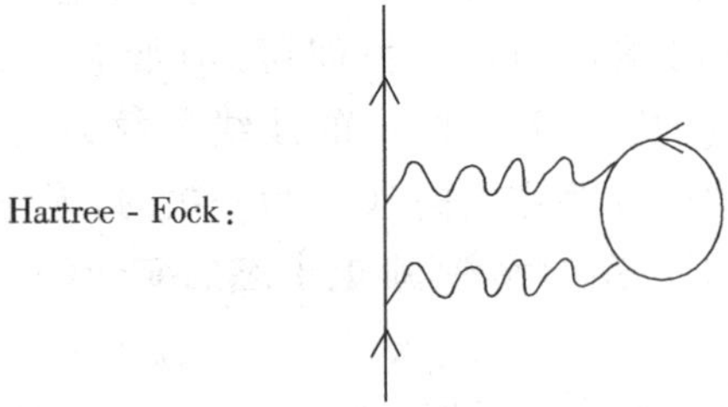

Hartree-Fock:

图 7-4

用此图代表下列可能的 Coulomb 相互作用：

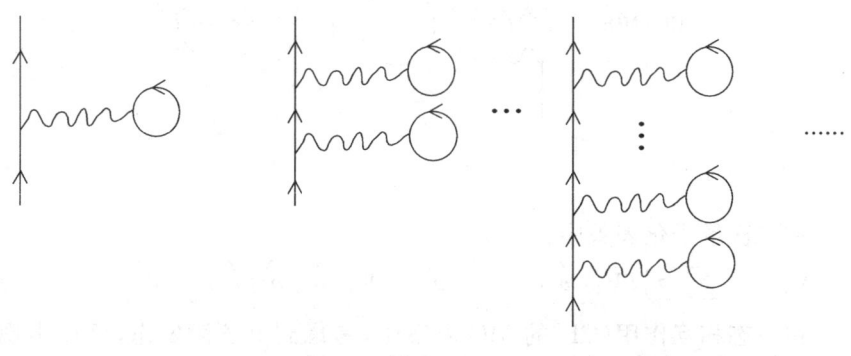

图 7 - 5

使用产生与湮灭算符 $\hat{a}^+, \hat{a}$ 时，Coulomb 相互作用 V_{col} 为
$$V_{col} = \sum_k \sum_l V_{klkl} \hat{a}_l^+ \hat{a}_k^+ \hat{a}_k \hat{a}_l$$

此外，在量子化学计算中还常出现的交换作用与极化作用的 F - 图为

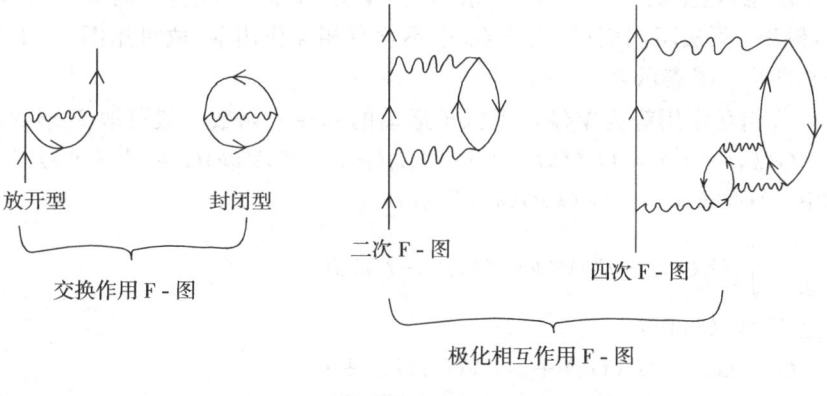

图 7 - 6

在 Hartree - Fock - Roothann 方案中，由于存在着 Coulomb 势与交换势 ($V_{klkl} - \frac{1}{2} V_{kllk}$)，所以在 SCF - MO 法中出现如下的 Feynman 图：

SCF - MO: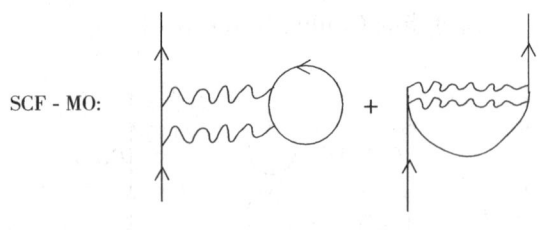

图 7 - 7

在二次量子化表象中：
$$V_{HF} = \sum_k \sum_l [V_{klkl} \hat{a}_l^+ \hat{a}_k^+ \hat{a}_k \hat{a}_l - V_{lkkl} \hat{a}_k^+ \hat{a}_l^+ \hat{a}_k \hat{a}_l]$$

在组态相互作用(CI) 的 MO 方案中，考虑到电子激发态，所以出现场论中极化作用的 Feynman 图。

2. Green 函数法与 Feynman 图

R. P. Feynman 提出将 Green 函数用图形表示。不同的 G. F. 对应有各种 F - 图形，反过来由特定的 F - 图形还可以写出相应的表达式。

零级 Green 函数：$G_0(r_1,t), G_0(k,t)$ 或 $G_0(k,\omega)$。

注意，这里的零级 G. F. 所采用的（坐标，时间）、（动量，时间）或（动量，频率）写法不同而已。由于 G_0 中不含有相互作用项，故可用图 7 - 1 中 (b) 的 F - 图表示之。

若相互作用势为 $V(k)$，则粒子运动的 Green 函数一般可取 F 形式：
$$G(k,t-t') = G_0(k,t-t') + \langle G_0(k,t-t'')V(k)G(k,t''-t') \rangle$$
其中 $\langle G_0(k,t-t'')V(k)G(k,t''-t) \rangle$
$$= \int_0^\infty \langle G_0(k,t-t'')V(k)G(k,t''-t') \rangle dt''$$
于是 G 可以写作：
$$G \equiv G_0 + \langle G_0 V G_0 \rangle + \langle G_0 V G_0 V G_0 \rangle + \cdots$$
则上式右侧第二项、第三项与一次、二次 F - 图对应。

在 Hartree - Fock 方案中的 G. F. 为
$$G = \sum_{m=0}^{\infty} = 0 G_0^+ (\tilde{V} G_0^+)^m = \frac{G_0^+}{1 - \tilde{V} G_0^+} = \frac{1}{(G_0^+)^{-1} - \tilde{V}} = \frac{1}{\omega - \varepsilon_k - \tilde{V}}$$

且 Hartree 能量 $\varepsilon = \varepsilon_k - \widetilde{V}$。

关于 Green 函数的微扰展开：

$$\begin{aligned} G &= G_0 + G_0VG_0 + G_0VG_0VG_0 + \cdots \\ &= G_0 + G_0V(G_0 + G_0VG_0 + \cdots) \\ &= G_0 + G_0VG_0 \end{aligned}$$

或 $G = (1 - G_0V)^{-1}G_0 = (G_0^{-1} - V)^{-1}$

对应的 Feynman 图形为图 7 - 8。

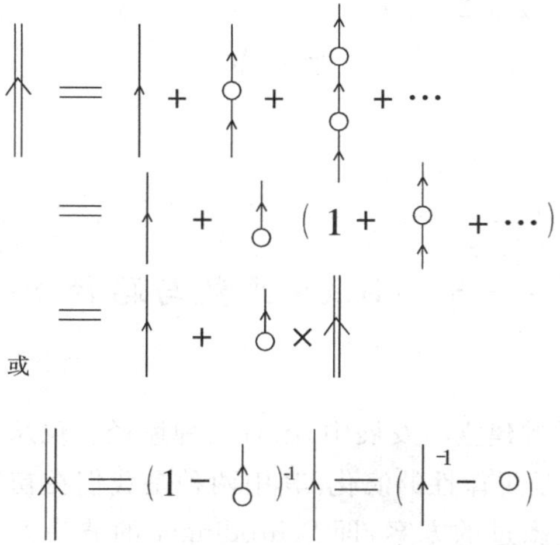

图 7 - 8

著名的 Dyson 方程式(动量 k,频率 ω 空间)：

$$G(k,\omega) = \frac{1}{\omega - \varepsilon_k - \sum(k,\omega) + i\delta}$$

其矩阵形为

$$\begin{aligned} G &= G_0 + G^0 \sum G \\ &= (1 - G_0 \sum)^{-1}G_0 = (G_0^{-1} - \sum)^{-1} \end{aligned}$$

对应的 Feynman 图为图 7 - 9。

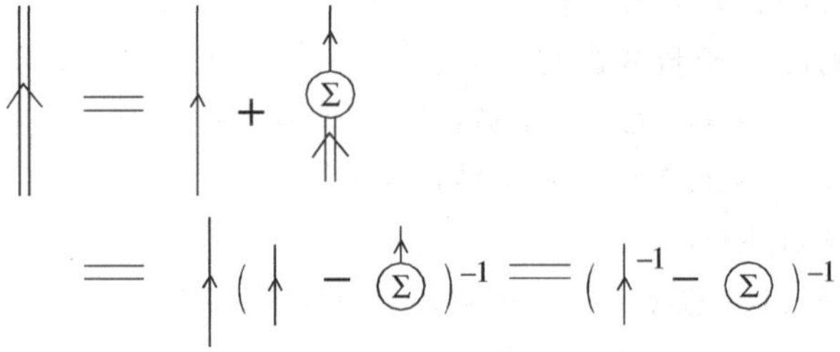

其中 $\Sigma = \Sigma_{(1)} + \Sigma_{(2)} + \Sigma_{(3)} + \cdots$

图 7-9

§7-3　Green 函数与路径积分

在量子力学的建立与发展中,已有三种途径实现从物质的经典力学规律性向量子力学规律性的演化。其中两种是我们在初等量子物理与化学中已经比较熟悉过的方案,即 Schrödinger 的波动力学与 Heisenberg 的矩阵力学。在这些早在 20 世纪的 20 年代就已建立并已在原子、分子体系广泛应用,可以说已成为量子物理与量子化学领域的主流思想与方法了。在 20 世纪 40 年代 R. P. Feynman 创建的量子力学的第三种架构,给我们一种全新的视野并逐渐在量子场论相对性量子力学与统计物理等领域显示出它的优越性,在凝聚态体系尤为突出,已成为化学物理与理论化学工作者所必备的工具之一。

由于路径积分的核心——传播函数(Propargetro)就是一类 Green 函数,所以在本书之末,对其作一简述,以引起热心者的关注,并希望有更多的人系统地了解与掌握这一有力工具,使其在化学多体问题中有更多的运用。

这里不讲述 Feynman 路径积分法产生的思想背景,只能简要说明它与前述 Green 函数间的联系,以扩展思路与演用范围。

为此,先介绍 Feynman 的量子力学架构中传播函数(简称"传播子")的概念。

已知一量子体系的状态 $|\psi(t)\rangle$ 随时间的演化服从含时 Schrödinger 方程式:

$$i\hbar \frac{\partial}{\partial t}\psi(t) = \hat{H}\psi(t) \tag{7-29}$$

设若在时刻 t_1 体系的波函数为 $\psi(t_1)$,在 t_2 时($t_2 > t_1 > 1$)体系的态变为 $\psi(t_2)$,于是态随时间的演化由如下式子给出:

$$|\psi(t_2)\rangle = U(t_2 t_1)|\psi(t_1)\rangle \tag{7-30}$$

式中 $U(t_1 t_2) = exp\left[-\frac{i}{\hbar}\hat{H}(t_1 - t_2)\right]$ \hfill (7-31)

称为"时间演化算符"。

今考虑体系作一维(沿 χ)运动。设在 t_1 时粒子的波函数为 $\psi(\chi_1, t_1)$,达到时间 t_2 粒子的态变为

$$\begin{aligned}
\psi(\chi_2 t_2) &= \langle \chi_2 | \psi(t_2) \rangle = \langle \chi_2 | U(t_2, t_1) | \psi(t_1) \rangle \\
&= \int d\chi_1 \langle \chi_2 | U(t_2, t_1) | \chi_1 \rangle \langle \chi_1 | \psi(t_1) \rangle \\
&= \int d\chi_1 \langle \chi_2 | U(t_2, t_1) | \chi_1 \rangle \psi(\chi_1, t_1) \\
&= \int d\chi_1 K(\chi_2 t_2, \chi_1 t_1) \psi(\chi_1, t_1)
\end{aligned} \tag{7-32}$$

式中 $K(\chi_2 t_2, \chi_1 t_1) = \langle \chi_2 | U(t_2, t_1) | \chi_1 \rangle$ \hfill (7-33)

称为"传播函数"(或"核"),实际上它是时间演化算符 $\hat{U}$ 在坐标表象下的矩阵元。(7-32)式记述了,态 $\psi(\chi_2, t_2)$ 是从何时在何处传播来的、是怎样传播来的等信息。

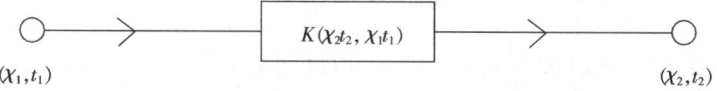

下面由一特例说明传播函数的物理意义。若取量子态的在时刻 t_1 于

定点 χ_1 的波函数 $\psi(\chi_2, t_1) = \delta(\chi_1 - \chi_0)\delta_{t_1 t_0}$,则于 t_2 时在定点位置 χ_2 的波函数 $\psi(\chi_2, t_2) = K(\chi_2 t_2, \chi_0 t_0)$。意即传播函数是粒子从 t_0 时处在 χ_0 的位置演化到 t_2 时在 χ_2 的位置的概率波振幅。若对于(7-32)式从空间坐标 χ_0 到 χ_2 作积分时,积分的路径可以有无穷多条,每一条路径都将对最后结果的概率波振幅有贡献,此即路径积分。

今将(7-31)式代入(7-33)式中,得出:

$$K(\chi_2 t_2, \chi_1 t_1) = \langle \chi_2 t_2 | \chi_1 t_1 \rangle \tag{7-34}$$

式中 $\left. \begin{array}{l} |\chi_1 t_1\rangle = exp\left(\frac{i}{\hbar}\hat{H}t_1\right)|\chi_1\rangle \\ |\chi_2 t_2\rangle = exp\left(\frac{i}{\hbar}\hat{H}t_2\right)|\chi_2\rangle \end{array} \right\} \tag{7-35}$

(7-34)式为传播函数的另一种表示。

容易证明,$|\chi_1 t_1\rangle$ 是 Heisenberg 图景中的算符 $x(t_1) = exp(\frac{i}{\hbar}\hat{H}t_1)x exp-(\frac{i}{\hbar}\hat{H}t_1)$ 的本征态,对应的本征值为 χ_1;同样,$|\chi_2 t_2\rangle$ 是算符 $x(t_2) = exp(\frac{i}{\hbar}\hat{H}t_2)x exp(-\frac{i}{\hbar}\hat{H}t_2)$ 本征值为 χ_2 的本征态。其物理意义分别是:在 t_1 与 t_2 时刻粒子肯定处在位置 x_1 与 x_2 处的状态。可见传播函数 K 就是粒子在这两个状态间演化时的变转函数。表示粒子从时空点 (x_1, t_1) 处运动到 (x_2, t_2) 处的概率波振幅。显然,传播函数 K 满足 Schrödinger 方程式,即

$$i\hbar\frac{\partial}{\partial t}K(xt, x_1 t_1) = \hat{H}(x, p)K(xt, x_1 t_1) \tag{7-36}$$

与初始条件 $K(xt_1, x_1 t_1) = \delta(x - x_1)$ (7-37)

对此可简单证明如下:

(7-33)式对 t 求微分后,并将 $i\hbar\frac{d}{dt}U = \hat{H}U$ 代入得出:

$$i\hbar\frac{\partial}{\partial t}K = \langle x | i\hbar\frac{dU}{dt} | x_0 \rangle = \langle x | \hat{H}\hat{U} | x_0 \rangle$$
$$= \int dx' \langle x | \hat{H} | x' \rangle \langle x' | \hat{U} | x_0 \rangle$$

注意到 $\langle x|\hat{H}|x'\rangle = \hat{H}(x,\hat{P},)\delta(x-x')$，最后得(7 - 36)式。

如将时间段 $(t-t_0)$ 分割 N 份，并令 $N\to\infty$，有 $t_{k+1}-t_k = (t-t_0)/(N+1) = \varepsilon$。

ε 是一趋于无穷小的量，经过一些推演之后可以得出传播函数的路径积分表示式：

$$K \equiv \langle x,t|\chi_0 t_0\rangle = \int exp\left\{\frac{i}{\hbar}I[x(t)]\right\}Dx(t) \tag{7-38}$$

式中，作用量 $I[(x(t))] = \int_{t_0}^{t} L(x,\dot{x})dt \tag{7-39}$

$[L(\text{为 Lagrange 函数}) = \frac{1}{2}m\dot{x}^2 - V(x)]$

$$Dx(t) = \sqrt{\frac{\mu}{2\pi i\hbar\varepsilon}}\prod_{k=1}^{N}\left\{\sqrt{\frac{\mu}{2\pi i\hbar\varepsilon}}dx_k\right\} \tag{7-40}$$

由上式若求出传播函数 K，则可利用(7 - 32)式的关系计算得到相应的波函数，这实际上是将求解 Schrödinger 方程式的问题归结为求算 K 函数的路径积分问题了。

Feynman 将此作为基本假定，即路径积分量子化，从而建构起量子力学的第三种理论框架。

下面简单说明传播函数 K 与 Green 函数的关联。考虑如下定义的 Green 函数，即非齐次方程式的解：

$$(i\hbar\frac{\partial}{\partial t} - \hat{H})G(x't',xt)\delta(x-x')\delta(t-t') \tag{7-41}$$

可经验证，它的解为

$$G(x't',xt) = -\frac{i}{\hbar}\sum_n \psi_n(x')\psi_n^*(x')$$
$$exp\left[-\frac{i}{\hbar}E_n(t'-t)\right]\theta(t'-t) \tag{7-42}$$

式中，$\{\psi_m(x)\}$ 为能量的本征函数集合，即
$$\psi_m(x) = \langle x|E_n\rangle \tag{7-43}$$

$\theta(t'-t)$ 为阶梯函数，满足：

$$\theta(t'-t) = \begin{cases} 1 & (t'>t) \\ 0 & (t'<t) \end{cases} \tag{7-44}$$

同时,前述传播函数 K 可以展开如下:

$$K(x't',xt) = \langle x't'|xt\rangle = \langle x'|exp\left[-\frac{i}{\hbar}\hat{H}(t'-t)\right]x\rangle$$

$$= \sum_{n,m'}\langle x'|E_{n'}\rangle\langle E_{n'}|exp\left[-\frac{i}{\hbar}\hat{H}(t'-t)\right]|En'\rangle\langle E_{n'}|x\rangle$$

$$= \sum_{n}\psi_n(x')\psi_n^*(x')$$

$$exp\left[-\frac{i}{\hbar}E_{n'}(t'-t)\right] \quad (t'>t) \tag{7-45}$$

对比(7-42)式与(7-45)式,可知 G.F. 与传播函数 K 间存在如下关系:

$$G(x't',xt) = -\frac{i}{\hbar}K(x't',xt)\theta(t'-t) \tag{7-46}$$

可见它们之间的物理含意相同,只差一个常数因子。

下面作为一个简单例子,给出自由粒子系的传播子 K:

自由粒子系的 Hamilton 算符 $\hat{H} = \frac{\hat{P}^2}{2m}$ 能级的简并度为无穷大。由于动量 $\vec{P}$ 为守恒量,故能量本征态可表示 $\vec{P}(P_x,P_y,P_z)$ 的共同本征态,即能量 $\frac{\hat{P}^2}{2m}$ 的各简并态可以用动量本征值区别之,即

$$\psi_p(\vec{r},t) = \frac{1}{(2\pi\hbar)^{3/2}}exp\left[i(\vec{P}\cdot\vec{r} - \frac{\hat{P}^2}{2m}t)/\hbar\right]$$

$$= \psi_p(\vec{r})exp[-ip^2t/2m\hbar]$$

于是自由粒子系的传播函数 K 如下:

$$K(r'',t'',r't') = \langle r''|exp[-i\hat{H}(t''-t')/\hbar]|r'\rangle$$

$$= \int d^3p\langle r''|p\rangle\langle|pexp[-iP^2(t''-t')/2m\hbar]|r'\rangle$$

$$= \int d^3p\psi_p(r'')e^{-iP^2(t''-t')/2m\hbar}\langle p|r'\rangle$$

$$= \int d^3p\psi_p^*(r')e^{iP^2(t')/2m\hbar}\cdot\psi_p(r'')e^{-iP^2t''/2m\hbar}$$

$$= \int d^3p\psi_p^*(r',t')\psi_p(r'',t'')$$

$$= \frac{1}{(2\pi\hbar)^3}\int d^3p\, exp$$
$$\left[\frac{i}{\hbar}(\vec{P}\cdot(\vec{r''}-\vec{r'}))-\frac{p^2}{2m}(t''-t'))\right]$$

积分之，得到：

$$K(r''t'',r't') = \left[\frac{m}{2\pi\hbar i(t''-t')}\right]^{3/2} exp\left[\frac{im(r''-r')}{2\hbar(t''-t')}\right] \quad (7-47)$$

又由于经典自由粒子的 Lagrange 函数：

$$L = T(\text{动能}) \quad T = \frac{1}{2}mV^2$$

而作用量 $I = \int Ldt$，即

$$\begin{aligned}I(r''t'',r't') &= \int_{t'}^{t''}Ldt = \frac{1}{2}mV^2(t''-t')\\ &= \frac{m}{2}\frac{(r''-r')}{(t''-t')}\end{aligned} \quad (7-48)$$

将其代入(7-47)式，则可化为

$$K(r''t'',r't') = \left[\frac{m}{2\pi\hbar i(t''-t')}\right]^{3/2} exp\left[\frac{i}{\hbar}I(r''t'',r't')\right] \quad (7-49)$$

可见，传播函数与作用量 I 有关。

Feynman 路径积分理论的特点是与经典力学的 Lagrange 形式对应，建立起与作用量相联系的传播函数及其求算方案。它含有量子体系的全部信息。这套量子力学理论体系，优点是易于从非相对论形式推广到相对论形式，便于论述场的量子化，并将含时间的问题与不含时间的问题纳于同一理论框架中来处理，等等。

然而，从习惯来看人们对 Schrödinger 方程求解，以波函数 ψ 来讨论量子态这一套更为熟悉，虽然它与 Feynman 路径积分法是等价的。为了具体些，以一维粒子系为例说明之。

在 $t+\varepsilon(\varepsilon\to o^+)$ 时刻粒子的状态 $\psi(x,t+\varepsilon)$ 与此前时刻 t 时的态 $\psi(x',t)$ 之间存在如下关系：

$$\psi(x,t+\varepsilon) = \int_{-\infty}^{\infty}K(x,t+\varepsilon;x',t)dx'$$

式中传播函数 $K(x,t+\varepsilon;x',t) = Cexp\left[\frac{i\varepsilon}{\hbar}L\left(\frac{x+x'}{2},\frac{x-x'}{\varepsilon},t\right)\right]$

式中 $\begin{cases} L = \dfrac{1}{2}m\dot{x}^2 - V(x,t) : \text{Lagrange 函数} \\ V(x,t) : \text{势能} \end{cases}$

令 $x' = x + \Delta x, x - x' = -\Delta x, \dfrac{2x + x'}{2} = \dfrac{2x + \Delta x}{2}$，有

$$\psi(x, t+\varepsilon) = C\int_{-\infty}^{\infty} exp\left\{\left[\dfrac{m\Delta x^3}{2\varepsilon^3} - V(x + \dfrac{\Delta x}{2}, t)\right]\right\} \times \psi(x+\Delta x, t)d\Delta x$$

当 $\varepsilon \to 0^+$ 在 $\Delta x \simeq 0$ 区域，对 Δx 作级数展开，得到

$$\psi(x,t) + \varepsilon\dfrac{\partial}{\partial t}\psi = C\int_{-\infty}^{\infty} exp(\dfrac{im\Delta x^2}{2\hbar\varepsilon})\left[1 - \dfrac{i\varepsilon}{\hbar}V(x,t)\right]$$

$$\left[\psi(x,t) + \Delta x\dfrac{\partial \psi}{\partial x} + \dfrac{\Delta x^3}{2}\dfrac{\partial^2 \psi}{\partial x^2} + \cdots\right]d\Delta x$$

当 $\varepsilon \to 0, \Delta x \to 0$ 时，略去高级无穷小量后，得到：

$$\psi(x,t) = C\int_{-\infty}^{\infty} exp(\dfrac{im\Delta x^2}{2\hbar\varepsilon})\psi(x,t)d\Delta x$$

由上得出 $C^{-1} = \int_{-\infty}^{\infty} exp(\dfrac{im\Delta x^2}{2\hbar\varepsilon})d\Delta x$

$$= \sqrt{2\pi\hbar i\varepsilon/m}$$

利用积分公式 $\int_{-\infty}^{\infty} exp(\dfrac{im\Delta x^2}{2\hbar\varepsilon})\Delta x d\Delta x = 0$

与 $\int_{-\infty}^{\infty} exp(\dfrac{im\Delta x^2}{2\hbar\varepsilon})\Delta x^2 dx = \dfrac{i\hbar\varepsilon}{m}$

则前展开式可以化为

$$\psi(x,t) + \varepsilon\dfrac{\partial \psi}{\partial t} = \psi(x,t) - V\dfrac{i\varepsilon}{\hbar}\psi(x,t) + \dfrac{i\hbar\varepsilon\partial^2}{2m\partial x^2}\psi(x,t)$$

由此得出：

$$i\hbar\dfrac{\partial}{\partial t}\psi(x,t) = (-\dfrac{\hbar^2}{2m}\dfrac{\partial^2}{\partial x^2} + V)\psi(x,t) \text{ 或 } i\hbar\dfrac{\partial}{\partial t}\psi(x,t) = \hat{H}\psi(x,t)$$

即含时 Schrödinger 方程式。

至此，在一个简单体系证明了两种量子力学理论方案的等价性。当然，这种等价性是普遍存在于量子力学的三种理论之间的。

附　　录

A. 波场的量子化

凝聚态物系（如固体、玻璃态物质与液晶,高聚物、塑料等）是比多原子分子化合物更为复杂的多粒子体系。仅以其中晶体而言,周期性的晶格结构看来规整有序,但是运动于周期性势中与晶体内粒子（晶格原子、离子与电子）间具有颇强的相互作用等,都给电子状的精确的理论处理带来很大的困难。在保留物理真实性的简化处理中,各种"元激发"(elementary excitations)的"准粒子"(quasiparticlas)概念与模型有着重要意义。这些是理论化学工作者了解与接近凝聚态物理化学必需的基础知识。为此作为附录对于声子(Phonons)与孤子(Solitons)的由来及其性质作一简介。

Ⅰ. 晶格波量子化 —— 声子

考虑理想晶体中晶格中的一条一维原子链（图 A‑1）:

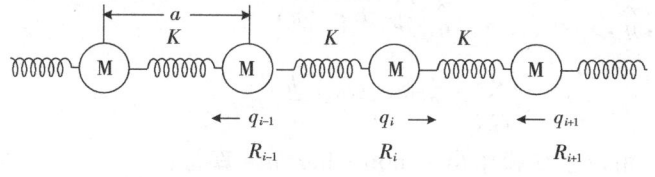

图 A‑1　一维原子链

假定链中相邻原子间通过简谐势 V 相互作用,K 为弹力常数:

即 $V(R_{i+1} - R_i) = \frac{1}{2}K(q_{i+1} - q_i)^2$ \hfill (A - 1)

于是体系 Hamilton 量 H 为

$$H = \sum_i \frac{p_i^2}{2M} + \frac{1}{2}K(q_{i+1} - q_i)^2 \hfill (A - 2)$$

考虑到原子绕其平衡位置 q_i 作简谐振动的波动性，可取动量 p_i 与坐标 q_i 如下：

$$p_i = \frac{1}{\sqrt{N}} \sum_i p e^{+i\vec{k}_0 \vec{R}_i} \hfill (A - 3a)$$

$$q_i = \frac{1}{\sqrt{N}} \sum_i q_i e^{+i\vec{k}_0 \vec{R}_i} \hfill (A - 3b)$$

且有 $\frac{1}{N} \sum_i e^{i(\vec{k} - \vec{k}_0)\vec{R}_i} = \delta(\vec{k} - \vec{k}_0)$ \hfill (A - 4)

式中 $\vec{k}$ 为波矢量，故 (A - 3) 式代入 (A - 2) 式得

$$H = \sum_k \frac{p_k p_{-k}}{2M} + q_k q_{-k} \left(\frac{M\omega_k^2}{2}\right) \hfill (A - 5)$$

式中 ω_k 为振动频率：

$$\omega_k^2 = \frac{4k}{M} S_{in}^2 \left(\frac{ka}{2}\right) \hfill (A - 6)$$

为了量子化，将 q_i 与 p_i 换成算符后利用如下对易关系将其量子化：

$$[\hat{p}_i, \hat{q}_j] = \frac{h}{i}\delta_{ij} \hfill (A - 7)$$

并由此可得

$$[\hat{p}_k, \hat{q}_k] = \frac{1}{N}[\hat{p}_i, \hat{q}_j] e^{-i(k \cdot R_i + k' \cdot R_j)}$$

$$= \frac{1}{iN} \sum_{R_i, R_j} \delta_{ij} e^{-i(k \cdot R_i + k' R_j)} \frac{h}{i}\delta_{k,-k} \hfill (A - 8)$$

可知，由以上变换给出一 non-hermite 算符：

$$\left. \begin{array}{l} \hat{p}_i^+ = \hat{p}_i \\ \hat{q}_i^+ = \hat{q}_i \end{array} \right\} \quad \left\{ \begin{array}{l} \hat{p}_k^+ = \hat{p}_{-k} \\ \hat{q}_k^+ = \hat{q}_{-k} \end{array} \right. \hfill (A - 9)$$

由此，Hamilton 量 $\hat{H}$ 为

$$\hat{H} = \sum_k \frac{\hat{p}_k \hat{p}_k^+}{2M} + \frac{M\omega_k^2}{2}\hat{q}_k \hat{q}_k^+ \qquad (A-10)$$

引入新算符：

$$\begin{cases} a_k^+ = \dfrac{1}{(2Mh\omega_k)^{\frac{1}{2}}}(\hat{p}_k^+ + iM\omega_k \hat{q}_k^+) & (A-11a) \\ \hat{a} = \dfrac{1}{(2Mh\omega_k)^{\frac{1}{2}}}(\hat{p}_k - iM\omega_k \hat{q}_k) & (A-11b) \end{cases}$$

$\hat{a}_k^+$ 与 $\hat{a}_k$ 有如下对易性质：

$$\left.\begin{array}{l}[\hat{a}_k, \hat{a}_k^{+\prime}] = \hat{a}_k \hat{a}_k^+ - \hat{a}_k \hat{a}_k = \delta_{kk'}, \\ [\hat{a}_k^+, \hat{a}_{k'}^+] = [\hat{a}_k, \hat{a}_k^{+\prime}] = 0 \end{array}\right\} \qquad (A-12)$$

由此，则(A-10)式化为

$$\hat{H} = \sum_k^k h\omega_k \left(\hat{a}_k^+ \hat{a}_k + \frac{1}{2}\right) \qquad (A-13)$$

当用粒子数表示

$$\hat{a}_k^+ \hat{a}_k = \hat{n}_k \qquad (A-14)$$

得 $\hat{H} = \sum_k h\omega_k \left(\hat{n}_k + \dfrac{1}{2}\right) \qquad (A-15)$

若晶格中线性链的 Schrödinger 方程为

$$\hat{H} |\Psi\rangle = E |\Psi\rangle \qquad (A-16)$$

式中本征函数 $|\Psi\rangle = |n_1, n_2, \cdots, n_k, \cdots\rangle$

则本征能值

$$E_{nk} = h\omega_k \left(n_k + \frac{1}{2}\right) \quad (n_k = 0, 1, 2\cdots) \qquad (A-17)$$

或 $\quad E_{(nk)} = \sum_k n_k - h\omega_k + E_0 \qquad (A-18)$

$$E_0 = \sum_k \frac{1}{2}h\omega_k$$

表明晶格振动的总能为所有晶波能量的总和，根据量子力学的对应原理，有等价的图像来描述时就是声子。

在简谐近似下的晶格振动总能量等于各声子能量之和，这表明声子彼此独立，即晶体中原子集体振动的低激发态可以看成由声子组成的理想声子气体。n_k 可取值为 $0,1,2,\cdots$ 任何正整数，故声子是玻色(Bose)子。因 $n_k = 0$ 时的基态为无声子状态，所以声子是玻色型元激发。应当注意，声子是晶体原子集体振动量子化的产物，它不属于个别原子。声子这种元激发还可以形象地看成一种"准粒子"，可比喻作带有泥土的粒子，或如在电解质溶液中被离子氛紧包着的带电离子，它们的运动是独立的，因而统计物理学中独立子系的已有结果，对于准粒子体系多半是适用的。元激发的"准粒子"概念自 20 世纪 40 年代提出以来已广泛用于凝聚态物理与化学领域。

各种波场量子化的元激发形成多种准粒子。下面说明声子 — 电子相互作用的元激发 —— 孤子。

Ⅱ. 声子 — 电子相互作用的元激发 —— 孤子

在 Ⅰ 中介绍了晶格中原子简谐振动的元激发声子。当原子间振动势是非简谐的情形。例如，在聚乙炔链上的碳原子间的单 — 双键交替变换运动，由于受到电子转移的影响，使得链上碳原子的左右转移振动已经不是简谐的了。(图 A - 2)

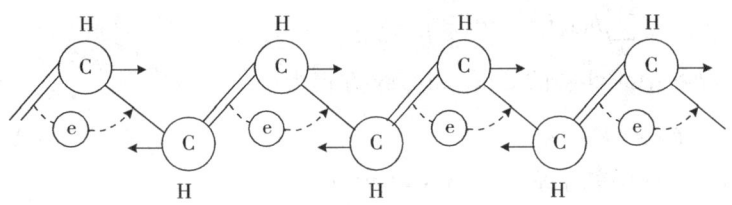

图 A - 2　聚乙炔链中单 — 双键交替与电子转移示意

20 世纪 70 年代实验上合成出聚乙炔晶体薄膜，发现其掺杂后的异常优越的导电性能，从而开创了有机导电体新型材料"合成金属"时代。为了弄清聚乙炔晶体材料导电性能的机理，20 世纪 80 年代初著名的"孤子模型 —SSH 理论"给出了颇为满意的解释。苏武沛(W. P. Su)和他的老师(J. R. Schrieffer)与实验物理学家(A. J. Heeger)建议的 SSH Hamilton 量包含两个部分，即反映在聚乙炔链中单 — 双键交替变换时碳原子二聚化振动的原子 Hamilton 量 $\hat{H}_a$，与此同时碳原子中 π - 电子的转移运动的电子 Hamilton 量 $\hat{H}_e$。体系总 hamilton 量 $\hat{H}$ 为两者之和：

$$\hat{H} = \hat{H}_e + \hat{H}_a \tag{A-19}$$

其中
$$\begin{cases} \hat{H}_e = \sum_i \left[\dfrac{p_i^2}{2m} + \sum_n V(r_i - Rn) \right] & (A-20a) \\ \hat{H}_a = \dfrac{K}{2} \sum_n (u_{n+1} - u_n)^2 + \dfrac{M}{2} \sum_n u_n^2 & (A-20b) \end{cases}$$

(A-20a) 中第一项为 π - 电子的动能，第二项原子振动 $V(r_i - Rn)$ 为电子在晶格振动场中的势能。(A-20b) 中第一项为原子振动势能，第二项为原子移动能；K 为弹性常数，u_n 和 u_{n+1} 为原子 n 和 $n+1$ 的位移，u_n 为位移速率，M 为碳原子质量。

$\hat{H}_a$ 由于原子较重，粒子性明显，易于按半经典处理，比较困难的是 $\hat{H}_e$ 部分，须作简化处理，考虑到在晶格振动声子场中 π - 电子主要转移在相邻的单 — 双键间，故可按用 TBA 近似(它与 MO 法中的 HMO 近似相当)。再经二次量子化处理便可得突显电子 — 声子相互作用的 SSH Hamilton 量 $\hat{H}_{SSH}$ 如下：

$$\hat{H}_{SSH} = -\sum_n [t_0 - \alpha(u_{n+1} - u_n)](a_{n+1,s}^+ a_{n,s} + a_n^+, sa_{n+1,s}) + \dfrac{K}{2} \sum_n (U_{n+1} - u_n)^2 + \dfrac{M}{2} \sum_n u_n^2 \tag{A-21}$$

$\hat{H}_{SSH}$ 对应的方程式是非线性的，故可用数值解出之。

对于反式聚乙炔链(A-3)式的 $t_0 = 2.5 \text{ eV}, \alpha = 4.1 \text{ eV}, \text{Å}^{-1} K = 21 \text{ eV} \cdot \text{Å}^{-2}$。

作为反式聚乙炔链中电子 — 声子相互作用的元激发 —— 孤子的产生机制可以形象地想象如下：

聚乙炔链中的碳原子 n 可有左、右两种位移 $-u_n$ 与 u_n，即

$$u_n = (-1)^n \Psi_n$$

基态函数 Ψ_n 为一常量：

$$\begin{cases} \Psi_n = -u_0 \tan h\left(\dfrac{n}{\xi}\right) (A\ 相) \\ \overline{\Psi_n} = u_0 \tan h\left(\dfrac{n}{\xi}\right) (B\ 相) \end{cases}$$

可使二聚化反式聚乙炔具有 A 与 B 两种简并态。

反式聚乙炔链二聚化基态存在能量相同的两种不同结构称为"A 相"、"B 相"。

```
    H   H       H              H   H       H
    |   |       |              |   |       |
    C   C       C              C   C       C
   ∥ \ / \\  / ∥          \\ / \ ∥ / \\
…C   C   C   C…        …C   C   C   C…
    |   |   |                  |   |   |
    H   H   H                  H   H   H

        A 相                        B 相
```

图 A‑3 反式聚乙炔链中 A 相、B 相结构示意

按 SSH 理论得知二聚化能 $\Delta U(u)$ 是 A$\leftrightarrow$B 相转变的势垒（如图 A‑3）。

设想原子整个碳链都是处于 A 相，当它受激发（这里就是电子—声子间相互作用），使其中一段由 A 相转变为 B 相，在 A 相与 B 相衔接处（或过渡区）出现了单—双键的间断分布，即键的缺欠或链的"扭结"（kink），多称之为"正'畴壁'（domain wall）"。同时必有再由 B 相转变为 A 相的负畴壁出现（图 A‑4）。

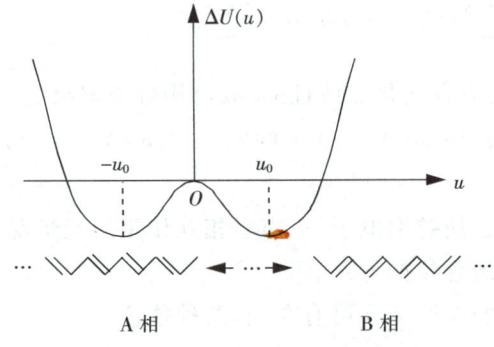

图 A‑4 反式聚乙炔链中 A 相、B 相间转换势垒

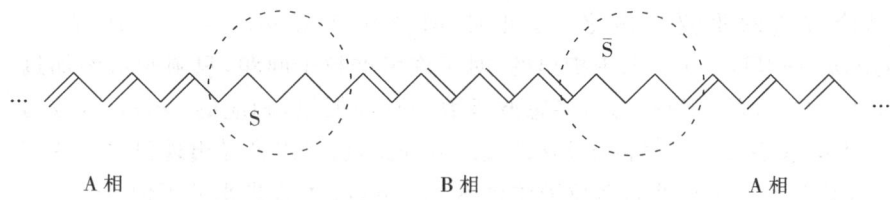

图 A-5 聚乙炔链上孤子 S 与反孤子 $\bar{S}$ 态示意

孤子为畴壁型孤波,它可在聚乙炔链上移动。其能级处于价带与异带之间,掺进少量杂质后,由中性孤子(S)变为正电孤子(S^+)或负电孤子(S^-),它们的电荷与自旋如下图:

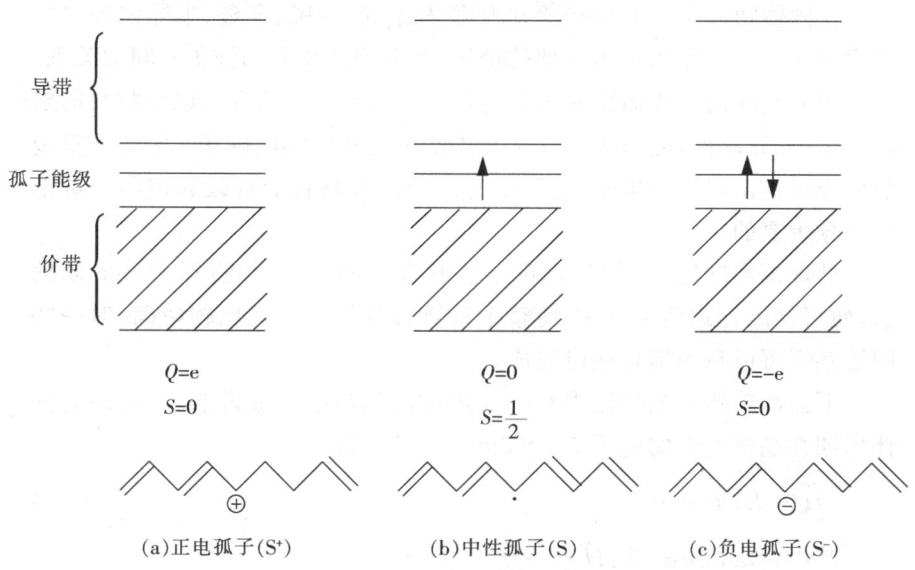

(a)正电孤子(S^+)　　　(b)中性孤子(S)　　　(c)负电孤子(S^-)

图 A-6 孤子能级、电荷与自旋

实验与理论分析都已表明,凡基态简并的链状共轭体系,都可呈现出非线性元激发——孤子态,如生体中质子通过水分子链条的转移,α-螺旋蛋白质链中的质子与电子的传导,等等。这对于理解超分子软物质与生命体的许多性质与过程都有重要意义。

B. 固体能带论中的 Green 函数法

量子场论方法在固体理论中的应用,是上世纪后期凝聚态物理学中理论方法的重要进展之一。正如 Migdal 在 *Qualitative Methods in Quantum Theory* 一书中指出的：对于许多准粒子问题，只须知道参加过程中的少数粒子的初态与终态波函数的跃迁振幅（相应的 Green 函数），而不必求解多粒子系的 Schrödinger 方程式，就可以推导出现象的一些特征，避免了求解繁难的多粒子体系 Schrödinger 方程带来的不便……

Green 函数法又常常和实际物理问题有较密切的联系，所以运用 G.F. 方法求解问题，更便于物理意义的了解。

为引导阅读本书的青年读者对于凝聚态物系问题产生兴趣，今简述 Green 函数法在固体能带论中的一些运用作为书中附录 B。

在固体物理中已知能带论对某些固体，如金属、合金、半导体等的电子运动状态可以作出颇为合理的论述，如获得能量 E 与波矢 $\vec{k}$ 间的关系，给出的 $\vec{k}$ 空间的等能面簇并根据能带结构与形状等信息可以对材料的宏观性质（如导电性，磁与光学性质）以及它在外界（电、磁场）振动下呈现的反应等作出解释与推断。这些信息对于固体材料的有效利用与改进都是十分重要的。

处理该类问题，通常的理论手法常常是繁难的，当运用 Green 函数法，便可使展开式迅速收敛，使整个计算过程简化而且比较精确。对一些问题甚至可以只用笔算便可完成。

下面简略指出能带论中 Green 函数法技巧的一般做法。考虑晶态固体周期性晶格场中的电子 Schrödinger 方程式：

$$(\hat{H} - E)\Psi = 0 \tag{B-1}$$

其中，Hamilton 量：$\hat{H} = -\nabla^2 - V$

周期势：$V(\vec{r}) = V(\vec{r} - \vec{l})$ (B-2)

相应的 Green 函数 $G(\vec{r} - \vec{r}^0)$ 满足如下方程：

$$(\nabla^2 + E)G(\vec{r} - \vec{r}^0) = \delta(\vec{r} - \vec{r}^0) \tag{B-3}$$

满足 Bloch 定理的边界条件为

$$G_{\vec{k}}(\vec{r} + \vec{R}_n) = e^{i\vec{k}\cdot\vec{R}_n} G_{\vec{k}}(\vec{r}) \quad (\text{式中 } \vec{R}_n \text{ 为晶格平移矢量}) \tag{B-4}$$

设 ∇^2 的本征函数与相应的本征值集分别为 $\Psi_j(\vec{r})$ 与 E_j，则有

$$G(\vec{r}-\vec{r}^0) = -\sum_j \Psi_j(\vec{r}^0) \frac{1}{E_j - E} \Psi_j(\vec{r}), \quad (B\text{-}5)$$

这里
$$\Psi_j(\vec{r}) = \frac{1}{\nabla_0^{\frac{1}{2}}} e^{i(\vec{k}+\vec{k}_n)\cdot\vec{r}} \quad (B\text{-}6)$$

式中,$\vec{k}_n$ 表示倒晶格中的任意一平动矢量;V_0 表示原子胞的体积。于是有

$$G(\vec{r}-\vec{r}^0) = -\frac{1}{V_0} \sum_{k_n} \frac{e^{i(\vec{k}+\vec{k}_n)\cdot(\vec{r}-\vec{r})}}{(\vec{k}+\vec{k}_n)^2 - E} \quad (B\text{-}7)$$

可将(B-7)式代入(B-3)式中,根据本征函数的封闭性,

$$\sum_j \psi_j^*(\vec{r}')\Psi_j(\vec{r}) = \sum_{\vec{K}_n} \frac{e^{i(\vec{k}+\vec{k}_n)\cdot(\vec{r}-\vec{r}')}}{V_0} = \delta(\vec{r}-\vec{r}')$$

可以得验证。$G(\vec{r}-\vec{r}')$ 还满足

$$G(\vec{r}'-\vec{r}) = G^*(\vec{r}-\vec{r}') \quad (B\text{-}8)$$

与
$$G(\vec{r}+\vec{R}_n-\vec{r}') = e^{i\vec{k}\cdot\vec{R}_n} G(\vec{r}-\vec{r}') \quad (B\text{-}9)$$

(B-1)式还可以表作:

$$(\nabla^2 + E)\Psi_{\vec{k}}(\vec{r}) = V(\vec{r})\Psi_{\vec{k}}(\vec{r}) \quad (B\text{-}10)$$

根据微分方程式理论,上式的解可取如下形式:

即
$$\Psi_{\vec{k}}(\vec{r}) = \int G_{\vec{k}}(\vec{r}-\vec{r}')V(\vec{r})\Psi_{\vec{k}} d\vec{r}' \quad (B\text{-}11)$$

按变分法可以证明如下几点:

1. (B-11)式可根据变分原理,由下式导出

$$\delta\lambda = 0 \quad (B\text{-}12)$$

上式中

$$\lambda = \int \Psi^*(\vec{r})V(\vec{r})\Psi(\vec{r}) d\vec{r} -$$

$$\iint \Psi^*(\vec{r})V(\vec{r})G_{\vec{k}}(\vec{r}-\vec{r}')V(\vec{r}') d\vec{r}', d\vec{r} \Omega\Omega' \quad (B\text{-}13)$$

2. 对(B-11)式解的各种变分,无论是否满足边界条件,它的第一阶项均等于零。

3. 对本问题的精确解,应有下式成立

$$\lambda(\Psi, \vec{k}, E) = 0 \quad (B\text{-}14)$$

在应用此变分法时,常选取的是一组有限基函数 $\Phi_{n,\vec{k}}$ 的线性组合作为试探函数,即取

$$\Psi_{\vec{k}}(\vec{r}) = \sum_{n}^{N} C_{n\vec{k}} \Phi_{n\vec{k}} \quad (B-15)$$

构成的一组矩阵元为

$$\lambda_{nl} = \int \Phi_{n\vec{k}}^*(\vec{r}) V(\vec{r}) \Phi_{l\vec{k}}(\vec{r}) d\vec{r} - \iint \Phi_{n\vec{k}}^*(\vec{r}) V(\vec{r}) G_{\vec{k}}(\vec{r}-\vec{r}') V \vec{r}' \\ \Phi_{l\vec{k}}(\vec{r}') d\vec{r} d\vec{r}' \quad (B-16)$$

按密度矩阵的平均值的表示为

$$\lambda = \sum_{n,l}^{N} C_{n\vec{k}}^* \lambda_{nl} C_{l\vec{k}} \quad (B-17)$$

由第 2 点,要求 λ 对于各 $C_{l\vec{k}}$ 的偏微商应等于零,即对于每一 n 得一方程式:

$$\sum_{i=1} \lambda_{nl} C_{l\vec{k}} = 0 \quad (B-18)$$

于是得到一组(N 个)线性齐次方程式。对此要求得有意义的解,要使

$$det \lambda_{nl} = 0 \quad (B-19)$$

对给定的 $\vec{k}$ 值就可能得出相应的近似能量本征。因此,式(B-19)就是本方法须要求出的 E-$\vec{k}$ 关系。

在此基础上,还可采用考虑晶格对称性的松并筒子(muffin tin)势去接近晶体势,也会取得颇好的结果。

主要参考书目

一、多粒子系量子理论方面

1. 曾谨言.量子力学:下册[M].北京:科学出版社,1982.
   建议参阅第 12 章、第 15 章。
   曾谨言.量子力学:卷Ⅱ[M].第 3 版.北京:科学出版社,2000.
   其中第 3 章、第 5 章可参阅。

2. N. H. March, W. H. Young and S. Sampanthar. Many-Body Problem in Quantum Mechanics. London: Cambidge University Press, 1967.
   这是一部值得系统阅读的好书,虽然内容较老一些,但基础的概念与论述都颇为清楚。

3. A. L. Fetter, J. D. Walecka. Quantum Theory of Many-Partile System. New York: McGraw-Hill, 1971.
   中文译本:科学出版社,1984 年.
   本书叙述全面而严谨,是一部值得反复阅读与引用的专著,至今仍是场论方法应用方面的经典著作。

二、二次量子化方法方面

1. A. S. Davydov. Quantum Mechanics: 2nd ed. [M]. London: Pergamon Press, 1976.
   俄罗斯理论物理学派的代表性量子力学教科书之一,论述精辟,例证与应用均颇有特点与启发性。系统读过本书,可获得坚实的量子力学基础。

2. Eugen Merzbacher, Quantum Mechanics: 2nd ed. [M]. New York: John Wiley, Sons, Inc. 1970.
   其中第 20 至 22 章叙述简明,二次量子化方法的一些应用例颇有新意。

3. P. R. Surjan. Second Quantized Approach to Quantum Chemistry [M]. New York, London: Springer-Verlag Berlin, 1989.
关于二次量子化方法在量子化学的应用的初级读物,初学者定会从其中学到许多知识。特别适合缺少理论物理基础的读者。
4. P. Jorgensen, J. Simons. Second Quantization Based Methods in Quantum Chemistry. New York, London: A Cademic Press, 1981.
一本化学家习用二次量子化方法的书,内容颇有一些值得参阅之处,但书中所用符号与论述方式等有些不常见。

三、关于 Green 函数法方面

1. 徐光宪,黎乐民,王德民,陈敏伯. 量子化学:基本原理和从头计算法 [M]. 北京:科学出版社,1989.
其下册第 17 至 19 章值得阅读。这是中国化学家写的关于场论方法方面的最详细的专题,适合量化与理论化学专业研究生与研究者之用。
2. A. Szabo, N. S. Ostland. Modern Quantum Chemistry [M]. New York: McGraw-Hill Publishing Company, 1989.
第 7 章是关于单粒子系 Green 函数的,写得很清楚,值得初学者阅读。
3. R. Paul. Field Theoretical Methods in Chemical Physics[M]. Amsterdam - Oxford - New York: Elsevier Scientific Publishing Company, 1982.
一本叙述题材颇有新意的关于场论方法在化学、光谱学、统计力学应用方面的书。它起点低,注意通过常见的数学、物理例子引入与展开有关场论的概念与原理。写法可能不为理论家所称赞,但对化学初学者来说还是可以读读的。
4. E. N. Economou. Green's Functions in Quantum Physics. New York: Springr-Verlag Berlin, 1979.
一本系统全面、比较严谨的 G. F. 法教本。有一定理论物理基础的读者,可通过它了解 G. F. 法应用的全貌。
5. A. A. 阿布里科索夫, II. 戈尔可夫, N. E. 加洛辛斯基. 统计物理学中的量子场论方法 [M]. 赫柏林译. 北京:科学出版社,1963.
俄理论物理学派的代表著作。第一作者因在此方面的工作,获得 2003

年诺贝尔物理学奖。本书已成经典之作。
6. J. Linderberg, Y. Öhrn. Propagators in Quantum Chemistry[M]. London, New York:Academic Press,1973.
这是场论方法在量子化学中应用的第一本专著,作者对此已有许多开创性工作。书中内容虽较难读,但应耐心地看下去。

四、关于量子化学与场论基础方面
1. 唐敖庆.量子化学[M].北京:科学出版社,1982.
具有国际水准的量子化学原理与方法的专著,是所有理论化学家必读之书。
2. 朝永振一郎.量子力学:Ⅱ[M].东京:みすず"书房,1979.
作者是1963年诺贝尔物理奖得主。本书对于量子力学与场论的基本概念有极为深入浅出的叙述,是洞悉量子物理概念、方法的少见的专业书。值得初学者一读。
3. 高桥康.物性研究者のため场の量子论[M].东京:培风馆,1976.
高桥是加拿大Albert大学教授。本书是专为凝聚态物理学初学者写的一部(两卷)专书。内容简明易懂,并且有许多例子与习题,适合于非理论物理专业的初学者学习量子场论之用。
4. R. P. Feynman, A. R. Hibbs. Quantum Mechanics and Pathintergrals[M]. New York:Mcgraw-Hill,1965.
中文译本:科学出版社,1986年。
这是量子力学路径积分法的专著,出自创立者本人之手,今已成为经典之作。值得学习与参看。
5. R. D. Mattuck. A Guide to Feynman Diagrams in the Many-Body Problem:2nd ed. [M]. New York,Paris,Toronto:Mcgrew-Hill International Book Company,1976.
这是唯一的一部详细讲解Feynman图及其应用的专著。书中对许多现代物理学中的重要概念,如"元激发"、"准粒子"……都作了极为通俗而形象化的表述,尤其是关于Feynman图法应用方面的论述至今仍未见有比它更完整而易懂的书出版了。说这是一部对场论方法普及与推广起过重要作用而现在仍在起作用的一部杰出的巨著,应当不为过分吧?希望有人肯花时间去阅读它。相信是会收到意想不到的效果的。

五、场论方法与凝聚态及介观物系

1. John C. Inkson. Many - Body Theory of Solids —An Introduction [M]. New York and London:Plenum Press,1984.

   这是一部关于量子场论方法在固体理论中应用的导论性读本,它是作者在英国剑桥大学的讲义,适合大学物理、化学与工程专业高年级学生与研究生初学之用。该书叙述简明,配有例证与习题,易于读用。尤以其中的多体 Green 函数部分,可作为本书的补充。

2. P.L. Taylor,O. Heinonen. A Quantum Approach to Condensed Matter Physics[M]. London:Cambidge University Press ,2002.

   凝聚态物理学范围颇广,本书是我看到的第一部按量子论观点与方法统一论述凝聚态物理学中主要课题(如超电导性、Hall 效应、Kondo 效应与介观物理系等)的专著。一定会受到从事量子物理与量子化学研修与关心凝聚态物理的青年学子们的欢迎。该书 11 章,从元激发、激子、孤子等基础概念讲起,侧重物理概念的阐明,着意避开繁重的数学演述,清晰易懂,值得一读。

3. G. Ali Mansoori. Principles of Nanotechnology - Molecular - Based Study of Condensed Matter in Small Systems[M]. New York:World Scientific Publishing Go,2005.

   作者为美国伊里诺斯(Illinois)大学生物工程与化学工程系教授,多年从事纳米物质的制备与性能的研究。本书是为具有一定量子力学、统计物理基础的化学、化工学院高年级大学生与研究生讲授纳米材料原理的讲义。在当前纳米材料技术发展迅猛而其基本理论尚未完成的情况下,这本书实在是难得的破土之作,读后可能对一些问题仍有并未切中要害或深入不够之感。但它所展示的理论雏形,对于进一步深入开展探索工作将起着引导作用。希望我国学者能参与到完善纳米技术原理的研究行列并有所建树。